쓸모 많은 뇌과학

뇌는 어떻게 노화를 늦추는가

40부터 늙지 않는 역노화의 뇌과학

로버트 P. 프리들랜드 지음

노태복 옮김

뇌는 어떻게
노화를 늦추는가
U N A G I N G

현대
지성

나이가 들면 기억은 흐려지고, 몸은 느려지며, 뇌는 서서히 퇴행의 길로 접어든다고 우리는 믿어왔다. 노화는 피할 수 없는 자연의 법칙처럼 여겨진다. 그러나 이 책은 그 통념을 정면으로 뒤흔든다. 저자는 노화를 고정된 운명이 아니라 '예비 역량'이라는 과학적 개념 위에서 다시 정의한다. 인지적·신체적·심리적·사회적 네 가지 예비 요소가 어떻게 서로 영향을 주고받으며 노화의 궤적을 바꾸는지, 임상 경험과 최신 연구를 통해 설득력 있게 보여준다. 특히 유전적 위험조차 생활방식과 환경, 태도에 의해 조정될 수 있다는 메시지는 결정론에 익숙한 독자들에게 깊은 울림을 남긴다.

이 책의 힘은 과장된 낙관이 아니라 균형 잡힌 통찰에 있다. 저자는 뇌를 고립된 기관으로 다루지 않는다. 장내 미생물, 혈관 건강, 수면, 운동, 사회적 관계가 뇌의 생리와 긴밀히 연결되어 있다는 것을 치밀하게 설명한다. 뇌와 몸, 사회적 환경이 끊임없이 정보를 주고받는 복합 시스템이라는 사실을 이해하는 순간, 노화는 막연한 시간의 흐름이 아니라 조절 가능한 생물학적 과정으로 다가온다.

이 책은 노화를 쇠퇴의 서사가 아니라 가능성의 서사로 재구성한다. 수명 연장이 아니라 건강 수명, 단순한 생존이 아니라 의미 있는 삶을 강조하는 저자의 태도는 과학적이면서도 인간적이다. 우리는 모두 나이를 먹지만, 어떻게 나이 들지는 선택의 문제라고 말한다. 신경 가소성, 염증 조절, 예비 역량이라는 구체적 과학 위에서 노화를 두려움의 대상이 아니라 관리와 확장의 대상으로 바라보게 만든다.

결국 이 책이 던지는 질문은 단순하다. 우리는 시간을 흘려보내는 존재인가, 아니면 시간을 설계하는 존재인가. 저자는 뇌를 고요히 쇠퇴하는 기관이 아니라, 마지막 순간까지 환경과 경험에 반응하며 스스로를 재구성하는 '살아 있는 정원'에 비유한다. 가지는 마르고 잎은 떨어지지만, 뿌리는 여전히 물을 찾아 뻗는다. 우리가 먹는 음식, 몸을 움직이는 방식, 타인과 나누는 대화, 자신을 바라보는 태도까지, 이 모든 선택이 신경망의 연결을 조금씩 바꾸고 노화의 방향을 수정한다.

노년은 소멸의 계절이 아니라 축적의 계절일지 모른다. 오랜 시간 쌓인 경험과 의미가 또 다른 형태의 지혜로 재배열되는 시간이다. 이 책은 우리에게 무겁지 않은 책임을 건넨다. 오늘의 작은 습관 하나, 한 번의 산책, 한 번의 독서, 한 번의 따뜻한 교류가 내일의 뇌를 바꾼다는 사실을 말이다. 시간은 흘러가지만, 우리의 선택은 남는다. 그리고 그 선택은 조용히, 그러나 분명하게, 우리의 뇌에 새겨진다.

정재승_KAIST 뇌인지과학과 교수

경이롭다. 이 책을 읽는 동안, 우리는 마치 오래전부터 함께 살아왔지만 제대로 들여다본 적 없던 존재와 마주하게 된다. 바로 우리의 뇌다. 하루를 시작하며 무심히 일어나고, 걷고, 생각하고, 기억하는 그 모든 순간에 조용히 작동해온 이 기관이 얼마나 정교한 균형 위에 서 있는지 놀라울 만큼 생생하게 보여준다.

이 책은 노화를 쇠퇴의 서사로 묶어두지 않는다. 대신 묻는다. 우리는 '보통의 노화'를 받아들일 것인가, 아니면 더 나은 선택을 통해 '예외적인 노화'를 향해 나아갈 것인가. 저자 로버트 P. 프리들랜드 박사는 오랜 임상 경험과 연구를 바탕으로, 나이 듦은 단순히 시간의 흐름이 아니라 인지적·신체적·심리적·사회적 예비 요소의 상태에 따라 달라지는 과정임을 설득력 있게 풀어낸다.

특히 나의 마음을 사로잡는 개념은 '예비 역량reserve capacity'이다. 젊은 시절 우리는 넉넉한 예비 역량 덕분에 무리와 실수를 견뎌낸다. 그러나 나이가 들수록 그 여유는 줄어든다. 그렇다고 해서 모든 것이 기울어지는 것은 아니다. 예비 역량은 기를 수 있고, 돌볼 수 있으며, 삶의 태도와 선택을 통해 지켜낼 수 있다. 저자는 노화의 목표를 단순한 생존이나 질병 회피에 두지 않는다. 높은 수준의 기능과 회복력을 오래 유지하는 것, 곧 '신체 적합성'을 삶의 중심에 두라고 권한다.

또한 뇌를 고립된 장기가 아니라, 심장과 장, 면역계와 끊임없이 소통하는 살아 있는 사령탑으로 그린다. 항상성이라는 섬세한 균형, 나이가 들수록 조절이 어려워지는 면역 반응, 그리고 낮은 수준의 만성

염증이 신경퇴행성 질환과 어떻게 연결되는지에 관한 설명은 노화를 둘러싼 풍경을 전혀 다르게 보게 한다. 우리의 식습관, 활동, 태도가 뇌와 몸의 미묘한 균형에 흔적을 남긴다는 사실은 숙연함마저 불러일으킨다.

무엇보다 이 책은 두려움을 키우지 않는다. 오히려 조용히 속삭인다. 노화는 불가피한 추락이 아니라, 태도를 선택할 자유가 여전히 남아 있는 시간이라고. 오늘 하루를 어떻게 살아가느냐가 내일의 뇌를 만든다고.

책을 덮는 순간, 우리는 더 이상 '늙어간다'고 말하고 싶지 않다. 대신 이렇게 말하게 된다. 나는 지금, 나의 예비 역량을 쌓아가고 있다. 그리고 그 문장은 두려움 대신 책임과 가능성으로 가슴을 채운다.

묵인희_ 서울대학교 의과대학 교수, 정부 산하 치매극복연구개발사업단 단장

프리들랜드 박사는 방대한 임상과 연구 경험을 토대로 노화의 불가피성이라는 거짓 신화를 벗기는 과학 여행으로 우리를 안내한다. 그는 풍부한 사례를 통해 치매가 모든 사람에게 예정된 운명이 아님을 조명한다. 심지어 고위험군에 속하는 유전적 돌연변이나 뇌 아밀로이드 플라크를 지닌 사람도 마찬가지다. 프리들랜드 박사는 오랫동안 쌓인 증거를 검토해, 자신과 환경의 특정한 변화야말로 우리가 어떻게 나이 들어갈지를 결정한다고 역설한다.

알베르토 에스페이_ 『뇌 이야기: 신경퇴행성 질환의 숨은 역사와, 정복을 위한 청사진』 저자

노화는 불가피한 현상이 아니라는 프리들랜드 박사의 생각은 아직 대중에게 제대로 알려지지 않았다. 하지만 최근 노년의학의 발전에 따르면, 그의 생각은 타당하다. 이 책이 인상적인 이유는 노화의 메커니즘과 함께 노화를 개선할 방법을 알려주기 때문이다. 이 책을 통해 여러분의 인생을 바꿀 수 있다. 여러분이 진실을 파악해 노화에 대처할 훌륭한 도구를 획득하기를 바란다.

미즈노 도시키_교토부립의과대학교 교수

프리들랜드 박사는 이 책에서 논의의 바탕으로 신체적·정신적·심리적·사회적 건강의 중요성을 먼저 설명한 뒤, 목표는 보통의 노화가 아니라 예외적인 노화임을 밝힌다. 또 그는 노화를 앞당기는 해로운 습관을 타파하는 방법을 엄밀한 과학 연구 결과를 통해 알려준다. 이 책은 최신 과학 연구를 바탕으로 더 건강하게 나이 드는 법을 알고자 하는 모든 사람의 '필독서'다.

앤드루 버드슨_『기억 관리의 일곱 단계: 정상인 것과 비정상인 것, 그리고 우리의 대응법』 저자

우리는 모두 나이 들기 마련이지만, 늙지는 않아도 된다. 이 책은 그 비결을 알려준다.

노리 그레이엄_『알츠하이머병 및 기타 치매 질환을 이해하기 위한 작은 안내서』 저자

프리들랜드 박사는 쉬운 언어와 흥미진진한 스토리로 노화에 관한 여러 문제를 소개한다. 노화에 관한 대표적인 과학적 논의로 손색이 없다. 이 책은 독창적인 관점에서 예비 요소들, 신경학적 질환, 정신 건강 그리고 가장 중요하게도 건강하고 만족스러운 나이 듦의 가능성을 높이기 위해 우리가 해야 할 행동을 다룬다. 여기에서 나이 듦은 짐이 아니라 축복으로 그려진다. 마지막 장의 제목은 「노화에 대한 태도 그리고 기회」인데, 이 장이야말로 저자의 관점을 가장 잘 요약하고 있다. 노화에 관심 있는 사람이라면 누구나 이 책을 읽어야 한다.

카르멘 가르시아 페냐_ 멕시코 국립노인병연구소 박사

나의 환자들,
그리고 그들의 현재와
장래의 가족들에게
이 책을 바칩니다

"당신이 하는 모든 일이 중요하다는 듯 행동하라.
실제로도 그렇다."

윌리엄 제임스(1842–1910)
하버드대학교 교수이자 철학자, 『심리학의 원리』 저자

많은 사람이 건강하게 오래 사는 비결을 알고 싶어 한다. 여러분은 운동과 정신 건강이 장수의 핵심이라고 생각할지도 모른다. 물론 두 요소도 중요하지만, 사실 활기찬 삶에 중심이 되는 요소는 네 가지다. 홀륭하게 나이 들기 위해서는 우리 몸의 인지적·신체적·심리적·사회적 예비 요소를 유지하고 관리해야 한다. 이 예비 요소들의 상태는 평생 건강하고 가뿐하게 살아가는 데 핵심적인 역할을 하며, 나이가 들면 특히 더 중요하다. 예비 요소들은 인체가 어려움에 부딪혔을 때 균형을 유지하는 역할을 한다. 이 책에서 살펴보겠지만, 나이가 들어갈수록 예비 역량reserve capacity을 향상시키고 기능을 유지하기 위해 할 수 있는 일이 많다.

  하지만 우리가 하는 일이 과연 중요할까? 왜 그것에 신경 써야 할까? 우선 나는 그것이 왜 나와 여러분에게 중요한지를 이야기하고 싶다.

나는 신경학자로서 평생을 뇌 연구에 바쳤다. 뇌가 건강과 질병에 어떤 영향을 미치는지, 그리고 나이가 들어갈 때 뇌 건강을 향상시키기 위해 무엇을 할 수 있는지에 관한 연구다. 이 책에서는 그동안 습득한 지식을 공개하면서, 건강하게 나이 들기의 핵심인 네 가지 예비 요소의 중요성을 설명하고 실제 사례를 들어 입증하고자 한다. 여러분도 잘 알다시피, 젊었을 때 우리의 몸과 뇌는 온갖 나쁜 습관을 감당할 수 있다. 과도한 음주, 수면 부족, 정크푸드 과다 섭취 등도 거뜬히 처리할 수 있다. 젊은 몸이 우리를 지탱시킬 예비 역량을 가지고 있기 때문이다. 하지만 이 역량은 나이가 들면서 쇠퇴한다. 따라서 네 가지 예비 요소를 조심스럽게 기르고 가꾸지 않으면 회복력이 약해진다.

이 책에서는 여러분이 뇌와 몸을 이해하고, 나이 들어서도 활기차게 유지할 방법을 구체적으로 쉽게 설명했다. 60세 이후의 삶은 인생에서 가장 행복한 시기가 될 수 있다. 일에서 벗어나 가족과 시간을 보내거나 특별한 관심사에 몰두하는 등 퇴직 후의 삶을 즐길 수 있기 때문이다. 하지만 안타깝게도 이 시기 삶의 질은 노화와 관련된 신경 퇴행성 질환 때문에 종종 참담하게 망가진다. 대표적으로 뇌졸중, 알츠하이머병, 파킨슨병, 루게릭병이라고도 불리는 근위축성측삭경화증 Amyotrophic Lateral Sclerosis, ALS 등을 들 수 있다. 나는 지난 45년 동안 신경과 의사로서 이런 환자들과 그 가족들을 돌보는 데 전념했다.

내가 환자들을 돌보고 연구하면서 중점을 둔 활동은 나이 든 사람들의 건강을 개선하고, 이런 질병이 왜 생기는지, 그리고 어떻게 예방할 수 있는지를 이해하는 것이다. 지난 50년 동안 관련 지식이 크게 발전했지만, 여전히 우리는 왜 많은 사람이 그런 질병에 걸리는지 알지 못한다. 내가 이 분야의 연구에 매진한 이유도 아직까지는 지식이 매우 부족하고, 환자를 돕는 방법이 제한적이기 때문이다.

오랫동안 나의 과제는 노화가 불가피한 일이 아니라는 점을 알리는 것이었다. 즉, 우리가 하기 나름이라는 것을 밝히는 일이었다. 이 책을 쓴 이유도 그런 긍정적 접근법을 명확히 알리기 위해서다. 나이가 들어도 삶의 전망을 밝게 만드는 방법은 많다. 이 책은 먼저 이런 권고 사항의 과학적 근거를 제시한 다음, 나이가 들어도 뇌와 몸을 강화할 수 있는 구체적인 행동을 설명한다. 나의 목표는 인체에서 가장 중요하지만 우리가 잘 알지 못하는 기관인 뇌를 이해하도록 돕는 것이다. 또 뇌와 몸이 어떻게 상호작용하는지, 그리고 생활 방식이 노화에 대한 우리의 반응에 어떻게 영향을 주는지 설명하고자 한다.

우리는 뇌의 작동, 그리고 뇌와 몸의 관계를 어떻게 이해할 수 있을까? 평범한 날을 예로 들어보겠다. 나는 아침에 일어날 때 보통 몇 시쯤인지 안다. 나의 뇌는 시간을 대략 계산해낸다. 나는 방의 상대적 온도를 알아차리고, 두 다리를 침대에서 꺼내 바닥에 올려놓는다. 이렇게 하면 무게중심이 바뀌면서 앉을 수 있게 된다. 내가 무슨 생각을 하든지 간에, 나의 뇌는 이 평범한 아침에 이루어져야 할 행동을 계산한다. 피가 내 손과 발로 흘러들고, 손과 발은 내가 열을 너무 많이 뺏기지 않도록 역동적인 방식으로 제어된다. 나는 부엌으로 가서 통밀빵 두 조각을 토스터에 넣는다. 이 일에 필요한 움직임은 꽤 복잡하다. 손가락, 손목, 팔뚝, 어깨 근육이 모두 사용되기 때문이다. 하지만 아무리 복잡한 움직임이라고 해도, 나는 그것을 의식하지 않는다. 빵이 딱 먹기 좋게 구워져 나오면, 나는 빵에 무화과잼을 바르고 식탁으로 가서 앉은 후에 식사를 한다. (통밀빵과 무화과잼은 둘 다 섬유질이 풍부하지만, 나는 너무 안심하고 만다.)

내가 일어나서 아침을 먹는 동안, 심장은 자신이 해야 할 일에 맞게 조정되며, 간은 혈액에 포도당을 공급한다. 또 간은 아침 식사에 포함된 영양소를 관리하고, 에너지를 글리코겐 형태로 저장하며, 아미노산을 포함한 다양한 분자를 몸 곳곳에 보낸다. 장과 다른 부위의 면역계는 미생물 및 미생물에 의한 산물의 존재를 감시하고, 잠재적인 병원체(질병을 일으키는 생물학적 요인)에 대항해 세포 방어와 항체 방어를 제공한다. 게다가 장내 미생물은 면역계와 상호작용해 질병으로 이어지는 염증 요소의 발현을 억제한다. 방광은 내용물을 감시하고, 뇌는 생명 유지에 필수적인 혈액량, 체온, 혈압, 혈당, 혈중 나트륨 농도를 감독하며, 심박수, 심장박출량, 혈관 상태, 땀 배출, 수분 섭취, 배설, 그리고 자세 변화의 필요성을 판단한다.

이렇듯 뇌는 평범한 아침의 짧은 순간에도 나의 안녕을 위해 온갖 복잡한 계산을 해낸다. 몸의 다른 부분들도 건강을 유지하느라 바쁘다. 우리는 흔히 스스로가 모든 것을 맡아서 한다는 착각에 빠져 있지만, 실제로 가장 중요한 인간 활동은 자동으로 이루어진다. 인간으로서 우리가 할 수 있는 일은 뇌와 몸의 다른 부분들 사이에서 벌어지는 복잡한 상호작용을 감독하는 것뿐이다. 이런 활동은 무의식적으로 이루어지기 때문에 우리는 자극이 가득한 세상에서 생존할 수 있다. 모든 과제에 일일이 신경 쓴다면 제정신으로 살아갈 수 없을 것이다.

아침에 일어나는 것과 관련된 이 과정은 전부 서로 엮여 있다. 뇌는 몸 상태를 알아차리고, 몸은 뇌 신호에 반응한다. 타인으로부터 완전히 독립적인 사람이 존재하지 않듯이 우리 몸에서 완전히 독립적인 부분은 없다. 이 복잡한 상호 의존 상태는 평생 지속되고, 이것이야말로 건강한 노화의 열쇠다. 이 과정의 중심에는 뇌가 있다. 그렇기에 스페인의 뇌과학자 산티아고 라몬 이 카할Santiago Ramón y Cajal이 대뇌피질을 "수많은 나무로 가득 찬 정원"에 비유한 것도 놀라운 일이 아니다. 카할이 말한 나무를 구성하는 뉴런은 생명 유지에 필수적이며, 외부 세계나 몸과의 상호작용에 따라 변한다. 뉴런은 세찬 바람 속의 나무처럼 성장하고 적응한다. 대뇌피질의 나무들은 우리가 그것을 이용하는 방식과 그것이 우리 몸의 나머지 부분과 맺는 관계에 따라 변한다.

프랑스의 생리학자 클로드 베르나르Claude Bernard는 몸이 스스로를 조절하는 방식을 확인하고서는 경탄했다. 그는 '내부 환경milieu interieur'이라는 새로운 개념을 창안했다. 이것은 안정성과 건강을 가져다주는 인체 내부의 상호작용을 가리킨다. 그는 "내부 환경의 안정성이야말로 자유롭고 독립적인 생명의 조건"이라고 말했다. 루이 파스퇴르의 친구였던 베르나르는 외적인 조건을 보상하고 인체 과정의 균형을 유지하는 뇌의 능력을 알아차렸다. 그래서 그는 "인체의 균형은 가장 민감한 저울처럼 연속적이고 미묘한 보상 과정을 통해 이루어진다"라고 말했다.

하지만 '내부 환경'을 '저울'에 비유한 베르나르의 생각에는 잠재적 위험이 있다. 우리가 떠올리는 일반적인 저울에는 두 개의 접시가 있어서 한 물체의 무게를 다른 물체의 무게와 비교할 수 있다. 하지만 인체 내부 과정은 대단히 복잡하고 다면적이다. 인체의 모든 부분은 서로 연결되어 있으며 상호 의존적이다. 우리 내부 구조물들의 저울에는 수많은 변수가 관여한다. 체온, 혈압, 심박수, 적혈구와 전해질(나트륨, 칼륨, 염화물 등)의 순환 농도 등 수많은 다른 변수가 개입한다. 게다가 인체의 균형 상태를 좌우하는 상호작용은 한 변수의 값을 증가시키거나 감소시키는 힘에만 국한되지 않는다. 종종 이런 작용에는 한 기관의 민감성 등 여러 상태와 그 기관의 상호작용을 조절하는 과정이 관여한다. 건강하고 균형 잡힌 몸에는 스트레스에 대한 반응 및 인체 보호벽의 유지·관리를 포함해 모든 인체 과정의 평형이 관여한다.

지금까지 설명한 상호 의존적 요소들 사이의 안정성을 유지하는 몸의 능력을 '항상성'이라고 한다. 이 개념은 1932년에 출간된 월터 캐넌Walter Cannon의 저서 『몸의 지혜The Wisdom of the Body』를 통해 유행했다. '항상성homeostasis'이라는 단어는 비슷하다는 뜻의 'homeo'와 가만히 서 있다는 뜻의 'stasis'에서 유래했다. 건강하게 나이 들려면, 누구나 나이 들면서 겪게 되는 스트레스에도 불구하고 이 안정성을 유지해야 한다.

우리 몸은 수백만 년에 걸친 진화로 내부와 외부 조건에 반응해 스스로를 정확하게 감시하고 조절하는 능력을 발전시켰다. 대체로 뇌가 인체 균형을 감시하는 일을 맡지만, 이는 몸 전체의 협력 작용에 크게 의존한다. 뇌는 절대 혼자 작동하지 않는다. 뇌는 순환계, 위장관계(입에서 항문까지 음식물이 통과하는 모든 소화기관 ─ 옮긴이), 면역 반응, 그리고 다른 주요 생체 과정과 상호작용을 한다. 나이가 들수록 이런 상호작용의 질은 더욱 미묘해진다. 뇌와 다른 기관 간의 상호 의존성은 나이가 들수록 자신과 타인과의 상호작용과 더불어 건강과 신체 적합성(몸이 신체 활동을 적절하게 수행할 수 있는 능력을 주로 가리키는 용어 ─ 옮긴이)의 핵심 요소가 된다.

여러분은 이 책을 다 읽고 나면 건강, 질병, 신체 적합성, 수명을 좌우하는 뇌, 몸, 물리적 환경 및 사회 간의 상호작용을 더 잘 이해할 수 있을 것이다. 이 책에서 이야기하는 내용은 놀랍게도 삶의 질을 높이고, 질병을 예방하고, 신체 적합성을 향상시키고, 나이 듦의 의미를 찾게 해줄 것이다.

젊은 시절에는 예비 역량이 매우 크기 때문에 이런 상호작용의 중요성이 잘 인식되지 않는다. 젊은 사람은 튼튼해서 건강에 해로운 행동으로 손상을 입어도 쉽게 회복한다. 기능이 일부 손상되어도 피해가 크지 않다. 이는 오랜 진화의 결과로, 젊은 사람은 종종 나쁜 생활 습관을 가지더라도 건강에 큰 문제가 일어나지 않는다. 하지만 나이가 들수록 예비 역량이 감소하며, 곧 논의할 주제인 상호 의존적 작용이 건강과 신체 적합성에 매우 중요해진다. 예비 역량 개념은 옥스퍼드 온라인 사전에 따르면 "나중의 전력 강화를 위해 활동을 보류하는" 군대에서 유래했다. 예비군은 전투 활동을 늘 준비하고 있으며, 필요 시 전투에 투입된다. 이처럼 우리 몸의 예비 요소는 삶에서 발생하는 어려움에 거뜬하게 대응하도록 해준다.

여기에서 핵심은 '주의'와 '태도'다. 나는 아침 식사를 하면서 음식과 관련해 어떤 추가적인 선택을 하는가? 나는 이 평범한 날에 인지적·신체적 과제에 관여하는가? 일상적인 생활 방식 선택이 건강과 신체 적합성에 미치는 역할에 주의를 기울이는 것은 평생 필요하며, 특히 나이가 들수록 더욱 중요하다. 나는 나이 드는 것을 부정적으로 생각하는가? 아니면 그것을 감사하게 맞이해야 할 기회로 보는가?

삶의 과정이 기적이라는 깨달음은 생존에 대한 태도와 나이 드는 것이 기회임을 이해하는 능력에 달려 있다. 우리가 무엇을 하는지가 중요하다. 이 책은 여러분이 나이 듦의 경험을 향상시키기 위해 무엇을 할 수 있는지 구체적으로 조언한다. 우리는 나이가 들면서 신체 기능이 쇠퇴하는 것을 완전히 막을 수는 없지만, 그 시작을 늦추고 삶에 미칠 영향을 줄일 수 있다.

로버트 P. 프리들랜드

차례

1부

건강하게 나이 들기 위한 기초 다지기

2부

노화의 기회를 잡는 실천 전략

3부

노화의 의미를
다시 묻다

건강하게
나이 들기 위한
기초 다지기

1장

노화, 불가피한 것이 아니라
새로운 기회다

"가장 위대한 자유는
우리의 태도를 선택할 자유다."

빅터 프랭클(1905-1997)
오스트리아의 정신과 의사, 『죽음의 수용소에서』 저자

94세의 한 사업가가 연례 검진차 나를 찾아왔다. 그는 지난 3년 동안 매해 진료를 받으러 왔는데, 매번 똑같은 고충을 털어놓았다.

"알츠하이머병이 진행되고 있습니다."

그 병에 왜 걸렸다고 생각하는지 묻자, 그가 대답했다.

"『적과 흑』°을 누가 썼는지 기억이 안 나거든요."

나는 표준 혈액검사와 인지 기능 평가(기억과 사고력 검사)를 통해

....

• 프랑스의 소설가 스탕달이 1830년에 발표한 역사소설이다.

세 번째로 그의 상태를 알아보았다. 1년 전 뇌 자기공명영상MRI에서는 뇌가 약간 줄어든 모습이 보였지만, 이는 같은 나이의 건강한 사람에게서도 흔히 나타나는 현상이다. 검사 결과, 그의 기억력과 인지 능력은 지난해보다 나빠지지 않았고 별로 문제가 드러나지도 않았다. 그는 무릎 통증도 호소했다.

"무릎이 언제 아프십니까?" "4층에 있는 내 사무실에 올라갈 때요." 나는 『적과 흑』의 저자를 기억하지 못하는 것이 알츠하이머병의 징후는 아니라고 말해주었다. 그리고 운동하려는 마음가짐은 응원하지만, 계단 대신 엘리베이터를 이용하라고 권했다. 생각해보니 지난 2년 간의 진료 내용도 이번과 비슷했다. 그는 매번 기억력과 여러 신체 기능을 걱정했다. 나는 나이가 뇌와 몸에 미치는 영향을 설명해주었다. 또 94년 전 미국에서 태어난 사람 가운데 8퍼센트만이 아직 살아 있고, 그중에서도 독립적으로 생활할 수 있는 사람은 절반도 되지 않으며, 더군다나 사무실을 두고 4층까지 걸어 올라갈 수 있는 사람은 극소수라고도 알려주었다. 자기 삶의 상대적 위치를 이해하는 것은 중요하다.

나는 그에게 남다른 생존 기간과 인지·신체 능력을 전반적으로 유지하고 있다는 맥락에서 자신의 능력 상실을 고려해보라고 권했다. 또한 다음과 같이 짚어주었다. 94세에도 49세 때와 같은 기억력을 기대해서는 안 된다고!

우리가 어떤 상황에 반응하는 방식은 미리 품고 있던 기대에 크게 좌우된다. 만약 한 사건에 대한 예상이 부정적이면, 우리의 인식도 부정적으로 편향된다. 반대로 긍정적인 기대를 하고 있다면, 다른 방향으로 편향될지도 모른다. 따라서 나이 듦에 대해 어떤 기대를 품고 있는지 살피는 일은 매우 중요하다.

이 장에서는 먼저 나이 듦에 관한 우리의 기대와 목표를 살펴본다. 또 나이가 들면서 생기는 현상과 면역계의 중요한 역할을 알아본다. 아울러 건강하게 나이 들기 위해 진화론적 접근법이 어떻게 도움이 되는지도 살펴본다.

노화를 통해 이루고 싶은 것

노화라는 시나리오를 검토할 때는 먼저 우리가 어떤 기대를 하고 있는지부터 묻는 것이 중요하다. 혹시 보통의 노화, 즉 모든 인체 기관의 기능이 떨어져 질병과 죽음의 위험이 커지는 경우를 바라는가?

보통의 노화에서 어떤 일이 생기는지 살펴보자. 65세 이상인 대다수 미국인은 고혈압 상태이고, 스스로가 매우 건강한 상태는 아니라고 말한다. 평균적으로 65세 이상은 세 가지 이상의 만성질환을 앓고 있다. 미국 사회보장국Social Security Administration에 따르면, 75세가 넘는 사람들의 40퍼센트 이상이 신체 기능에 어려움이 있고, 85세 이상의 절반가량이 일상생활에 돌봄 지원이 필요하다고 한다. 노화에 따른 변화는 목록 1에 요약되어 있다.

우리의 목표는 보통의 노화가 아니라, 예외적인 노화를 달성할 수 있도록 훌륭한 선택을 하는 것이다.

나는 노화를 위한 세 가지 목표를 제안한다(목록 2). 첫 번째와 두 번째 목표는 비교적 명확하지만, 세 번째 목표는 제대로 인식되지 못하고 있다. 노화의 첫 번째 목표는 죽지 않는 것이다. 죽음의 불가피성을 부정하는 것이 아니라, 오히려 대다수가 삶을 지속하고 싶어 하는 명백한 진실을 말하는 것뿐이다. 대부분의 사람은 어느 하루에서 다음 날까지 생존할 기회를 원한다. 노화의 두 번째 목표는 질병을 피하는 것이다. 예를 들어 30세 여성이라면 70세까지 (또는 그 이상) 살면서 암, 관상동맥 질환, 알츠하이머병 또는 다른 나이 관련 질환에 걸리지 않기를 바라는 것은 지극히 합리적이다.

목록 1. 노화에 따른 몸과 뇌의 변화

감소하는 것

- 기억력, 사고력, 공간 인식 능력, 지각 속도, 산술 능력
- 학습 및 처리 속도
- 공간 기억, 작업기억
- 뇌의 크기, 시냅스 밀도
- 기억과 학습에 관여하는 신경전달물질(특히 아세틸콜린) 생산
- 뇌 회색 물질 속의 미엘린
- 말초신경에서 자극 전달 속도
- 뇌 혈류량과 산소 및 포도당 사용량
- 세로토닌 및 도파민 수용체 기능
- 시각 민감성, 깊이 지각, 대비 민감도, 어둠 적응력
- 전정前庭 기능(귀의 균형 잡기 메커니즘 약화)
- 내이內耳의 모세포毛細胞, 달팽이신경, 고주파 청력
- 음원 구별 능력, 목표 음과 잡음 구별 능력
- 발의 진동 지각
- 운동 허용력exercise tolerance
- 심장 박동조율기 세포(심방 잔떨림 증가)

- 심장 이완, 최대 심박수
- 혈압 변화에 대한 민감도(자세 변화, 혈액 손실이나 탈수, 열, 패혈증 또는 약물 복용 시 저혈압 가능성 증가)
- 폐의 탄력성
- 호흡기 근육의 강도와 폐활량
- 성호르몬
- 인슐린 반응성
- 회복 지연에 따른 스트레스 반응 조절
- 혈액을 여과하고 소변을 희석·농축하는 신장 능력(탈수 위험 증가)
- 갈증 지각
- 수분 조절 능력
- 체내 총수분량
- 근육량과 강도
- 뼈의 강도
- 최대 산소 소비량
- 위장관의 영양 흡수, 수축 능력, 혈류량 및 소화효소 분비
- 장내 미생물 다양성

증가하는 것
- 조직·기능 측정치의 변동성
- 뇌에 잘못 접힌 독성 단백질 축적
- 혈액과 뇌의 염증(염증 노화)[2]
- 체지방
- 반응시간
- 어휘, 의미론적 지식(결정성 지능, 지식 축적)
- 탈수 및 고·저나트륨혈증 위험성
- 혈관 경직과 고혈압 위험성

- 낙상 가능성
- 뇌, 폐, 심장, 혈액, 위장관, 순환기, 피부, 그리고 기타 기관의 다양한 질병 위험성

목록 2. 노화의 세 가지 목표

1. 죽지 않기(생존)
2. 아프지 않기(병에 걸리지 않기)
3. 신체 적합성 유지(신체 기능을 향상·유지하기, 강한 인지적·신체적·심리적· 사회적 예비 역량 갖추기)

우리가 훌륭하게 나이 들 수 있도록, 이 목표들에 또 하나의 차원을 추가해보겠다.

노화의 세 번째 목표는 높은 수준의 기능(신체 적합성)을 오래 유지하는 것이며, 아울러 신체 기능 상실을 극복해 행복하고 건강한 상태를 이어 가는 것이다. 노화의 첫 번째와 두 번째 목표를 모두 달성한 70세 사람이 두 명 있다고 가정해보자. 이 두 사람은 70세까지 살아남았고, 중대한 질병에 걸리지 않았다. 하지만 한 사람은 조금만 걸어도 골반 통증이 뒤따르고 숨이 차며, 골프나 수영을 할 수 없고, 운동 허용력이 감소했으며, 스트레스가 주는 심신 손상에 대한 저항력이 약해졌을지도 모른다. 반면, 다른 한 사람은 신체 적합성을 유지해 의미 있는 여러 활동에 즐겁게 참여하고, 스트레스 요인을 견디는 능력이 뛰어나다. 나이가 들면 누구나 신체적·심리적 어려움에 직면한다. 이 어려움 속에서도 죽지 않고 잘 살아가는 능력이야말로 노화에서 결정

적으로 중요한 요소다.

삶의 질에 관심이 있다면, 노화의 세 가지 목표를 모두 고려해야 한다. 활동적이고 건강하며 오래 사는 삶을 이루려면 어떻게 해야 하는가? 즉, 무병장수할 가능성을 어떻게 높일 수 있는가? 그리고 나이가 들어도 최고 수준의 신체 적합성과 회복력(기능 상실에 대한 저항력)을 유지할 가능성을 어떻게 높일 수 있는가? 이 회복력도 예비 역량이라고 할 수 있다. 이 책은 다중 예비 요소에 관한 이론을 제시하는데 (2장), 구체적으로 인지적·신체적·심리적·사회적 예비 요소의 개념을 살핀다. 이 모든 요소가 노화의 세 가지 목표를 훌륭하게 달성하는 데 중요하다.

죽음과 질병을 피하는 것은 중요하지만, 그것만으로는 충분하지 않다. 1726년에 출간된 조너선 스위프트의 풍자소설 『걸리버 여행기』에서 주인공 걸리버는 일본 근처에 있는 루그나그Luggnagg라는 나라를 방문한다. 그곳에서는 간혹 왼쪽 눈썹 위에 붉은 점이 있는 아기가 태어난다. 붉은 점은 그 사람이 결코 죽지 않는다는 표시다. 처음에 걸리버는 이런 기나긴 삶이 위대한 지혜와 부로 이어지는 대단한 혜택이라고 여겼다. 하지만 나중에 알고 보니, 이 가엾은 생명체들은 통상적으로 늙어가고, 그 과정에서 비참한 점진적 장애만 얻을 뿐 고통을 끝낼 죽음의 혜택을 얻지 못했다. 스위프트는 생존만이 노화의 적절한 목표가 아니라는 진실을 인상적으로 알려주었다. 이는 그가 78세에 치매로 죽어가기 전 실제로 알게 될 진실이기도 했다.[3] *

....

* 스위프트의 기억력 장애에 관한 논의는 참고 문헌 3에 나온다.

'항상성'이라는 용어는 안정성을 유지하고 다양한 어려움을 극복하도록 몸의 활동을 관리·조절하는 모든 과정을 가리킨다. 항상성은 단순히 질병을 피하는 차원을 넘어 고찰해야 한다. 건강은 질병이 없는 상태보다 더 큰 개념이기 때문이다. 이는 건강의 촉진과 유지를 설명하는 '건강생성론salutogenesis'이라는 용어에서 잘 드러난다.[4] 이와 반대 개념인 '질병생성론pathogenesis'은 질병 발생과 관리에 관한 이론이다. 건강생성론에 따르면, 건강은 수동적인 과정이 아니며, 건강과 신체 적합성을 결정하는 요소를 어떻게 제어하는지에 따라 큰 차이가 날 수 있다. 마찬가지로 '수명'과 상반되는 '건강수명'은 노년기의 목표가 단지 생존 자체가 아니라 활동적이고 의미 있는 삶을 장기적으로 유지하는 것임을 강조한다.[5]

나이가 들수록 기능이 감소하는 몸의 각 기관은 전부 서로 의존하고 있다. 그래서 한 기관의 기능 감소는 몸 전체에 증폭 효과를 일으킬 수 있다. 신체 기관들 사이의 상호작용은 질병에 대한 취약성뿐 아니라 기능 용량에도 영향을 미친다. 이 상호 의존성을 인식하는 것이야말로 성공적인 노화를 위해 꼭 필요하며, 이 책의 초점이기도 하다.

노화는 불가피한 운명이 아니다

2장에서 살펴보겠지만, 나이 든 사람이 질병을 이겨내고 신체 적합성을 유지하는 능력은 질병 자체뿐 아니라 그 사람의 예비 요소가 질병에 대응하는 과정에 의해서도 결정된다. 질병이나 스트레스 요인 같은 어려움 속에서도 신체 기능의 균형을 유지하는 것은 바로 우리의 예비 요소다. 예비 역량은 기능 상실에 대한 저항력의 개념을 나타내는 또 하나의 방법이다. 건강과 신체 적합성을 유지하는 것은 능동적인 과정이며, 주로 우리의 활동 능력과 주의, 태도에 의존한다.

노화에 대한 우리의 태도가 중요하다. 특히 "노화는 불가피하다"라는 흔한 말은 그릇된 방향을 잘 보여준다. 노화는 불가피하지 않다. 하지만 이런 지레짐작은 널리 퍼져 있다. 노화와 심혈관계를 다룬 2020년 최신 검토서에도 "노화는 생명의 불가피한 일부다"라고 나와 있다.[6] 나는 이에 동의하지 않는다. 많은 사람이 실제로 노화를 겪을 만큼 오래 살지 못하기 때문이다. 한마디로 누구나 겪는 일이 아니므로 노화는 불가피한 현상이 아니다.

다이애나 왕세자비는 36세에, 존 F. 케네디는 47세에, 마틴 루서 킹은 39세에 세상을 떠났다. 그들이라면 노화는 불가피하다는 생각을 어떻게 받아들였을까? 우리 주변에는 늙을 때까지 오래 살지 못한 사람들이 있다. 따라서 노화가 불가피하다고 결론 지어서는 안 된다. 한편 노화는 기회이기도 하다. 누구나 어제보다 오늘 하루 더 나이가 든다. 그렇다고 모든 사람이 어제보다 오늘 하루 더 나이가 드는 것은 아니다. 하루를 더 사는 것이 모두에게 보장되지는 않기 때문이다.

노화가 불가피하지 않은 첫 번째 이유는 많은 사람이 '늙었다'고 할 수 있는 나이(서양 기준으로는 보통 65세)에 이르지 못하기 때문이다. 미국에서는 65년 전에 태어난 사람 중 86퍼센트만 아직 살아 있다. 같은 맥락에서 65세인 사람은 노화가 불가피하다는 이유로 자신이 80세까지 살 것이라고 가정해서는 안 된다. 이 책을 쓰는 현재, 미국 사회보장국에 따르면 건강한 65세 남성이 80세까지 살 확률은 62퍼센트이고, 건강한 65세 여성이 80세까지 살 확률은 71퍼센트다. 가장 중요한 두 번째 이유는 나이가 들면서 생기는 기능 쇠퇴는 종종 피할 수 있기 때문이다. 그렇다. 이것이 노화의 진실이다.

예를 들어 관상동맥 질환이 있는 60세 여성은 운동, 스타틴(혈중 콜레스테롤 수치를 낮추는 고지혈증 치료제 — 옮긴이) 복용, 식습관 개선, 금주, 금연 등의 방법으로 심장 기능을 향상시킬 수 있다. 그러면 70세에 이 여성의 심장 기능은 60세 때보다 더 좋아질 수 있다. 그렇다고 해서 모든 나이 관련 변화가 예방될 수 있다는 뜻은 아니다. 다만 노화로 인해 쇠퇴하는 기능 중 다수는 노화만으로 생기지는 않고, 중대한 사태를 초래할 수 있는 해로운 생활 습관의 결과 때문이라는 말이다.

건강하게 나이 들 가능성을 높이려면 어떻게 해야 하는가?

노년기에 도달하는 사람이 많지 않으므로, 우리는 나이 들어서도 당연히 생존할 수 있다고 생각해서는 안 된다. 이를 위해 우리는 아래의 핵심 질문 두 가지를 자신에게 던져야 한다.

- 지금까지 논의한 상호 의존적인 요소를 고려할 때, 어떻게 하면 생활 방식 척도를 통해 삶의 질과 수명에 영향을 미칠 수 있는가?
- 노화가 주는 기회를 최대한 활용하려면, 어떻게 삶의 의미를 극대화할 수 있는가?[7]

일부 의학 전문가를 포함해 많은 사람은 노화에 대한 시각이 지나치게 부정적이다. 권위 있는 의학 저널 『랜싯』에 발표된 2020년 보고서 「치매 없는 노화: 자극을 주는 심리 사회적 및 생활 방식 경험이 영향을 미칠 수 있는가?」[8]에서 노인학 분야의 선구자인 저자들은 이렇게 주장한다. "노화는 유전적·환경적 변화로 인해 생물학적 결함이 축적되어, 유기체의 항상성 균형이 약화되고 점차 신체적·인지적 손상이 일어나는 현상이다."[8]

잠시 이 문제를 살펴보고 넘어가자. 노화에서는 유전자 및 환경과 관련된 신체 기능의 결함이 나타난다. 이 기능 쇠퇴는 건강과 신체 적합성을 유지하는 신체 능력을 방해한다. 이는 맞는 말이다. 문제는 신체적·인지적 손상이 불가피함을 암시하는 내용이다. 이것은 절대 그렇지 않다.

앞으로 살펴보겠지만, 나이 든 사람 중에 인지적 손상을 겪지 않는 경우도 많다. 또 나이가 들어도 운동으로 근육량을 늘리고 신체 능력을 향상시킬 수 있다. 노화의 놀라운 특징 중 하나는 인생 후반부에 구조적 쇠퇴가 일어나더라도 기능 유지를 돕는 회복 메커니즘이 작동한다는 것이다.

나이가 들면 기능 쇠퇴가 일어나지만, 그렇다고 신체적·인지적 손상이 발생하지는 않는다. 예를 들어, 달리기를 하는 50세인 사람은 이후 10년 동안 훈련을 개선해 60세까지 실력을 키워나갈 수 있다. 악기는 어릴 때 배우는 것이 유리하지만, 성인이 되어서도 충분히 가능하다. 50세에 바이올린을 배우기 시작한 사람은 아무리 열정이 커도 뉴욕필하모닉과 협연하기는 힘들 것이다. 하지만 배움과 연습을 통해 수십 년 동안 음악 활동으로 즐거움을 얻는 능력은 충분히 갖출 수 있다. 많은 노년층은 평생 열심히 일해왔기에, 인생의 후반부가 가장 즐겁다고 느낀다.

행복한 노년기를 위해 무엇을 할 수 있을지 살펴보려면, 먼저 노화가 우리에게 어떤 영향을 미치는지 이해해야 한다.

나이가 들면 어떤 일이 생길까?

이제 우리는 세 가지 목표와 함께 노화가 불가피하지 않다는 개념을 이해했으므로, 실제 노화에서 무슨 일이 생기는지 살펴보아야 한다. 노화는 인체 모든 기관의 기능 감소를 동반한다(그림 1, 목록 1 참조). 중요한 점은 이 기능 감소가 곧 질병은 아니고, 사람마다 차이가 매우 크며, 반드시 활동 능력 손상으로 이어지지 않는다는 사실이다. 노화와 함께 모든 기관의 기능이 감소하지만, 이 쇠퇴에는 변동성이 커지는 특징이 있다.[10] 예를 들어 그림 2에 나타난 것처럼 보통 나이가 들면 걷는 속력이 느려진다. 하지만 모두가 그런 것은 아니다. 젊은이들은 대체로 비슷한 속력으로 걷지만, 나이 든 사람 중 일부는 젊은이들처럼 빠르게 걷고 일부는 매우 느리게 걷는다. 전반적으로 나이 든 사람 대부분은 노년기에도 기능을 유지한다. 이런 변동성 증가는 걷기뿐 아니라 신체 구조와 기능의 모든 측정치에서 나타난다. 이는 노화로 인한 기능 감소가 모두에게 똑같이 나타나지 않으며, 우리가 노화 과정에 어떻게 대응하는지가 중요하다는 강력한 증거다.

노화로 인한 기능 감소에서 꼭 알아야 할 점은, 건강한 생활 방식을 선택하면 많은 경우 통상적인 기능을 유지할 수 있다는 것이다. 예를 들어 100세 이상인 사람 중 30~50퍼센트는 인지 능력이 온전하다. 근육량은 나이와 함께 줄어들지만, 어떤 사람은 65세 이후에도 근육량이 꽤 많다. 게다가 대부분은 나이와 상관없이 운동을 통해 근육량을 늘릴 수 있다. 나이 든 사람들에 대한 연구에서 드러난 일부 기능 쇠퇴는 노화만으로 발생하지 않으며, 찾아내기 어려울 정도로 미미한 초기 단계의 질병(예를 들면 알츠하이머병) 때문일 수도 있다.

그림 1. 노화와 함께 발생하는 기능 쇠퇴

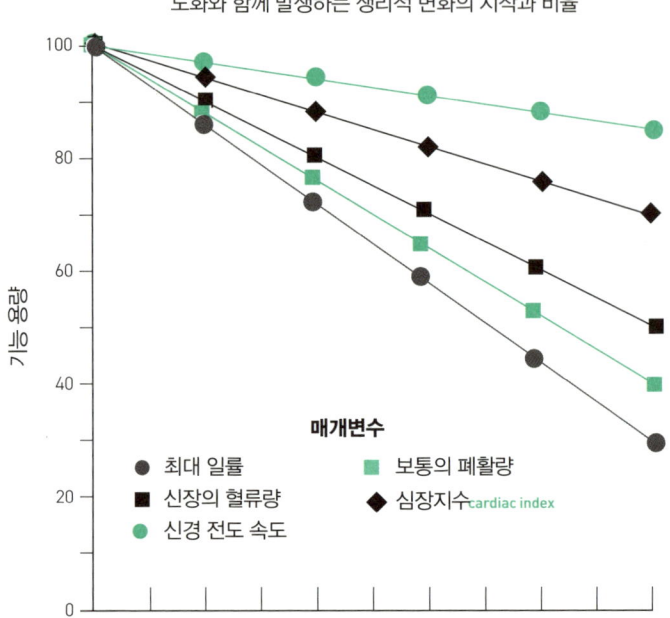

노화와 함께 발생하는 생리적 변화의 시작과 비율

모든 신체 기능은 노화와 함께 감소한다. 여기에는 최대 일률, 신장의 혈류량, 폐활량, 신경 전도 속도, 심장 출력뿐 아니라 여러 다른 기능도 포함된다. 그래프에서 직선은 20~30세부터 80~85세까지 기능의 상대적 감소를 나타낸다. 이런 변화가 반드시 질병을 뜻하는 것은 아니며, 모든 사람에게 똑같은 정도로 생기지도 않는다. (참고 문헌 9의 내용을 적절히 수정한 그림.)

노화가 진행되면 뇌 부피가 줄어드는데, 특히 학습과 기억을 담당하는 영역에서 두드러진다. 다른 뉴런과의 연결 부위인 축삭돌기를 감싸는 미엘린 수초의 구조도 쇠퇴한다. 이는 손상 부위의 수리를 담당하는 뇌의 면역계를 활성화시킨다(미엘린 수초를 외부 침입자로 판단

그림 2. 노화에 따른 변동성 증가

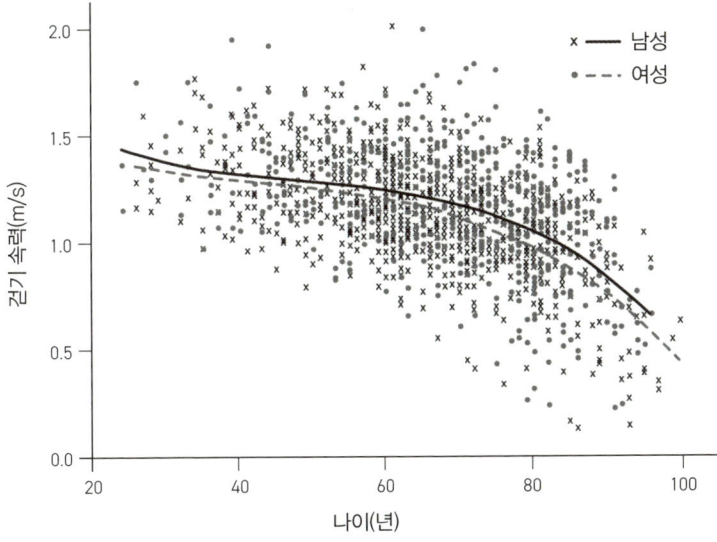

걷기 속력은 나이가 들수록, 특히 65세 이후에 줄어든다. 하지만 65세가 넘어서도 보통의 걷기 속력을 지닌 사람이 많다. 젊은이들의 데이터는 평균에 가깝게 몰려 있지만, 나이 든 사람들의 걷기 속력은 변동성이 상당히 크다. 이런 변동성 증가는 기능의 다른 측면에서도 나타난다. (참고 문헌 11의 내용을 적절히 수정한 그림.)

해 면역계가 미엘린 수초를 공격하게 됨을 암시하는 내용인 듯하다 — 옮긴이). 또 뇌에는 비정상적인 단백질이 축적되고, 독성 분자를 제거하는 능력이 손상되며, 시냅스(뉴런과 뉴런 사이의 틈으로, 서로 간의 소통을 담당하는 영역)가 소실된다. 나이가 들면 뇌 단백질의 부적절한 접힘 현상improper folding(노화의 핵심 개념 중 하나이며, 5장에서 자세히 논의한다)도 일어난다. 뇌 속 염증은 학습 손상을 일으키는 분자를 생산한다. 이런 변화는 기능 상실로 이어질 수 있다. 하지만 직장과 가정에서의 인지 활동은 변화를 늦추고, 인지적 예비 역량을 향상시키는 데 도움이 될 수 있다. 이와 같은 활동은 심리적 요소나 사회적 상호작용과도 밀접하게 관련되어 있다. 최근 연구에 따르면, 학습과 기억에 관여하는 뇌의 주요 면역세포는 장내 박테리아(미생물)에 큰 영향을 받는다. 이 유기체들은 우리가 섭취하는 음식에 따라 달라진다. 이렇듯 우리 몸속 미생물도 신체적 예비 요소의 핵심 구성원이다.

우리는 노화와 함께 면역계에 무슨 일이 벌어지는지 살펴보아야 한다. 면역계야말로 나이 들면서 필요한 기능 보존에 중심 역할을 하기 때문이다. 또 앞으로 살펴보겠지만, 우리는 각자의 행동을 통해 면역계의 속성에 영향을 미칠 수 있다.

노화와 함께 변하는 면역 시스템

면역계는 세포와 분자의 복잡 미묘한 네트워크다. 이 네트워크는 감염을 막고 신체 기관의 유지·관리를 돕는다. 노화 시기에는 우리 몸과 함께 뇌에도 중대한 역할을 한다. 염증은 감염을 퇴치하고 질병 유발 인자로부터 우리를 보호하는 예방 메커니즘이다.

면역에는 크게 두 종류가 있다. 먼저 선천면역innate immunity은 초기의 빠른 방어를 제공하는 체계다. 이것은 이전의 경험과 무관하고, 기억 없이 작동하며(반복된 경험은 똑같이 취급된다), 고작 며칠 동안만 지속된다(감기에 대한 신체 초기 반응이 그런 경우다). 적응면역adaptive immunity은 천천히 발달하며, 면역세포가 관여해 마치 백신처럼 평생 지속된다. 노화가 진행되면 선천면역계가 활성화될 수도 있다. 이는 많은 신경·전신 장애에서 나타나고, '염증 노화'라고도 부른다.[2] 염증이 효과가 없거나, 병원균이 침입해 복제하고 조직을 손상시키면 어려움이 따를 수 있다. 하지만 염증이 지나칠 때도 문제가 된다. 면역 메커니즘은 염증을 활성화하는 친염증성pro-inflammatory일 수도 있고, 염증을 억제하는 항염증성anti-inflammatory일 수도 있다.

나이가 들면 종종 친염증성 요소가 과도해지거나 부적절한 항염증성 메커니즘이 작동한다. 이런 낮은 수준의 염증 노화 과정은 심혈관 질환, 뇌졸중, 당뇨, 알츠하이머병, 파킨슨병, 암 등 노화의 여러 질병과 관련이 있다.[2] 만성적인 저수준 염증은 신체의 국소 영역에서 세포를 손상시키고, 멀리 떨어진 부위의 세포 과정에도 영향을 줄 수 있다. 게다가 뇌 성장인자growth factor 생산이 염증 때문에 차질을 빚을 수 있다. 그리고 염증성 분자는 뉴런을 손상시키고, 많은 노화 관련 뇌 질환에 관여하는 잘못 접힌 단백질 생산을 증가시키며, 자유라디칼free radical의 결합을 증가시킬 수 있다. 자유라디칼은 짝짓지 않은 전자를 가진 반응성이 높은 분자로, 대사 과정에서 생성되어 탄수화물, DNA, 단백질 같은 다른 분자를 손상시키고, 세포의 에너지원인 미토콘드리아 같은 세포 기관을 망가뜨린다.

뇌 염증은 신체 염증과 관련이 있다. 이와 관련해 놀라운 점은 장내 박테리아가 이 과정에서 뇌와 몸 모두에 큰 영향을 미친다는 사실이다. 몸과 뇌의 과도한 염증은 염증을 유발하는 장내 박테리아의 성장을 촉진하는 음식을 섭취하면 발생할 수 있다. 그리고 염증은 건강을 촉진하는 박테리아가 존재하면 줄어들 수 있는데, 이 역시 음식 섭취와 관련이 있다. 즉, 우리가 먹는 음식이 건강에 해로운 친염증성 상태를 만들 수도 있고, 건강에 이로운 항염증성 상태를 만들 수도 있다는 말이다.

혈액뇌장벽blood-brain barrier은 혈액순환 과정에서 유입되는 불순 물질로부터 뇌를 보호한다. 이 장벽은 혈액과 뇌 사이의 분자와 세포 이동을 긴밀하게 조절하는 역할을 한다. 하지만 뇌에는 태어날 때부터 존재하는 면역세포 집단과, 그 장벽을 정기적으로 넘나들며 뇌 건강을 감시하는 세포들이 있다. 최근 연구에 따르면, 이 세포들은 병원균 퇴치뿐 아니라 학습과 기억에도 필요하다.

노화가 진행되면 뉴런은 뇌 염증을 증가시키는 인자를 방출한다. 이것들이 면역세포와 관련 분자의 활동을 통해 인체에 손상을 줄 수 있다. 미묘한 기능 균형에 의해 통제되는 이 과정은 식습관과 미생물 군(인체 내부와 표면에 존재하는 모든 미생물)을 포함해 유전적·환경적 요소의 영향을 받는다. 염증 과정이 과다해지면 신경퇴행으로 이어질 수 있다.[13] 또 염증은 뇌막염, 뇌염, 뇌농양처럼 뇌에 직접 영향을 미칠 수도 있다. 복제하지 않는 뇌 속의 휴면 미생물도 활발한 감염 없이 염증에 관여할 수 있다. 미생물의 DNA가 인간의 DNA 서열에 이식되어, 미생물 복제 없이도 대사 과정에 영향을 미칠 수 있다. 몸의 다른 부위 염증도 염증성 세포와 분자가 뇌로 유입되어 뇌에 영향을 줄 수 있다.

뇌의 염증 균형은 노화로 인해 종종 제대로 조절되지 않을 수 있다. 이런 현상이 생기는 이유는 뇌에서 독성 분자가 말끔히 제거되지 않거나, 염증성 분자 생성이 늘어나거나, 비정상적으로 접힌 단백질 때문이거나, 신경 보호 인자(성장인자)가 적어지거나, 장내 미생물의 변화 때문일 수 있다. 이 요소들은 위험한 악순환 고리를 발생시킬 수 있다. 이런 경우에는 염증이 더 많은 단백질 접힘을 발생시키고, 이는 또다시 더 많은 염증을 일으킨다. 이 과정은 평생 우리의 활동과 관련이 있다. 흡연, 알코올, 독소, 화학물질 같은 독성 물질 노출과 나쁜 식습관, 머리 부상, 신체적·정신적 활동 부족 등을 예로 들 수 있다. 하지만 적절한 생활 방식을 선택하면 나이 들면서 염증이 제대로 억제되지 않을 위험을 줄일 수 있다. 또 나이가 들면 부적절하게 접힌 단백질을 처리하는 뇌의 능력도 감소하지만, 단백질 접힘에서의 오류를 관리할 능력은 충분히 향상시킬 수 있다. 정신적·신체적 활동과 함께 식습관 요소가 염증 과정을 관리하는 데 도움이 될 수 있다(20장에서 자세히 소개).

노화와 함께 찾아오는 염증 변화를 관리하는 일은 신체 기능 유지와 질병 예방을 위해 중요하다. 그렇다면 왜 이런 문제는 특히 나이 든 사람들에게 중요할까?

진화는 젊은이에게만 우호적이다?

진화는 인간이 오래 사는 것을 준비해두지 못했다. 인간의 진화는 노화를 이해하는 데 매우 중요하므로 잠시 살펴보도록 하겠다. 추산하기로, 호모사피엔스는 지구의 모든 생명체 중에서 가장 젊은 축에 속한다. 이 종의 나이는 약 10만 세에 불과하다. 이 수가 커 보일 수 있지만, 우리와 가장 가까운 친척인 침팬지는 500~700만 세다. 즉, 침팬지는 지구에서 인류보다 약 60배 더 오래 살아왔다. 우리 조상들은 인류 역사의 대부분 기간 동안 수렵 채집인으로 살았다. 이들은 유목 생활을 하며 짐승 사냥과 물고기잡이로 식량을 얻었다. 우리가 물려받은 유전자는 조상들의 생존에 도움을 주었기 때문에 자연선택 메커니즘에 의해 선택되었다. 이 조상들은 지금 우리가 사는 세상과는 전혀 다른 환경에서 살아갔다. 직설적으로 말하자면, 우리의 유전자는 현대의 생활이나 노년의 삶에 대비하지 않는다.

선사 시대에는 노년기에 이른 사람이 매우 적었다. 전염병, 부상, 자원 부족 등으로 인해 65세 이상 사는 사람이 거의 없었다. 예를 들어 1990년에는 65세 이상 미국인의 비율이 전체 인구의 약 4퍼센트였지만, 2020년에는 거의 20퍼센트까지 올라갔다. 현재 전 세계적으로 65세 이상 인구는 약 9퍼센트지만, 인류 역사의 대부분 기간에는 고작 3퍼센트였다. 고대의 인류 공동체에서 발굴된 유골 이빨 연구에 따르면, 장수한 사람은 극히 소수였다. 실제로 인류 역사의 대부분 기간 동안 기대 수명은 약 25세였다. 따라서 우리가 물려받은 유전자는 노년기에 제대로 대비하지 못한다.

요약하자면, 진화는 우리가 노년까지 생존하는지를 신경 쓰지 않는다. 진화의 핵심은 유전자를 다음 세대로 전달하는 것이다. 진화에 관한 한, 아이를 낳고 길러서 우리 유전자가 다음 세대로 이어질 수 있을 만큼 생존하는 것이 관건이다. 노년까지 사는 것은 유전자 전달에 큰 영향을 미치지 않는다.

이것은 윤리적·도덕적 사안이 아니라 단지 진화가 자연선택을 통해 작동하는 방식일 뿐이다. 그래서 20세까지 살 가능성을 감소시키는 유전자는 부정적 선택에 의해 총인구에서 줄어들 것이다. 왜냐하면 조기 사망과 관련된 유전자를 지닌 사람들은 낳고 키울 수 있는 아이의 수가 적어질 것이기 때문이다. 하지만 40세까지 살아남은 후에 70세까지는 못 살게 하는 유전자는 부정적 선택이 작용하는 대상이 아니다. 40세 이후에 아이를 가지는 경우가 드물기 때문이다. 즉,

40세에 도달한 후에 70세까지 생존하는 유전자는 선택되지 못할 것이다. 그런 유전자는 자손의 출현과 생존 가능성을 향상시키지 못할 테니까. 물론 삶의 초기에 생존을 향상시키는 유전자가 후기에도 계속 생존을 향상시킬 수 있다. 하지만 진화는 초기에 작게나마 긍정적 효과를 지니고, 후기에 부정적 효과를 지니는 유전자를 좋아할 것이다. 노년기 사람들보다는 아이들이 훨씬 많기 때문이다.

과학자들은 조부모가 지혜와 지식을 통해 손주의 생존에 도움이 되는지를 놓고 갑론을박해왔다.[14] 특히 조모는 문화적 지식과 복잡한 친목 관계를 손주에게 넘겨주는 데 도움이 된다고 여겨진다. 맞는 말이지만 다음 사실도 고려하지 않을 수 없다. 최근까지 나이 든 사람들, 특히 거동이 불편한 이들은 한정된 자원을 두고 경쟁을 벌여왔다. 이는 손주의 생존 가능성을 감소시킬지도 모른다.

지난 10만 년의 인류 역사 속에서 노화를 살펴보자. 그 기간에 우리의 유전자가 선택되었으니 말이다. 우리 조상들은 배관 설비, 전기, 책, 식료품점, 병원, 의사, 휴대전화 없이 살았다. 농경이 시작된 지도 약 1만 년밖에 되지 않았다. 앞서 언급했듯이, 우리의 유전자가 선택된 이유는 지난 10만 년 전에 당시 인간이 살고 있던 환경에서 적응하는 데 유리했기 때문이지, 현재의 환경에 적응하는 데 유리했기 때문이 아니다. 예를 들어보겠다. 우리의 먼 조상들이 경험했던 가장 중요한 영양 문제는 먹을 것이 부족하다는 점이었다. 당시 음식은 오늘날처럼 열량이 높지 않았다. 채소는 많았지만 고기는 적었고, 가공식품도 없었다. 반대로 오늘날 중간 소득 이상 국가에서 가장 중요한 영양 문제는 먹을 것이 너무 많다는 점이다. 인류는 이런 영양 과다 상태를 오래 겪은 적이 없었기에, 과식으로부터 몸을 지켜주는 유전자 메커니즘이 효과적으로 발달하지 못했다. 마찬가지로 우리 조상들은 생존을 위해 신체 활동이 활발할 수밖에 없었다. 그렇지 않았다면 먹을 것과 마실 것을 구하지 못해 생존이 어려웠을 것이다. 지금도 전 세계에는 물을 얻기 위해 멀리 나가야 하는 사람들이 많다.

이렇듯 진화는 젊음에 우호적이다. 나이 든 사람들은 정반대 처지다. 우리는 원래 40~50세보다 훨씬 더 오래 살도록 만들어지지 않았다. 50세 이상은 질병과 기능 상실로부터 제대로 보호받지 못한다. 그렇다고 노화 자체가 질병이라는 뜻은 아니다. 단지 나이가 들수록 건강의 균형이 더욱 미묘해진다는 의미다. 이를 이해하기 위해 70세의 한 무리가 미식축구를 하는 장면을 떠올려보자. 매 경기를 치르고 나면 어김없이 들것과 길게 늘어선 구급차들이 필요할 것이다.

여기에서 요점은 인류 역사의 10만 년 동안 늦은 나이까지 생존하는 것이 비교적 흔치 않은 사건이라는 점이다. 20세기 이전까지만 해도 노화에 이를 만큼 오래 산 사람은 매우 적었다. 나이 든 사람들은 앞서 논의한 진화적 요인 때문에 세상살이가 주는 스트레스를 감당할 준비가 제대로 되어 있지 않다. 그래서 네 가지 예비 요소와 관련한 생활 방식 선택과, 훌륭하게 나이 드는 능력의 효과를 살펴볼 필요가 있다. 이런 요소를 이해하면, 우리의 활동이 노화에 어떤 영향을 미치는지 알 수 있다.

우리 조상들은 대부분 현대인보다 신체 활동이 더 활발했다. 그들은 정신적으로도 활발했을까? 예전에 나는 아들과 함께 미국 유타주에 있는 그랜드캐니언의 한 측면 협곡을 따라 배낭여행을 한 적이 있었다. 가이드가 있었지만 협곡 깊숙한 곳에서 길을 잃었고, 해질 무렵에는 야영지에서 3킬로미터 넘게 떨어져 있었다. 손전등은 없었고(플

래시 기능이 있는 휴대전화는 20년이 지나서야 나왔다), 어둠 속에서 한 시간이나 갈팡질팡 헤맸다. 다행히 머리 위로 보름달이 떠올랐고, 달빛이 야영지로 돌아가는 길을 비추어준 덕분에 우리는 방울뱀을 밟지 않을 수 있었다. 걷는 동안 이런 생각이 들었다. '달이 협곡과 나란히 움직여 몇 시간 동안 달빛이 비칠까, 아니면 달이 협곡과 수직으로 움직여 곧 달빛이 사라질까?' 문득 깨닫고 보니, 달이 밤하늘을 가로지르는 경로를 생각해본 것은 그때가 처음이었다. 하지만 2만 년 전 조상들에게는 달의 순환을 아는 일이 생존을 좌우할 정도로 중요했을 것이다.

아마 조상들은 현대인들보다 정신적으로도 더 활발했을 것이다. 매일 야생 세계와 가까이 접하며 살아가려면, 주위 환경을 끊임없이 살펴야 했다. 농사도 냉장고도 식료품점도 없었기에 그들은 어디에서 먹을 것을 찾을지, 어떻게 사냥감을 잡고 도살할지, 무엇이 먹기에 안전한지, 어떤 것에 독이 있는지, 그리고 1년 중 언제 어떤 먹잇감을 찾을 수 있는지 알아야 했다. 이뿐만 아니라 다른 사람들, 포식자, 곤충, 날씨 같은 위협에도 대비해야 했다. 이처럼 높은 수준의 환경 인식은 오늘날 우리의 생존에는 거의 필요하지 않다. 예를 들어, 버섯이 먹기 안전한지 판단할 수 있는 확실한 방법을 살펴보자. 나는 어떤 버섯은 한 조각만 먹어도 신장을 치명적으로 망가뜨릴 수 있다는 사실을 안다. 버섯의 안전성을 판단하는 방법은 비닐 랩에 싸여 있지 않거나 가게에서 팔지 않는 버섯은 먹지 않는 것이다. 조상들에게는 버섯 식별법 익히기가 중요했겠지만, 나에게는 그렇지 않다.

이런 고려 사항은 우리가 인지적·신체적·심리적·사회적 예비 요소에 관심을 가져야 할 이유가 된다. 우리는 진화상으로 장수하도록 '설계되어' 있지 않기 때문에, 나이가 들면서 마주치는 도전 과제에 저항하기 위해 모든 자원을 우리 뜻대로 사용할 준비가 필요하다. 이 네 가지 요소는 신체적·정신적 스트레스에 효과적으로 대응하는 데 필수다. 회복력을 높이려면 생활 사건life event에 건강하게 대응하는 방법과 함께 뇌와 몸, 인간관계에서 많은 자원을 확보해야 한다.

결론: 노화를 받아들이되, 주도하라

우리 각자가 노화에 능동적으로 대처해야 할 필요성은 1884년 미국의 시인 제임스 로웰James R. Lowell이 민주주의 발전과 관련해 발언한 말과 맥락이 맞닿는다. "불가피한 것에 대해 왈가왈부해보았자 아무 소용이 없다. 차가운 겨울바람에 우리가 할 수 있는 유일한 대책은 외투를 꺼내 입는 것이다." 많은 사람은 노화를 불가피한 것으로 여기기 때문에 노화로 나타나는 증상을 바꿀 수 없다고 믿는다. 하지만 노화가 불가피하지 않다는 것을 이해하면, 우리는 인생 여정에서 중요한 시기를 준비할 수 있다. 우리는 노화의 힘으로부터 우리를 보호해주는 은유적 의미의 외투를 입을 수 있을 뿐 아니라, 자신의 노화 과정의 강도와 특징에 영향을 미치는 일을 할 수 있다.

나는 한때 이 책의 제목을 '노화와 함께 벌어지는 논쟁들Arguments with Aging'이라고 붙이고 싶기도 했다. 노화 과정을 수동적으로 관찰하는 것이 아니라 능동적으로 관여해야 함을 표현하기 위해서였다. 나이가 들어도 건강하고 활기차게 삶을 이어 가려면, 노화라는 강풍으로부터 우리를 보호해줄 뿐만 아니라 그 위력과 증상을 변화시키는 요소에 열렬하고 집요한 관심을 가져야 한다.

2장

노화를 늦추는
'다중 예비 요소'의 비밀

"교육은 배운 것을 잊어버렸을 때
살아남는 무언가다."

버러스 프레더릭 스키너(1904-1990)
미국의 행동주의 심리학자

지금까지 우리는 노화가 어떻게 신체 기능과 생존 자체에 중대한 도전을 주는지 살펴보았다. 예비 요소라는 개념은 이런 도전에 대처하는 데 필요한 자원을 이해하게 해준다. 나이가 들수록 우리 몸은 과감하게 행동에 나서고 스트레스에 잘 대처하기 위해 이 예비 요소들이 필요하다.

다음의 네 가지 예비 요소는 신체 기능을 유지하고, 노화로 인한 쇠퇴를 견디며, 생활 사건으로 인해 필요한 신체의 요구 사항을 감당할 수 있다.

1. **인지적 예비 요소**는 뇌가 효율적으로 작동하고, 고차원적 기능을 수행하며, 도전에 맞서 회복력을 유지하는 능력이다.

2. **신체적 예비 요소**는 노화로 인한 변화와 점점 커지는 어려움 속에서도 잘 작동하는 전신 기관(심혈관계, 폐, 근골격계, 위장, 미생물군 등)의 능력이다.

3. **심리적 예비 요소**는 건강한 정신 기능을 유지하고, 동요·불안·우울 등 건강하지 못한 정신 상태를 방지하는 능력이다.

4. **사회적 예비 요소**는 인간관계, 상부상조 시스템, 그리고 타인 및 사회와 유대를 맺는 능력이다.

예비 요소라는 개념은 다음 상황을 통해 잘 이해할 수 있다. 세계적인 테니스 선수 로저 페더러Roger Federer에게 경기 중 20킬로그램이 넘는 짐을 등에 지운다고 가정해보자. 분명 그의 신체 기능은 약해지겠지만, 그래도 취미로 운동하는 사람만큼 약해지지는 않을 것이다. 만약 내가 그 짐을 등에 진다면, 내 능력은 페더러보다 훨씬 심하게 손상을 입을 것이다. 호주 오픈, 윔블던, US 오픈에서 여러 차례 우승한 사람과 비교하면 내 예비 역량은 훨씬 낮기 때문이다. 이런 이유로 나는 (백핸드 실력에서 어김없이 드러나듯이) 페더러보다 테니스 선수로서의 재능과 신체 능력이 부족하다. 즉, 나는 그보다 신체적 예비 역량이 훨씬 낮다.

이 네 가지 예비 요소는 모두 뇌에서 일어나는 알츠하이머병 진행을 막는 데 직접 이바지하며, 노화와 함께 찾아오는 인지 기능 변화에도 영향을 미친다. 또 이 요소들은 인지 기능을 위협하는 시련이 오더라도 이를 유지하는 능력에 이바지한다. 네 가지 예비 요소 중 인지적 예비 요소부터 살펴보겠다.

두뇌의 회복력, 인지적 예비 요소

더 건강한 뇌일수록 노화나 질병으로 인한 손상을 더 잘 견딜 수 있다. 1980년대에 나의 은사이신 로버트 카츠먼Robert Katzman 박사는 뉴욕의 알베르트 아인슈타인 의과대학원 동료들과 함께, 교육이 알츠하이머병을 예방한다는 사실을 밝혀냈다. 교육을 더 많이 받은 사람은 발병 위험이 더 낮았고, 교육을 적게 받은 사람보다 발병 시기도 늦었다. 교육이 주는 이점은 처음에는 '신경적 예비 요소neuronal reserve'라고 불렸다. 최근에는 인지적 예비 요소라고 불리는데, 이것은 대뇌 예비 요소, 뇌 예비 요소, 인지적 유연성, 회복력이라고도 불린다(그림 3 참고).[15]

한 메타 분석[16]에 따르면, 교육 기간이 1년 늘어날 때마다 치매 위험이 7퍼센트 정도 감소했다.* 이스라엘의 한 아랍 공동체를 대상으로 한 우리 팀의 연구에 따르면, 불과 몇 년의 교육만으로도 예방 효과가 나타났다.

물론 교육이 인지 활동의 유일한 척도는 아니다. 교육 기회를 얻지 못한 많은 사람은 경제적·사회적 요인 때문에 유망한 직업을 가지지 못한다. 하지만 그들도 시를 쓰거나 미분방정식 풀이를 즐길지도 모

....

* 메타 분석은 기존 연구 데이터를 체계적으로 요약한 것이다.

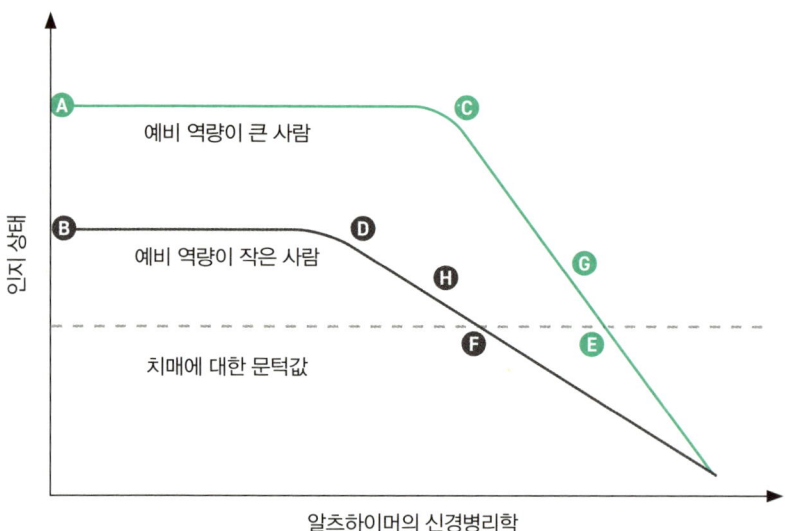

그림 3. 인지적 예비 요소

예비 역량이 큰 사람

예비 역량이 작은 사람

치매에 대한 문턱값

인지 상태

알츠하이머의 신경병리학

인지적 예비 역량이 큰 사람(A)은 인지적 예비 역량이 작은 사람(B)보다 더 높은 인지 기능 수준에서 시작한다. 이 때문에 인지적 예비 역량이 큰 사람은 더 늦은 시기에 기능 저하가 시작되어(C) 치매도 더 나중에 걸린다(E). 반면, 예비 역량이 작은 사람은 더 이른 시기에 기능 저하가 시작되어(D) 더 일찍 치매에 걸린다(F). 인지적 예비 역량 수준이 높은 사람은 손상이 시작된 이후, 예비 역량이 낮은 사람보다(H) 더 가파른 기능 저하를 보일 수도 있다(G). (참고 문헌 15에 나오는 자료를 수정한 내용)

른다. 한 사람의 정신적 삶은 교육이나 직업만으로 정의할 수 없다. 2001년 우리 연구 팀은 더 높은 인지 능력이 필요한 직업 활동을 한 사람이 노화로 인한 치매 위험이 더 낮다는 연구 결과를 발표했다. 이 연구는 중년기(20~60세)에 직장과 가정에서 이루어지는 비직업 활동의 효과에 초점을 맞추었다.[17] 이렇게 한 이유는 교육이나 직업과 관련된 활동들이 한 사람의 정신적 활동의 완전한 척도는 아니라고 판단했기 때문이다.

이 연구는 알츠하이머병 환자 193명과 비환자 358명을 대상으로 삼았다. 평균 가짓수 미만의 활동을 하는 사람은 알츠하이머병에 걸릴 확률이 약 네 배 높았다. 알츠하이머병 환자는 더 적은 가짓수의 지적인 활동에 참여할 가능성이 높았다. 다른 연구자들이 실시한 여러 연구도 학교·가정·직장에서의 인지 활동이 치매 위험을 줄인다는 결론을 뒷받침한다.[17, 18]

알츠하이머 관련 변화가 항상 문제를 일으킬까?

65세 이상 중, 뇌신경 영상이나 신경병리학적 검사에서 알츠하이머병 징후가 있는 사람들의 약 3분의 1은 실제로 치매에 걸리지 않는다. 이들은 높은 수준의 인지적 예비 요소 덕분에 보호를 받았을지도 모른다. 나이가 100세 이상인 사람들을 대상으로 한 네덜란드의 연구에 따르면, 뇌에 아밀로이드 플라크amyloid plaque와 신경섬유 다발neurofibrillary tangle이 함께 있는 사람들은 뇌에 알츠하이머 관련 변화가 여러 해 동안 있는데도 인지 기능이 정상인 경우가 종종 있었다. 연구자들은 다음과 같이 결론을 내렸다. "치매는 극도로 고령에 이르더라도 불가피한 것이 아니다. 그 이유는 알츠하이머의 특징과 위험 인자를 물리치는 회복력 때문일지도 모른다."[19] 신체적·정신적 활동은 뇌에서 새로운 뉴런 생성을 촉진하고, 알츠하이머병 진행을 늦추는 성장인자 분비를 증가시킨다. 이것은 놀랍고도 고무적인 일이다. 즉, 한 사람의 행동은 질병 진행 과정뿐 아니라, 그 질병을 다루는 뇌의 능력에 의해서도 결정된다.

알츠하이머병은 언제부터 시작될까?

알츠하이머병의 기억상실이 시작되기 이전, 뇌에서는 긴 사전 징후 시기가 있다. 신경퇴행성 질환을 소개한 5장에서 자세히 살펴보겠지만, 알츠하이머병의 병리적 과정은 첫 증상이 관찰되기 약 20년 전부터 이미 시작된다. 이처럼 느리게 진행되는 긴 시기 동안, 심리적·사회적·환경적 요소를 포함한 뇌 경로들 사이의 상호작용이 발생할지도 모른다. 나이와 관련된 신경퇴행 과정에서 발생하는 변화는 오랜 세월 동안 나타나며, 이런 변화의 결과인 기능 손상은 뇌에서의 구조적 손실이 심해지기 전까지는 드러나지 않는다.

노화와 알츠하이머병의 수녀 연구Nun Study of Aging and Alzheimer's Disease 는 노화의 다양한 측면을 밝혀낸 혁신적·장기적인 연구였다. 1986년에 시작된 이 연구는 미국에 있는 678명의 가톨릭 수녀를 대상으로 진행되었으며, 심리학 검사와 사후 검사도 포함되었다. 연구자들은 생애 초기의 언어 능력이 생애 후반기의 인지 능력 쇠퇴와 알츠하이머병의 신경병리 과정과 관련이 있다는 사실을 발견했다. 수녀들은 평생 높은 수준의 사회적 상호작용을 해온 덕분에 알츠하이머병을 예방한 것으로 보인다.[20, 21] 또 연구자들은 많은 수녀가 알츠하이머병을 암시하는 뇌 이상 징후가 있었지만, 80세나 90세에도 죽을 때까지 인지 기능이 손상되지 않았다는 점을 알아냈다.

인지 활동과 인지 능력 사이의 관계는 인생의 모든 단계에서 중요하다. 인생 초기, 중기, 후기에서의 인지 활동은 모두 인지 능력 쇠퇴를 예방한다.[8] 시카고의 데이비드 베넷David Bennett 과 동료들은[22] '생애 초반의 인지적 풍요로움(지적인 자극)'은 인지 능력 쇠퇴를 감소시키는 것은 물론이고, 생애 후반의 알츠하이머병 발병 감소와 관련이 있다고 밝혔다.[*] 정신적 활동은 인지적 예비 요소를 향상시켜 치매 발생을 지연시킬 수 있다. 알츠하이머병은 일반적으로 70세 이후에 나타나므로, 몇 년만 지연되어도 큰 영향을 미칠 수 있다.

이는 모두에게 좋은 소식이다. 중년 이후 수십 년 동안 우리가 하는 것들이 노화에 따른 뇌 변화에 영향을 미칠 수 있다. 그런 변화는 매우 느리게 진행되기 때문이다. 15장에서 다시 설명하겠지만, 우리는 평생 정신적으로 자극이 되는 활동을 통해 인지적 예비 요소를 향상시킬 수 있다.

학습은 뇌 구조를 어떻게 바꿀까?

기억, 읽기, 말하기, 지각, 이해, 추상화, 음악, 미술(그리고 다른 뇌의 기능들)을 포함한 지적 활동은 뉴런과 뉴런 네트워크(서로 연결된 뉴런들의 복잡한 패턴)를 활성화한다. 이 모든 과정은 대뇌에서 포도당과 산소의 신진대사를 높이고, 혈류량을 증가시키며, 세포 간 의사소통에 관여하는 신경 요소들(수상돌기와 축삭돌기)의 생성을 촉진한다. 즉, 학습은 뇌 구조를 변화시킨다.

학습은 뇌 활동을 촉발해 건강에 긍정적인 영향을 미친다. 책을 읽으며 몰랐던 것을 알게 되거나, 휴대폰으로 언어 학습 앱을 사용하거나, 복잡한 사회적 상호작용을 하는 봉사 활동을 할 때도 뇌는 자극된다. 이런 활동은 분자 수준에서 아주 작지만 중요한 변화를 일으킨다.

....

* 뉴욕 컬럼비아대학교의 야코브 스턴Yaakov Stern 연구 팀 역시 인지적 예비 요소에 관한 우수한 연구를 진행했다.

이를 '신경 활동neuronal activity' 또는 뉴런의 전기적 발화electrical firing라고 부른다.

신경 활동은 새 뉴런과 성장인자 생성을 증가시키고, 대뇌 모세혈관 수를 늘린다. 이는 인지적 예비 역량을 더욱 강화한다. 모든 정신적 과정에는 뉴런의 전기적 활동(신경 발화)이 관여하며, 이는 신경퇴행을 방지한다. 신경 활동은 뇌 건강에 중심적 역할을 담당하고, 다음 과정을 촉진한다.

- 신경전달물질 생성
- 뉴런 과다 흥분과 독소, 자유라디칼 발생 방지
- DNA 손상 복구
- 뉴런 연결망(뉴런 네트워크)의 복잡도 증가
- 스트레스 반응의 조절 기능 향상
- 질병 관련 단백질을 건강에 이롭도록 처리

또 정신적 활동은 뇌를 유연하게 해준다. 이것은 노화에 특별히 소중하다. 다양한 정신적 활동을 번갈아 수행하면, 뇌의 기능 쇠퇴를 방지할 수 있기 때문이다.

최근 한 연구에 따르면, 신경 활동은 대뇌 혈관을 감싸는 세포의 기능을 향상시켜 혈액뇌장벽의 기능을 개선한다. 혈액뇌장벽은 강력한 보안 기능을 갖춘 일종의 울타리로, 혈액의 유입과 유출을 통제해 뇌 환경이 건강하게 유지되도록 조절한다.

이런 신경 활동의 혜택은 다른 유형의 치매에도 해당된다. 높은 수준의 인지적 예비 역량은 다른 질환으로 발생한 정신적 손상도 예방해준다. 픽병Pick's disease, 루이소체 치매Dementia with Lewy bodies, DLB, 파킨슨병에 의한 손상, 혈관성 인지 손상 등을 예로 들 수 있다.

움직임의 저력, 신체적 예비 요소

인지 기능은 뇌가 수행하는 활동이지만, 그 수준은 신경 활동, 신진대사, 대뇌 혈류, 인지적 예비 역량 등 여러 요소에 달려 있다. 하지만 그것만으로는 충분하지 않다. 뇌의 인지 기능 수행 능력은 신체 모든 기관과의 상호작용, 그리고 미생물군을 비롯한 다양한 비신경학적 요소에도 의존한다. 심장, 신장, 폐, 혈액 관련 기관 등 여러 생체 기관의 기능 손상이 뇌 기능에 영향을 미칠 수 있다. 면역계 활동도 신체적 예비 요소의 중요한 구성 요소다.

신체적 예비(때로는 전신 예비systemic reserve) 요소는 뇌와 말초혈관의 기능, 고혈압과 당뇨, 신장·심장·폐 기능, 다중 약물 투여polypharmacy, 감각 결함, 염증, 영양, 미생물군 등과 관련되어 있다. 특히 미생물군은 인지 기능 보존에 도움을 줌으로써 이 예비 요소에 이바지한다. 21장에서 자세히 논의하겠지만 장내 복합 미생물은 염증에 영향을 미치며, 과활성화되거나 저활성화된 면역 반응 처리를 담당할 수 있다.

운동을 하면 뇌유래신경영양인자brain-derived neurotrophic factor, BDNF가 생성된다. BDNF는 기억과 학습을 향상시키는 뉴런의 성장인자다. 이것은 여러분이 자전거를 타거나 달리거나 농구를 하거나 체육관에서 땀을 흘릴 때 든든한 예방 효과를 발휘한다. BDNF는 상점 같은 데서 쉽게 살 수는 없지만, 설령 구했다 하더라도 주사기로 척수액 속에 직접 투여해야 한다. 하지만 운동을 통해 그것을 더 많이 얻을 수 있다. 연구에 따르면, 신체 운동은 노년기의 혈관 건강을 향상시키고 인지 기능에 도움이 된다.[8] 또 혈압을 낮게 유지하는 데도 유익하다. 좋은 식습관과 신체 활동 같은 건강한 생활 방식은 인생 후반기에 인지 능력을 향상시킨다.

신체적 예비 요소의 복잡성을 잘 보여주는 예가 흡연이다. 데이터에 따르면, 흡연은 알츠하이머병의 위험 인자다. 중독이 뇌와 뇌 혈액 순환에 미치는 독성 효과 때문일 것이다. 흡연은 몸 전체의 순환을 손상시키는데, 특히 심장과 신장에 좋지 않다. 또 호흡 기능도 손상시킨다. 평생 흡연을 하면 심장·호흡·순환·면역·신장 기능이 손상되어 신체적 예비 요소를 약화시키고, 알츠하이머병 진행이 더 빨라진다. 따라서 금연은 신체적 예비 요소를 증가시키는 탁월한 방법 중 하나다.

만성 신장 질환은 전 세계 인구의 약 9퍼센트에서 나타난다. 신장은 신체 항상성을 관리할 뿐 아니라 산·염기 평형, 수분 균형, 혈압 조절, 포도당 수준과 같은 다양한 기능을 관장한다. 나이가 들면 신장 문제로 인해 뇌 기능이 쉽게 손상될 수 있다.[24] 연구에 따르면, 중년기의 신장 기능 쇠퇴는 인지 능력 약화와 관련이 있다. 따라서 당뇨와 고혈압을 예방하는 것은 노년기의 신장 기능 보존에 도움이 될 수 있다. 당뇨와 고혈압 위험성은 식습관, 신체 활동, 비만과 관련이 있다.

마음의 회복탄력성, 심리적 예비 요소

심리적 예비 요소는 우울과 스트레스로부터 회복하는 힘, 그리고 갈

등과 슬픔에 대한 효과적인 반응을 포함한다. 높은 수준의 심리적 예비 요소는 스트레스에 대처하기 위해 다양한 전략을 사용하는 능력과 관련이 있다.[25] 예를 들어 신체적·정신적 활동과 함께 사회적 역할 수행을 늘리고, 필요하다면 행동적·약물적 수단으로 우울증에 일찌감치 대응하면 알츠하이머병 발병을 늦출 수 있다. 우울증은 알츠하이머병의 위험 인자이지만, 이처럼 경감이 가능하다.[26] 정서가 안정되어 있고 회복력과 성실성이 강한 사람은 알츠하이머병 징후가 있더라도 인지 손상에 대한 저항력이 크다.[27, 28]

사람들은 나이가 들면서 종종 삶의 만족감이 줄어드는 문제를 겪는다. 직업에서 얻었던 보상이 사라지기 때문인데, 슬프게도 많은 사람이 자기 직업 외에는 관심사가 별로 없다. "일만 하고 놀 줄 모르면 바보가 된다." 정말 맞는 말이다. 취미를 가지고, 친구를 만들고, 모임에 참여하자. 오스트리아의 신경정신과 의사 빅터 프랭클은 의미를 찾는 것이야말로 정신 건강에 중대한 문제라고 주장했다. 나이가 들면 직장을 그만두고 친구나 가족이 세상을 떠나면서 삶의 의미를 잃을 때가 많다. 프랭클은 "'왜' 살아야 하는지를 아는 사람은 거의 '어떠한' 상황도 견딜 수 있다"라고 말했다. 중요하게 새겨야 할 내용이다. 삶의 의미는 모든 연령대에 걸쳐 평생 찾아야 하며, 노년기에도 이를 지키는 방법을 추구할 수 있다(16장 참고).

세상에서 물러나는 것은 후반기에 한 사람의 인생을 온전히 유지할 기회를 제한한다. 자원봉사, 대화와 경청, 멘토링, 새로운 친구 만들기, 즐거운 일 찾기를 통해 사람들과의 끈을 계속 유지하는 것이 중요하다. 정신분석학자 에릭 에릭슨Erik Erikson에 따르면, 인간은 약 65세부터 새로운 도전에 직면한다고 한다.[29] 그들은 죽음이 그리 멀지 않다는 현실에 직면하며, 온전함과 체념 사이에서 선택해야 한다. 성취감을 느끼고 현실을 수용하며 삶의 지혜가 있는 사람은 심신이 건강한 상태인 온전함에 도달할 수 있다. 하지만 온전함을 찾는 것은 쉽지 않다. 노화 과정에서 예비 역량을 약화시키는 손상이 따라올 수 있기 때문이다. 따라서 우리는 가능한 한 생애 초반부터 예비 요소를 강화하는 데 관심을 기울여야 한다.

노화와 함께 종종 다음과 같은 전환이 뒤따른다. 행동하기로부터 생각하기로, 계획하기로부터 추억하기로, 매일의 사건에 전념하기와 장기간의 계획 세우기로부터 자기 삶을 되짚고 재고하기로의 전환이 일어난다. 이는 어린 시절에 트라우마가 있는 사람들에게는 문젯거리가 될 수도 있다. 이들은 기억과 싸우며 많은 시간을 보내고, 인지 기능이 쇠퇴하면서 해로운 기억이 되살아나는 것을 막는 데 어려움을 겪을지도 모른다. 그 결과 우울감과 사회적 고립을 겪고, 인지 기능 상실을 막아주는 예비 요소의 능력이 약해질 수 있다.

심리적 예비 요소라는 개념은 노년기에 정신 건강의 중요성에 꼭 유념해야 함을 알려준다. 우리는 어려움이 닥친 후에야 반응 메커니즘을 준비하도록 기다려서는 안 된다. 현실을 받아들이는 연습을 하고, 삶의 의미를 찾고, 타인 및 세상과 활발하게 어울리는 법을 배움으로써 심리적 예비 역량을 향상시켜야 한다.

연결의 힘, 사회적 예비 요소

사회적 예비 요소는 가족 관계와 다른 사회적 네트워크로 이루어진다. 이 요소에는 결혼, 직업, 취미 활동, 돈, 환경적 자극, 참여 또는 고립이 관여한다. 사회적 상호작용이 제공하는 인지적 자극은 인생의 모든 단계에서 매우 중요하다.

우리 조상들은 지난 10만 년 동안 공동체를 이루어 살아왔고, 우리의 유전자는 그런 환경에 맞추어져 있다. 조상들은 여러 세대에 걸친 가족과 유대를 맺었다. 훌륭한 증거들이 알려주듯이, 사회적 지원 시스템은 건강에 매우 중요하다. 사회적 자극을 주는 활동은 노년기의 인지 능력을 향상시키고, 사회적 네트워크가 풍부한 사람일수록 노년기 인지 기능도 더 좋다. 신체적·인지적 비활동성은 가난, 외로움, 사회적 고립뿐 아니라 치매와도 연관된다. 특히 사회적 고립은 관상동맥 질환과 뇌졸중 위험을 높인다. 동물 실험에서도 사회적·신체적·인지적 참여 활동이 부족한 쥐는 그렇지 않은 쥐보다 알츠하이머병으로 인한 뇌 변화를 더 자주 겪었다.

사회적 유대는 인생의 모든 단계에서 바람직한 결과를 낳는다. 회복을 돕는 사회적 유대는 건강과 장수 모두에 도움이 된다. 로스앤젤레스의 캘리포니아대학교 연구 팀은 의미 있는 사회적 상호작용이 부족한 파킨슨병 환자가 더 심각한 증상을 보일 가능성이 높다는 점을 발견했다. 이는 나빠진 식단이나 운동과 관련이 있을지도 모른다(사례 연구 1 참고).

우정을 비롯해 형제자매, 자녀, 연인과의 긴밀한 관계는 건강한 삶에 매우 중요하다. 누구라도 웃음을 주거나 대화를 통해 삶에 자극을 주는 사람들과 함께하고 싶지 않겠는가?

시카고에 있는 러시 알츠하이머병 센터 연구진은 외로운 사람이 외롭지 않은 사람보다 노년기에 알츠하이머병에 걸릴 가능성이 두 배 높다는 사실을 밝혔다.[30] 외로움은 건강 악화나 기능 제한과 연관되며, 이는 사회적 참여를 약화시키고 가족 및 친구와의 접촉을 줄이게 만든다. 외로움은 사망 위험 인자이기도 하다. 반대로 인간관계가 좋은 사람은 스트레스에 직면했을 때 회복력이 더 강하다. 외로운 사람은 운동을 적게 하고, 영양가 있는 음식을 더 적게 먹으며, 처방약을 제대로 복용할 가능성도 적다. 이는 노화 과정에서 가족과 친구를 잃어가기 때문에 심각한 문제로 이어진다.

외로움을 극복하는 방법 가운데 하나는 사회적 네트워크를 쌓는 것이다. 미국 켄터키주의 작가 웬델 베리Wendell Berry는 공동체를 "건강의 최소 단위이며, 고립된 개인의 건강에 대한 논의는 용어의 모순이다"라고 썼다.[31] 이런 취지는 영화 《매그놀리아Magnolia》에서 윌리엄 메이시가 연기한 퀴즈 신동 도니 스미스의 다음 대사에서도 잘 드러난다. "나한테도 정말로 사랑의 마음이 있어. 다만 그 마음을 어디에 두어야 할지 모르겠다는 거지!"

외로움은 특히 여성에게 중요한 문제다. 1993년 미국에서는 노년 남성의 75퍼센트가 결혼 상태를 유지하며 배우자와 함께 살고 있었지만, 노년 여성은 그 비율이 41퍼센트에 불과했다. 반대로 배우자가 없는 비율은 노년 여성(48퍼센트)이 노년 남성(14퍼센트)보다 세 배 이상 높았다. 따라서 대부분 노년 남성은 건강이 나빠졌을 때 도움을 받을 배우자가 있지만, 대다수 노년 여성은 인생의 어려움을 홀로 맞을 수밖에 없다.

사람들은 나이가 들수록 긍정적인 사회적 관계를 더욱 중시한다. 그 이유는 죽음이 다가오는 것을 더 크게 느끼기 때문이다.[32] 노년기에 긍정적인 사회적 관계를 일구는 것이야말로 행복의 중대한 관건이다. 하지만 노화에 대해 지나치게 부정적인 관점을 지닌 사람은 그런 태도 때문에 유의미한 사회적 상호작용을 놓칠 수 있다. 이 책의 중요한 목표 중 하나는, 우리가 노화에 어떻게 대처하느냐에 따라 긍정적인 기회도 찾아온다는 사실을 알아차리는 것이다.

사례 연구 1

82세의 은퇴한 엔지니어가 급속하게 진행되는 기억력 장애로 딸의 안내를 받아 내원했다. 딸의 말에 따르면, 아버지는 3개월 전부터 기억을 잘 하지 못했고, 자꾸 멍해지거나 적절한 단어를 찾는 데 어려움을 겪었다. 또 그는 깡통 따개, 토스터 등 주방 기기를 사용하지 못했으며, 익숙한 환경에서도 길을 찾기 힘들어했다. 머리를 빗질하거나 화장실을 이용하는 것도 어려워 졌고 건망증도 심해졌다. 딸은 "아버지는 이전까지 멀쩡했는데, 3개월 전 아버지 집에 갔더니 몸을 제대로 씻지도 않고 먹지도 않고 있었다"라고 말했다. 그는 아끼던 수집 우표에 관한 자세한 내용도 더는 알지 못했고, 자동차 키를 어디에 두었는지도 기억해내지 못했다.

6개월 전, 45년 동안 함께 산 아내가 세상을 떠나기 전까지는 인지 기능이 정상이었던 듯했다. 알고 보니 그의 아내는 남편이 주방에서 어떤 일도 하지 못하게 했고, 차에서도 늘 함께 있으면서 어디로 가야 하는지 알려주었다. MRI 검사 결과 전두엽에 심하게 나타나는 피질 위축이 발견되었는데, 이는 알츠하이머병의 징후였다. 혈액검사와 다른 검사에서는 인지 능력 손상의 다른 원인이 드러나지 않았다. 그의 질환이 급격하게 진행된 이유는 뇌에서 알츠하이머병 병리 과정이 갑자기 시작되거나 악화된 것과는 무관했다. 그보다는 사회적 환경의 변화 때문이었다. 아내가 사망한 후 그의 주된 지원 시스템이 없어지면서 인지 기능 결함이 표면화된 것이다.

이런 상황은 평소 잘 지내던 노년기 사람이 사회적 지원을 잃거나, 동반 질환comorbidity 같은 전신 질환을 얻고 나서 인지 기능 손상이 급격히 진행되는 경우에 흔히 발생한다. 요로 감염, 관상동맥 질환, 폐기능부전이 있거나 약물 복용을 하는 사람에게도 나타날 수 있으며, 사회적 환경 변화나 우울증 시작으로도 생길 수 있다.

결론: 네 가지 예비 요소를 강화하라

앞서 살펴본 네 가지 예비 요소는 전부 서로 연관되어 있다. 별도의 요소가 아니라 상호작용하는 복잡한 네트워크를 이루고 있다. 인지적·신체적·심리적·사회적 예비 역량을 키우면 인생 후반기에 뇌 기능 감소를 막을 수 있다. 게다가 이런 요소들의 향상은 질병 과정 자체를 감소시킨다. 이와 관련한 증거는 상당히 많이 나와 있다(그림 4 참고).

나는 이 예비 요소 개념을 '다중 예비 요소에 관한 이론'이라고 부른다. '이론'이라는 단어를 사용한 이유는 네 가지 예비 요소가 전 생애에 걸쳐 인생의 가장 복잡한 측면과 연결되며, 짧은 기간 동안 이중맹검 위약대조 무작위 시험으로 완벽하게 평가할 수 없기 때문이다.[34] 그럼에도 이 예비 요소들의 중요성을 뒷받침하는 증거는 이미 충분하다.

상호작용과 상호 의존은 공공 정책에도 중요한 의미를 지닌다. 교육 기회 확대, 신체 활동 증진, 의료 지원 개선을 목표로 하는 정부의 노력은 노화와 관련된 신경퇴행성 장애가 개인과 사회경제에 미치는 심각한 부담을 줄여줄 것이다.

네 가지 예비 요소를 고려하는 것은 노화의 목표를 달성하는 데 필수적이다. 만약 누군가가 신체적 손상과 사회적 고립으로 인해 삶의 기쁨을 느끼지 못한다면, 인지적 예비 역량이 좋은 것만으로는 충분하지 않다. 또 훌륭한 전략과 유연성이 신체 기능을 유지할 수 있도록 인지적 예비 역량이 개발되지 않았다면, 심혈관 기능이 뛰어나더라도 충분하지 않다. 인지적·신체적 예비 요소가 뛰어나더라도 타인에게 관심이 없다면, 즉 심리적·사회적 예비 요소가 나쁘다면 역시 충분하지 않다. 노화가 안겨주는 기회를 확대하려면 네 가지 예비 요소를 모두 발전시키고 유지할 수 있는 인생 전략을 마련해야 한다.

그림 4. 네 가지 예비 요소와 알츠하이머병

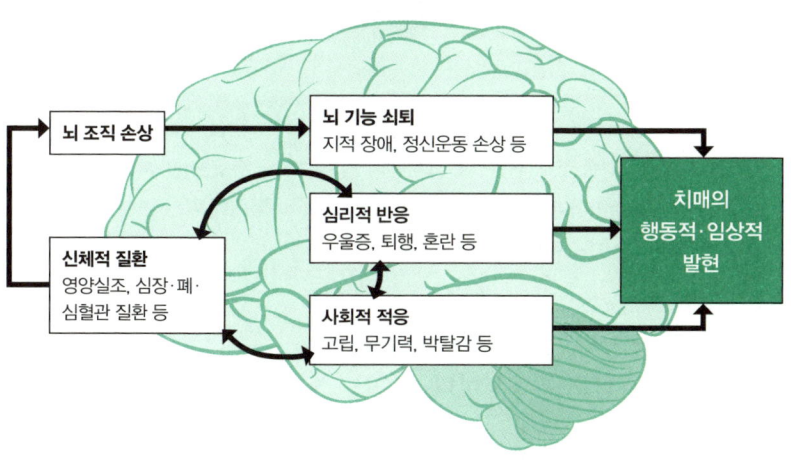

1977년 노인학자 H. S. 왕Wang이 제시한 그림이다. 치매 발현이 인지적·신체적·심리적·사회적 요소들의 상호작용 결과임을 보여준다. (허락을 받아 참고 문헌 33의 내용을 수정한 그림)

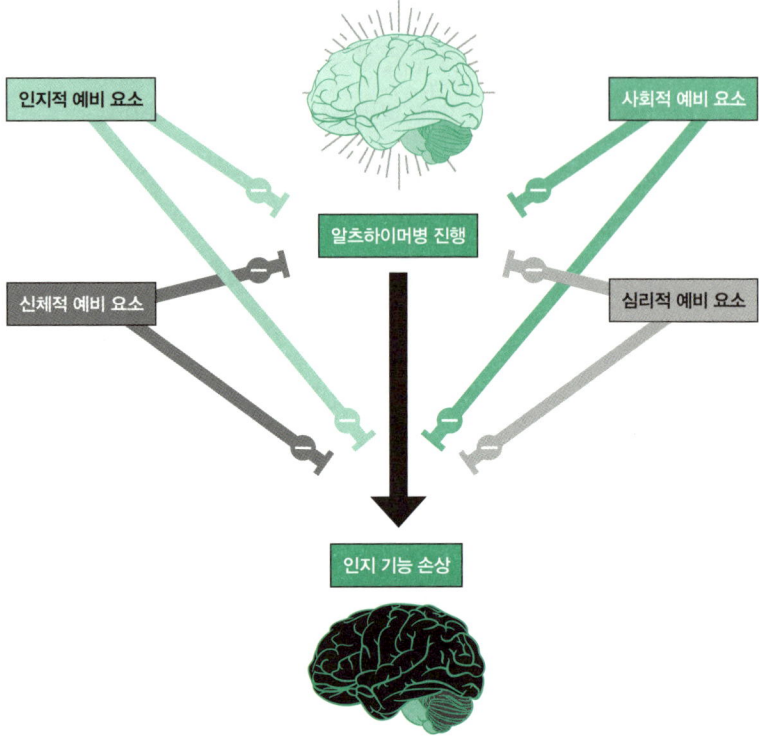

인지적 예비 요소

사회적 예비 요소

알츠하이머병 진행

신체적 예비 요소

심리적 예비 요소

인지 기능 손상

네 가지 예비 요소는 모두 알츠하이머병 진행과 인지 기능 손상 과정에 영향을 준다. 또 이 요소들은 서로 상호작용한다. 그림에서 마이너스(−) 부호는 각 예비 요소의 높은 수준이 알츠하이머병 진행을 막는 데 이바지하고, 뇌 병리에 따른 인지 기능 손상을 지연시킨다는 것을 나타낸다.

여기에서 관건은 다양성이다. 우리는 노년기의 목표를 충족시키는 다양한 부분의 필요성을 존중해야 한다. 네 가지 예비 요소의 개념은 생활 방식을 결정하는 방법을 갖추기 위해 고안되었으며, 이런 요소들에 대한 인식은 노화의 목표 달성을 향상시키는 데 필요하다. 다행히 목표를 달성할 방법은 많으며, 이 책의 2부인 12~25장에 나온다.

3장

뇌는 단순한 기관이 아니라
사령탑이다

"뇌는 많은 미개척 대륙과 미지의 영토로
이루어진 세계다."

산티아고 라몬 이 카할(1852~1934)
스페인의 신경과학자, 1906년 노벨 생리의학상 수상자

뇌는 단지 하나의 기관이다?

뇌의 기적을 살펴보기 전에 먼저 그것을 어떻게 부를지부터 결정해
야 한다. 우리가 학교 수업이나 개인적인 독서를 통해 배운 바에 따르
면, 인체에는 여러 기관이 있다. 기원후 2세기 그리스의 의사 갈레노
스는 이렇게 말했다. 기관은 "눈이 시력의 원인이고 혀가 말하기의 원
인이며 다리가 걷기의 원인이듯이… 완전한 행동의 원인이 되는 동물
의 한 부분이다. 마찬가지로 동맥과 정맥, 신경은 동물의 기관이자 부
분이다." '기관organ'이라는 단어는 '수단이나 도구'를 뜻하는 그리스어

오르가논organon 에서 비롯되었다. 즉, 특정한 생체 유지 기능을 담당하는 신체 부위를 뜻한다.

대부분의 사람은 심장이 피를 온몸에 내보내고, 폐가 산소를 흡수하고 이산화탄소를 방출하며, 신장이 피를 여과한다는 사실을 알고 있다. 하지만 뇌의 기능은 정확히 무엇일까? 답하기 어려운 이유는 간단하다. 뇌는 단 한 가지 기능만이 아니라, 모든 기능을 수행하기 때문이다. 우리가 하는 모든 일은 의식적이든 무의식적이든 뇌가 제어하거나 뇌의 영향을 받는다. 사고, 의식, 지각, 주의, 시각, 청각, 미각, 추상화, 기대, 언어, 예술, 구애 등의 과정은 물론이고, 뇌는 우리에게 일어나는 모든 일을 감시하며 균형을 관리하느라 바쁘다. 예를 들어 음모 성장은 생식선이 생산하는 성호르몬의 영향을 받는데, 이 과정은 뇌가 조절하는 뇌하수체가 제어한다. 또 우리가 스테이크 전문점에서 고기 굽는 냄새를 맡으면, 뇌는 위장관에 신호를 보내 고지방의 음식에 대비하라고 알려준다. 다행히 뇌는 우리가 어떤 음식을 먹을지 결정할 때, 그 선택이 건강에 미치는 영향을 고려해 채식이나 생선이 포함된 식사를 선택하도록 이끈다(20장 참고).

뇌가 우리 삶에서 맡는 역할이 아주 많다 보니, 이에 관한 책도 많이 나와 있다. 내가 추천하는 책은 매튜 콥Matthew Cobb 이 쓴 『뇌과학의 모든 역사The Idea of the Brain 』(심심 역간)다.[35] 나는 이런 이유로 뇌를 하나의 기관으로 보는 관점은 타당하지 않다고 주장한다. 뇌를 하나의 기관으로 보게 되면 다른 기관들처럼 여겨 뇌의 복잡성과 중요성을 과소평가할 우려가 있다. 뇌가 다른 기관들과 동등한 속성을 지닌다는 협소한 관점에 빠지고 마는 것이다.

뇌가 우리 삶에서 맡는 고유하고 중심적인 역할을 알게 되면, 뇌의 중요성을 이해하는 데 도움이 된다. 뇌는 독보적으로 복잡하고 유연하며 부상에 민감하다. 어떤 활동을 할지, 무슨 음식을 먹을지 결정할 때도 뇌의 건강을 고려해야 한다. 뇌야말로 우리 몸에서 가장 위력적이고 다면적이면서 핵심적인 부분이다.

나는 아들의 고등학교 생물 교과서를 보며 종종 물었다. "뇌에 대해서는 아직 안 배웠니?" 그때마다 아들은 "네"라고 대답했다. 결국 학기가 끝날 때까지도 시간이 부족해 뇌에 관한 장까지 진도를 나가지 못했다고 했다. 놀랍게도 미국의 내과 레지던트 과정(3년)에서도 신경학을 배우는 기간은 고작 한 달뿐이다. 이는 뇌를 단순한 기관으로 여기는 탓에 벌어지는 수많은 문제 중 두 가지 사례일 뿐이다.

비유를 들어 말하자면 이렇다. "뇌는 오르간an organ이 아니라 오르간 연주자 the organist다('organ'에는 두 가지 의미가 있다. 하나는 몸의 기관이고, 또 하나는 악기 오르간이다 — 옮긴이)." 오르간은 세상에서 가장 큰 악기이며, 특별한 신발이 필요한 유일한 악기다. 손으로 연주하는 건반이 네 가지이고, 발로 연주하는 건반이 한 가지이며, 소리의 강도와 음색을 조절하는 여러 장치가 달려 있다. 하지만 오르간은 연주자의 솜씨를 보고 판단하며, 연주 결과를 귀로 들을 수 있다. 뇌는 다르다. 뇌의 작업 대부분은 겉으로 드러나지 않는다.

나는 뇌를 헤게몬 hegemon, 즉 사령탑, 사령관, 최고 지도자, 우두머리로 보자고 제안한다. 나는 신경학자이다 보니 뇌에 관해 공평무사

....

* 뇌를 오르간 연주자에 비유한 하버드대학교의 구리야마 시게히사 Shigehisa Kuriyama와, 뇌를 헤게몬으로 부르자고 제안한 테살로니키 아리스토텔레스대학교의 스타브로스 발로야니스 Stavros Baloyannis에게 감사드린다.

한 관찰자가 되기는 어렵다. 하지만 내가 보기에, 뇌와 그 역할에 대한 이해 부족은 심각한 문제다. 뇌는 우리가 알던 다른 물체와는 확연히 달라, 우리가 경험했던 다른 것과 비교해서 파악하기가 어렵다.

뇌는 컴퓨터와 어떻게 다를까?

뇌는 우주에서 가장 복잡한 물체다. 계산을 수행하기는 하지만, 그렇다고 뇌가 컴퓨터인 것은 아니다. 둘의 차이를 알아보려면 현대의 노트북과 비교하면 된다. 예를 들어 누군가가 컴퓨터 과학자에게 노트북을 주고, 어떤 프로그램이 설치되어 있는지 질문한다고 하자. 그는 컴퓨터를 켤 수 없다거나 전자기적 방식의 조사가 실시되지 않으면 답할 수 없다. 컴퓨터는 물질적 의미에서 정적인(변하지 않는) 신체다. 정보는 하드 드라이브에 저장되지만 이는 전자기적 성질을 띠며, 컴퓨터 과학자는 특수한 장치를 통해서만 그 정보를 유지·관리할 수 있다. 반면, 뇌는 동적이다. 뇌는 가소성plasticity 을 띠며, 놀라울 정도로 적응성이 뛰어나다.

뇌의 구조는 그동안 어떻게 사용되었는지 알려주지만, 컴퓨터의 구조는 앞으로 어떻게 사용될지만 알려준다. 컴퓨터가 사용되는 방식은 구조에 영향을 주지 않고, 오직 저장된 정보에만 영향을 미친다. 뇌는 근육과 비슷하다. 둘 다 사용 방식에 따라 구조와 기능이 달라진다. 하지만 뇌에서 나타나는 변화는 훨씬 더 복잡하다. 뇌는 우리의 모든 능력, 솜씨, 재능, 두려움, 희망, 인지 능력, 그리고 무엇보다 의식과 관련되기 때문이다. 컴퓨터와 달리 뇌는 디지털이 아니다. 뇌의 적응성 때문에 우리의 인지적 예비 요소는 변할 수 있다. 뇌는 우리가 무엇을 하느냐에 따라 대단히 민감하게 반응한다. 예를 들어 우리가 활기차게 운동하면 뇌는 인지적·신체적 예비 요소를 증가시키고, 고지방 음식에 탐닉하면 그 요소를 감소시킨다. 젊은이들은 두 요소를 충분히 가지고 있기 때문에 큰 문제가 되지 않는다. 하지만 나이 든 사람들은 운동과 식사, 그리고 건강에 유익한 관계 맺기를 신중하게 선택해야 한다.

은유는 개념을 표현하기 위한 훌륭한 방법이지만, 언제나 근사치일 뿐이다. 우리가 어떤 사람을 '빛나는 별'이라고 말한다고 해서, 그 사람이 천체라는 뜻은 아니다. 생물학자 매튜 콥은 컴퓨터를 뇌의 은유로 사용하는 문제를 논한 적이 있다.[35] 그는 은유에 집착하면 우리가 무엇을 생각할 수 있고, 또 어떻게 생각할 수 있는지를 좁히게 된다고 지적하며 이렇게 말했다. "우리는 컴퓨터 은유의 끝을 향해 다가가고 있을지도 모른다. 하지만 무엇이 뇌를 대체할지는 확실치 않다." 이것이 뇌를 이해하는 데 핵심 난제다. 뇌는 너무 복잡해서 그와 동등한 복잡성을 지닌 구조가 존재하지 않는다. 따라서 뇌를 이해하는 데 도움을 받으려고 은유를 사용할 때는 조심해야 한다. 뇌를 단순히 컴퓨터라고만 여기면, 매우 훌륭하고 중요한 뇌의 적응성과 민감성을 놓치고 만다.

뇌와 컴퓨터는 반드시 구별해야 한다. 변화에 대한 뇌의 용량과 환경에 대한 뇌의 의존성을 이해하려면 둘의 차이를 꼭 알아야 하기 때문이다(이 특성들은 컴퓨터에는 해당되지 않는다). 첼리스트의 왼손 새끼손가락을 예로 들어보자. 첼리스트의 뇌는 이 손가락의 위치에 아주 민감하다. 손가락이 닿는 현의 위치가 소리의 진동수를 결정하기 때문이다. 하지만 맥주 캔을 쥘 때 새끼손가락의 위치는 우리의 관심사가 아니다. 첼로 연습생은 연주를 배우는 과정에서 왼손 새끼손가락의 위치에 따라 어떤 소리가 나는지에 주의를 기울이게 된다. 이때 손가락의 위치 감각 수용체와 청각 관련한 뇌 영역 사이의 연결이 확대된다. 뇌의 이런 가소성은 모든 학습에 관여한다. 학습이 뉴런 연결의 복잡성, 뉴런의 밀도와 크기, 새로운 뉴런 생성, 신경전달물질 수용체 단백질과 성장인자 합성, 혈관의 밀도, 혈류량과 신진대사, 그리고 심지어 자유라디칼이나 기타 신진대사 산물이 일으키는 독소 요인에 대한 저항성을 증가시키기 때문이다.

최근 연구에 따르면, 새로운 시냅스 형성은 뉴런이 아닌 미세아교세포Microglia에 의해 관리된다. 이 세포들은 지원 세포로, 체내 미생물이 그 활동을 조절한다. 즉, 우리의 학습 능력이 장내 미생물의 영향을 받는다는 뜻이다. 이는 신체적 예비 요소(미생물군)와 인지적 예비 요소(시냅스 형성) 간의 상호작용을 잘 보여준다. 우리가 먹는 음식이 장내 박테리아에 영향을 미치고, 장내 박테리아는 면역계에 영향을 미치며, 면역계는 학습에 관여하는 뇌의 활동에 영향을 미친다. 이 중요한 과정의 실질적 의미는 이제 막 연구되기 시작했다. 이 사례는 포화지방이 적고 식이섬유가 풍부한 식단을 선택해야 할 많은 이유 중 하나다. 또 우리가 무엇을 하는지가 얼마나 중요한지 잘 보여준다.

뇌의 놀라운 적응성과 복잡성

우리가 학습하고 기억할 수 있는 이유는 뇌의 심오한 적응성과 복잡성 때문이다. 잘 알려져 있듯이, 학습 용량과 뇌의 가소성은 생애 초기에 가장 크다. 아이들이 언어를 쉽게 배우는 것이 가장 좋은 예다. 이 중 언어 가정에서 자라는 아이는 대부분 한 가지 언어가 아니라 두 가지 또는 더 많은 언어를 배운다.

뇌의 유연성은 다음 관찰에서도 잘 드러난다. 인생 초기 이후에 시력을 잃은 사람들은 시각에 관여하는 뇌 부위인 시각피질이 청각, 촉각, 지각과 더불어 인지 기능에 관여하게 된다.[36] 영국에서 진행된 한 연구에서는 런던의 택시 운전사들을 대상으로, 미로처럼 복잡하게 얽힌 도시의 거리를 학습하기 전과 후의 뇌 크기를 측정했다. 운전사들은 택시 면허를 취득하려면 '지식The Knowledge'이라고 알려진, 런던의 거리에 관한 엄격한 시험을 통과해야 한다(뉴욕의 택시 운전사들도 시험을 치르면 좋으련만). 과학자들은 운전사들의 뇌에서 공간 인식을 담당하는 해마가 이 치열한 과제를 수행한 후 커진 사실을 발견했다.*

아동의 뇌가 보여주는 놀라운 적응성과 가소성은 나이가 들수록 감소하기는 하지만 완전히 사라지지는 않는다. 나이 든 사람도 분명 새로운 성취를 얻을 수 있다. 오하이오주의 대니얼 밀러Daniel Miller가 좋은 사례다. 그는 고등학교에서 테니스를 쳤지만, 제2차세계대전에 참전하기 위해 해군에 입대하면서 테니스를 그만두었다. 노르망디상륙작전에도 참전한 그는 전쟁 후 50세가 되기 전까지 테니스를 다시 치지 않았다. 하지만 50세에 테니스를 다시 시작해 이후 40년 동안 놀라

....

* 해마hippocampus는 기억·감정·공간 인식을 담당하는 뇌 부위다. 모양이 해양 생물인 해마 seahorse를 닮아 라틴어로 '바다의 말'을 뜻하는 이름이 붙었다. 해마는 우리가 바닷길뿐 아니라 인생길을 찾는 데도 도움을 준다.

운 기록을 세웠다. 그는 자신의 연령대가 벌이는 미국 토너먼트에서 단식과 복식 모두 챔피언이 되었다. 마지막 토너먼트 우승은 2006년 90세 때 거머쥐었다. 그는 여러 차례 자신의 연령대에서 세계 최우수 선수로도 선정되었다. 나는 1997년에 그와 경기를 했는데, 당시 그는 81세였고 나는 49세였다. 그는 세계 최정상급 선수였다(덧붙이자면, 그는 80세에서 85세 사이에 세계 최정상급 선수였다). 나는 가까스로 이기기는 했지만, 시합 후 체력이 바닥났다. 하지만 그는 아니었다. 그는 뛰어난 신체적 예비 역량 덕분에 98세까지 장수할 수 있었다.

15세 이후에 악기를 잡은 직업 음악가는 극소수지만, 나이 든 성인도 악기를 배울 수 있다. 나이 든 사람이라도 새로운 것을 배울 수 있으며, 무언가를 제대로 배우지 못할 나이란 존재하지 않는다. 클라우디오 몬테베르디는 76세에 오페라를 작곡했고, 찰스 로버트 다윈 Charles Robert Darwin은 72세에 중요한 저서인 『인간과 동물의 감정 표현 The Expression of the Emotions in Man and Animals』(사이언스북스 역간)을 썼다. 에릭 캔들 Eric Kandel은 (내가 이 글을 쓰고 있는 시점을 기준으로) 91세의 정신과 의사이자 노벨 생리의학상 수상자로, 아직도 신경과학 분야에서 활발히 활동 중이다. 클로드 모네 Claude Monet는 80대에 위대한 수련 그림들을 그렸고, 티치아노, 마티스, 피카소, 미켈란젤로 모두 80대에도 활발한 창작 활동을 펼쳤다.

뇌의 복잡성, 민감성, 적응성은 뇌 노화를 이해하는 열쇠다. 근육의 작동은 수축이고 심장의 작동은 펌프질인 반면, 뇌의 작동은 의식적·무의식적 활동을 모두 포함해 학습이다. 인간 두뇌에는 약 860억 개의 뉴런이 있으며, 각각의 뉴런은 1만 개 이상의 다른 뉴런과 연결되어 있을지 모른다. 이들은 세포들 사이의 작은 공간인 시냅스를 통해 연결되어 있다. 시냅스 속으로 분비되는 화학물질을 가리켜 신경전달물질이라고 한다. 많은 신경전달물질이 한 뉴런에서 다른 뉴런으로 정보를 전달한다. 신경전달물질 중 일부는 흥분성excitatory이어서 신경 발화 속도를 증가시키고, 일부는 억제성inhibitory이어서 신경 발화 속도를 감소시킨다. 제어하는 역할을 하는 변조성modulatory 뉴런은 다른 뉴런의 효과를 변화시킨다. 어떤 뉴런은 하나의 신경전달물질만 사용하지만, 또 어떤 뉴런은 여러 가지 신경전달물질을 사용한다. 신경세포들 사이에는 직접적인 접촉도 있는데, 이 경우에는 화학적 매개체 없이도 뉴런 간의 소통이 가능하다.

여기에서 잠시 나사NASA의 우주탐사선 주노Juno의 복잡성을 살펴보자. 주노는 2016년부터 태양계 최대 행성인 목성의 궤도를 돌며 태양계의 기원을 탐구하고 있다. 주노는 목성의 핵이 고체가 아님을 알아냈으며, 목성의 가장 큰 위성인 가니메데Ganymede에서 얼음을 발견했다. 분명 주노는 굉장히 정교하며 복잡한 회로 배선과 고성능 컴퓨터를 탑재한 인류 기술의 정점이지만, 복잡성 면에서 보면 인간의 뇌에 비해 한참 단순하다.

뇌의 복잡성은 우리가 뇌를 이해하는 능력을 크게 제약한다. 물론 우리는 기억, 지각, 언어, 이해 등 뇌의 뛰어난 기능을 이해하고자 한다. 하지만 의식의 작동 방식을 이해하는 일은 과학자에게 엄청난 도전 과제다. 좀 더 단순하게 보이는 예로 파리를 살펴보자. 파리는 공중에서 위치를 정확히 바꾸기 위해 날개의 각도를 조절할 수 있다. 그래서 누구나 알듯이 파리를 잡기는 매우 어렵다. 파리는 고작 13만 개의 뉴런으로 공중에서 놀라운 솜씨로 기동한다. 우리는 아직 파리가 어떻게 그렇게 날 수 있는지도 이해하지 못한다. 그러니 의식의 문제를 풀지 못한 것이 놀라운 일도 아니다. 이는 뇌 연구가 행동이 아니라 주로 뉴런에 집중되어 있기 때문이다. 영국의 신경과학자 데이비드 마David Marr는 이렇게 썼다.[38] "뉴런을 이해해서 지각을 이해하려는 것은 날개만 연구해서 새의 비행을 이해하려는 것과 같다. 그래서는 될 리가 없다."

누구나 인정하듯이 우리는 뇌에 대해 근본적으로 협소하게 이해하고 있다. 인지과학자 마빈 민스키Marvin Lee Minsky는 이렇게 말했다.[39] "만약 뇌가 우리가 이해할 수 있을 만큼 단순하다 하더라도, 우리는 그것을 이해하기에는 너무 단순할 것이다."

뇌에 관한 지식은 뇌의 엄청난 복잡성을 보여준다. 촬영자가 어깨 위에 카메라를 얹고 걸어다니며 찍은 영상을 본 적이 있을 것이다. 그 어지러운 영상은 보기 불편하지 않은가? 하지만 우리 눈이 붙어 있는 머리도 어깨와 연결되어 있다. 그런데도 왜 우리가 보는 세계는 머리를 움직일 때조차도 아주 안정적이고 편안하게 보일까? 답은 이렇다. 우리 내이에는 복잡한 감각기관이 들어 있다. 이것은 머리의 위치를 밀리초 단위로 정확하게 기록해 신경을 통해 뇌로 전달한다. 그러면 뇌는 눈 근육이 어떻게 움직여야 하는지를 정확히 계산한다. 머리 움직임의 균형을 찾아 우리가 보는 세계를 완벽하게 조정된 상태가 되도록 계산하는 것이다. 이 과정에는 각 눈의 여섯 가지 근육과 목의 위치 정보가 관여한다. 눈 근육은 뉴런의 흥분과 억제의 균형으로 제어된다. 예를 들어 우리가 오른쪽을 볼 때, 오른쪽 눈 근육이 눈을 오른쪽으로 당기는 역할을 한다. 동시에 왼쪽 눈 근육은 느슨해져서 오른쪽 눈 근육이 눈을 움직이기 쉽게 해준다. 만약 알코올 때문에 신경계 기능이 손상되면, 이런 복잡한 신경 통로의 활동이 약화된다. 그 결

과 어지러움을 느끼거나 걷기가 힘들고 넘어지게 된다.* 이렇듯 일상
생활의 '안정성'은 사실 뇌의 기념비적인 업적이다. 위치와 운동을 감
지하는 수용체의 복잡한 배열, 입력 정보를 해석하는 뉴런의 회로(신
경망), 그리고 안정성을 유지하는 활동은 우리의 인식을 넘어선다. 우
리는 이런 과정을 모르지만, 그것이야말로 우리가 세상에서 행동하는
능력에 매우 중요하다.

뇌를 이해하는 가장 현명한 방법

7세기 덴마크의 해부학자 닐스 스텐센Niels Steensen은 뇌를 이해하려면
그것을 분해해야 한다고 주장했다. 이 접근법은 뇌 손상이 행동에 미
치는 영향을 관찰해 뇌 기능을 연구하는 활동으로 이어졌다. 이런 연
구는 뇌의 각 부위가 어떤 기능을 담당하는지에 관해 많은 통찰을 제
공했다. 하지만 의식처럼 근본적인 과정을 이해하기는 훨씬 더 어려
웠다. 그래서 19세기의 저명한 영국의 신경학자 존 휴글링스 잭슨John
Hughlings Jackson이 주장했듯이, "말하기 능력에 손상을 일으키는 뇌 부
위를 알아내는 것과, 말하기 능력을 담당하는 뇌 부위를 알아내는 것
은 전혀 다른 문제다".[40] 실제로 복잡한 과정이 연구 대상일 경우, 손
상의 효과를 연구해 뇌를 이해하는 것은 어렵다. 뇌의 한 부분에서 발

....

* 이 과정에는 내이의 반고리관이 관여한다. 또 내이의 이석耳石은 가능한 모든 방향에서 머
  리의 움직임을 지각해 항상 지면이 어디인지를 알려준다.

생한 질환이 실제로는 관련 없는 다른 부분에도 원거리 효과를 일으킬 수 있기 때문이다.

많은 신경과학자는 뇌를 이해하려면 뇌를 만들어보아야 한다고 말한다. 하지만 이런 엔지니어링 관점에는 중대한 오류가 있다. 인간의 뇌는 합리적 설계 과정의 산물이 아니라 진화의 산물이기 때문이다. 뇌는 설계되지 않았다. 뇌 진화의 각 단계는 이전에 벌어진 일에 따라 이루어졌다. 존 휴글링스 잭슨은 이 점을 간파하고, 뇌 기능이 어떻게 진화상으로 오래된 구조에 의존하다가 차츰 새로운 구조의 지배를 받게 되는지를 지적했다. 구체적으로 말해, 전두피질의 발전은 독립적으로 발전된 새로운 구조의 진화 때문이 아니라 기존 구조의 성능이 개선된 결과였다. 잭슨의 말에 따르면, 진화에는[41] "더욱 특수한 기관의 점차적인 추가, 새로운 기관의 지속적인 추가가 관여한다. 하지만 이 '추가'는 동시에 '억제'이기도 하다. 신경 배열은 낮은 수준에서 높은 수준으로 진화할수록, 기존의 낮은 수준 배열을 억제한다. 마치 한 나라의 정부가 그 나라를 이끌 뿐 아니라 통제도 하는 것처럼 말이다". 아무리 우리가 뇌를 제작하려고 해도, 결국 뇌 자체와 같은 조직적 패턴을 만들지는 못할 것이다.

노년기 뇌의 민감성

━━━

뒤에 나올 사례 연구 2는 노년기 뇌가 몸의 상태 변화, 즉 신체적 예비 역량에 얼마나 민감하게 반응하는지를 보여주는 좋은 예다. 이 민감성은 뇌의 가장 중요한 특징 중 하나로, 학습과 같은 뇌 능력의 원천일 뿐 아니라 기능 상실과 같은 뇌의 취약성에도 관여한다. 그렇다면 뇌는 왜 변화나 부상에 대단히 민감할까?

대퇴골이 부러진 아이는 완전히 회복할 수 있으며, 다친 뼈는 부상 전보다 더 강해질 수도 있다. 하지만 손상 후의 이러한 결과는 뇌에는 적용되지 않는다. 온전한 뇌 기능은 뉴런과 아교세포glia라는 지원 세포에만 의존하는 것이 아니라 이들의 연결에도 의존한다. 뉴런이 부상 후에 재생될 수 있더라도, 뉴런들의 적절한 연결이 재확립되지 않으면 충분하지 않다. 뇌는 인체의 다른 어떤 기관보다 손상에 민감하다. 뇌가 각 개인의 고유한 신체 발전 과정과 환경에 매우 의존하기 때문이다. 우리는 간이 절반만 있거나 폐가 하나뿐이어도 잘 살아갈 수 있다. 하지만 뇌는 부상 후에 그처럼 놀라울 정도로 기능을 회복할 수 없다. 비록 성인 뇌에서 새 뉴런이 생성되더라도, 적절한 연결이 이루어져야만 뇌 기능이 회복될 수 있다. 머리 부상이 뇌에 미치는 영향은 24장에서 논의한다.

뇌가 부상에 민감한 또 하나의 이유는 신진대사를 위한 요구 사항이 많기 때문이다. 뇌는 체중의 약 2퍼센트를 차지하지만, 신체 대사 과정에서 소비되는 산소와 포도당의 약 20퍼센트를 사용한다. 뉴런과 뉴런으로 이루어진 신경망이 전기적 활동을 하려면, 신경막 안팎으로 이온 경사ionic gradient 관리가 필요하기 때문이다. 이온은 전자를 잃거나 얻어서 전하를 띠는 원자나 분자다. 이온 경사는 예컨대 신경막 내부에 이온이 신경막 외부보다 많을 때 생긴다. 뉴런이 활동전위를 띠면서 전기적으로 활성화될 때마다 이온이 세포막을 건너 이동하고, 이후 이온 경사가 다시 정해져야 한다. 뉴런은 밤낮없이 활성화되기 때문에 이 과정에는 많은 에너지가 필요하다. 그러므로 뇌에는 지속적인 산소와 포도당 공급이 반드시 필요하다.

내가 좋아하는 오래된 농담 하나가 뇌의 민감성을 이해하는 데 도움이 될지도 모른다. 뇌는 기능 회복을 위해 산소와 포도당을 일정하게 공급받아야 한다고 널리 알려져 있지만, 실제로는 공급이 30초 정도 끊겨도 정상적으로 작동할 수 있다.

골수 속 세포는 지속적으로 분열하면서 혈액 세포를 교체하고 있다 (적혈구의 평균수명은 115일이다). 이에 비해 뉴런은 교체 능력이 훨씬 약하다. 이를 이해하기 위해 첼로 연습생의 사례와 왼손 새끼손가락의 위치 인식을 담당하는 뉴런을 다시 떠올려보자. 첼로를 연주하는 능력은 뉴런 네트워크와 이 네트워크가 손과 팔의 여러 부위를 제어하는 능력, 그리고 이런 부위의 뉴런이 청각과 음악적 이해를 담당하는 대뇌피질 영역과 얼마나 잘 연결되어 있는지에 달려 있다. 부상 후 그런 뉴런이 교체된다면, 수십 년 동안의 훈련을 통해 적절한 연결을 재확립하지 않는 한, 기능 회복에 도움이 되지 않을지도 모른다. 뉴런 사이의 연결을 만들어내고 유지하는 일이 바로 기억의 구조적인 바탕이다. 이런 연결은 인지적 예비 요소의 토대이기도 하다.

사례 연구 2

뇌와 다른 신체 부위의 상호 의존성을 확실히 보여주는 사례는 다음과 같다. 질병의 증상이나 징후 없이 집에서 건강하게 지내는 80세 남성을 상상해보자. 그의 기억과 인지 기능은 잘 작동하고 있고, 운전도 안전하게 할 수 있고, 손주들과 즐거운 시간을 보내며, 아내와 산책도 다닌다. 하지만 30세와 비교하면 다음과 같은 상태일 것으로 예상된다. 대뇌 혈류량과 뇌의 포도당 대사량이 적고, 기억과 학습에 관여하는 뉴런의 크기와 기능이 감소되었고, 뇌의 바깥 표면에 어느 정도 수축이 발생했고, 혈액의 헤모글로빈 수치가 적고, 장내에 상이한 박테리아 종 수가 적고, 폐가 혈액에 산소를 공급하는 능력이 감소했고, 간이 대사 과정을 통해 독소를 처리하고 필요한 혈청 단백질을 생산하는 능력이 감소했고, 면역계가 침입 바이러스나 다른 질병 유발 미생물을 파괴하는 기능도 감소했을 것이다.

이제 그 사람이 요도 감염에 걸렸다고 해보자. 노년기에 요도 감염이 흔한 이유는 전립선 비대로 인해 방광이 오줌을 비워내기가 어려워지기 때문이다. 30세 남성이라면 통증을 느끼고 적절한 진단과 치료를 통해 감염을 빠르게 없앨 수 있다. 하지만 80세 환자는 기억력과 민첩성이 약해졌거나 어쩌면 망상과 착각을 일으킬지도 모른다. 80세 환자와 30세 환자의 주된 차이를 꼽자면, 기능이 감소한 다양한 신체 기관이 노년기 환자의 뇌 기능 손상을 증가시킬 수 있다는 점이다. 노년기 환자는 신체 회복력, 즉 신체적 예비 요소가 약해졌기 때문이다. 간의 해독 능력이 약해진 것은 감염 전에는 별로 나쁜 영향을 끼치지 않지만, 이제 박테리아성 독소가 젊은이의 사례보다 훨씬 더 많이 방출되어 뇌 기능을 손상시킬 것이다. 헤모글로빈 감소 역시 감염 전에는 별로 문제가 아니었지만, 감염 후에는 뇌 손상에 일조할 수 있다. 면역 반응도 감염을 퇴치할 능력이 약해졌을지 모르며, 면역 분자를 과도하게 생성해 인지 기능 약화와 섬망을 초래할 수 있다. 노화에 종종 동반되는 장내 박테리아의 다양성 부족 역시 면역계의 과도한 활동에 영향을 미친다.

이 시나리오에서 알 수 있듯이, 노년기의 건강과 질병 여부를 좌우하는 뇌와 나머지 신체 부위의 상호작용은 매우 복잡하다. 중요한 점은 그런 시나리오의 결과가 뇌 상태뿐 아니라 신체 여러 구성 요소의 온전성에도 달려 있다는 것이다. 우리는 나이가 들수록 울혈성 심부전 등과 같은 심장 질환이 없기를 바라지만, 그것으로는 부족하다. 회복력을 유지하고 건강 위협 요소에 저항할 수 있도록 심장과 폐 기능이 최대한 유지되어야 한다. 또 우리는 건강한 장내 미생물군이 갖추어지기를 원한다. 그래야 건강을 해치는 요소에 균형 잡힌 면역 반응을 일으키고, 소화와 대사에 도움이 되기 때문이다.

기억하기, 그리고 뉴런 연결의 중요성

기억하기는 엔그램engram이라는 일종의 '기억 흔적'을 만드는 일이다. 기억 저장의 가장 기본 단위인 엔그램은 경험을 기록하고 저장하는 과정의 핵심이다. 여러분이 친구를 만나러 갔는데, 친구가 아주 아름다운 고양이를 데리고 있는 상황을 상상해보자. 그 경험에 관여하는 뉴런들은 구조와 기능에 오래 지속되는 변화를 겪는데, 이것이 엔그램이 된다. 기억 인출은 이러한 신경 활성화 패턴이 반복될 때 일어난다.

이 엔그램에는 여러 뇌 부위가 관여한다. 시각피질은 고양이의 모습을, 청각피질은 고양이의 갸르릉거리는 소리를, 감각피질은 고양이를 만지면 어떤 느낌이 나는지를 파악하게 해준다. 측두엽은 다른 고양이들에 대한 기억이나 이전에 알던 고양이에 대한 그리움, 고양이를 묘사하는 단어들을 처리하며, 지각, 언어, 기억과 같은 기능의 상호작용에는 대뇌반구의 연합피질이 관여한다. 측두엽은 엔그램을 생산하고 저장하며 인출하는 일을 맡는다. 또 고양이가 화를 내거나 공격적으로 나올 수 있다고 예상된다면, 두려움을 자극해 잠재적 공격에 대응할 계획을 세운다. 전두엽은 이런 요소들을 통합시켜 행동(예를 들어 "나는 이 고양이를 모른다. 과연 이 고양이를 만져도 괜찮을까?")에 나서는 과정에 관여한다. 여기에서 더 복잡한 사안("집에 갓난아기를 데려오면 내 고양이가 어떻게 반응할까?")을 뇌의 어느 부위가 처리하는지는 확실히 알 수 없다. 위 상황을 제시한 이유는 뇌의 모든 피질 영역이 어떻게 기억에 관여하는지 보여주기 위해서다. 또 피질 영역 간 연결의 속성은 각 개인에게 고유한 특성을 부여한다.

각 개인의 고유성을 담당하는 요소들은 일차적으로 신경학적이다. 이 고유성은 특정한 뉴런 집단의 풍부함 때문만이 아니라 그 연결망의 독특함에서 나온다. 예를 들어, 시인은 시를 쓰기 위해 감각, 지각, 의미, 기억, 감정, 추상화, 언어, 상상과 관련된 뇌 네트워크에 접속해야만 한다. 또 이 네트워크는 상호작용을 위한 기회를 얻어야 한다. 두려움, 불안, 주의 산만, 통증, 우울 때문에 그런 상호작용이 중단되지 않아야 한다는 점도 중요하다.

뇌와 장내 미생물의 놀라운 연결고리

최근 연구에 따르면, 장내 박테리아와 기타 미생물은 뇌 기능의 여러 측면에 영향을 미친다. 임신한 생쥐에게 고지방 식사를 제공하면 새끼의 뇌 발생에 변화가 생겨 자폐스펙트럼장애가 나타날 수 있다고 한다.[42, 43] 장내 박테리아가 아동이나 노인의 행동에 영향을 미친다는 사실도 잘 알려져 있다.

한 뉴런이 다른 뉴런과 연결되는 과정은 학습에 결정적으로 중요하다. 이 과정은 미세아교세포라는 뇌 세포의 영향을 받는다. 이 세포는 뇌의 대표적인 선천적 면역세포이며, '뇌 항상성을 지키는 능동적인 수호자'다.[42, 44] 동시에 뇌의 주요 대식세포이기도 해서 체내 유해 물질을 삼켜 소화시킨다. 미세아교세포 하나에는 수십만 개의 시냅스가 들어 있다. 이 세포는 신경계를 감시하고, 해로운 인자들을 찾기 위해 뇌 속을 샅샅이 뒤지고, 죽어가는 뉴런을 소화시키는 일을 관리하며, 손상된 시냅스를 제거하거나 수리를 돕는다. 또 성장인자로 뉴런을 지원하고, 시냅스 구축과 파괴에 관여한다. 시냅스 구조를 특정하게 형성해 학습과 기억을 조절한다고도 알려져 있다.[45] 신경 활성화에도 영향을 미치며, 간질에도 나름의 역할을 한다. 놀랍게도 뇌의 미세아교세포는 장내 박테리아에 큰 영향을 받는다. 최근 발견된 미생물과 미세아교세포의 관계는 음식 섭취가 신경계 건강뿐 아니라 학습과 기억에도 영향을 미친다는 사실을 보여준다. 이 내용은 8장에서 더 자세히 다룬다.

뇌는 미생물을 비롯해 상호작용하는 여러 신체 기관에 의존한다. 뇌는 혈액에서 적절한 산소와 포도당을 공급받아야 하며, 이 과정은 전신의 혈관, 뇌 혈관 그리고 심장과 폐가 맡는다. 산소 공급은 골수와 적절한 폐 기능이 제공하는 적혈구 세포의 순환에도 의존한다. 뇌에는 간과 신장의 문제 때문에 생길 수 있는 독성 요소가 없어야 한다. 또 뇌에는 적절한 영양이 필요하며, 이것은 간과 위장관에서 얻을 수 있다. 신체적 예비 요소의 변화는 인지적 예비 요소에도 큰 영향을 미칠 수 있다. 이런 상호작용은 인생의 모든 단계에서 중요하지만, 특히 노년기에 민감해진다.

결론: 뇌를 제대로 이해하라

이 논의의 목적은 뇌의 엄청난 복잡성을 더 깊이 이해하자는 것이다.

뇌가 우리 삶에서 중심적인 역할을 한다는 것을 제대로 이해하고, 평생 건강을 증진하기 위해 무엇을 해야 하는지 알아야 한다.

뇌의 민감성과 관련해 희망적인 점은 노년기에도 신경계 건강과 신체 적합성을 개선할 방법이 많다는 사실이다. 생애 후반기에 생존하고, 질병을 피하고, 건강과 신체 적합성을 유지하는 능력은 전적으로 유전자에 달린 것이 아니다. 뇌는 노년기 건강을 좌우하는 핵심 기관이지만, 혼자서 작동하지 않는다. 인지적 예비 요소는 우리가 논의했던 다른 세 요소, 즉 사회적·심리적·신체적 예비 요소에 크게 의존한다. 노화가 가져다주는 기회에 주의를 기울이면, 뇌의 뛰어난 가소성을 이용해 네 가지 예비 요소를 향상시킬 수 있으며, 나이가 들어도 회복력을 키울 수 있다.

4장

기억과 인지,
정체성을 좌우하는 두 날개

기억, 가장 중요하고 근본적인 기능

미국의 수필가이자 강연자, 철학자인 랄프 월도 에머슨Ralph Waldo Emerson은 68세가 되자 기억에 어려움을 겪기 시작했다. 그는 종종 말하거나 쓰고자 하는 단어를 찾기도 어려워졌다. 그는 『지성의 자연사 The Natural History of Intellect 』에서 이렇게 썼다. "기억은 가장 중요하고 근본적인 기능으로, 그게 없이는 다른 어떤 것도 작동하지 않는다. 다른 기능이 들어설 수 있는 바탕이자 길이며 모체다. 또 기억은 인간의 머리가 연결된 줄로서, 도덕적 행동에 필요한 개인적 정체성을 만들어낸다." 에머슨은 이어서 이렇게 말했다. "기억이 없다면 모든 생명과 사고는 서로 무관한 연쇄에 지나지 않는다. 중력이 물질을 우주 공간으로 날아가버리지 않게 붙잡고 있듯이, 기억은 지식에 안정성을 준다. 기억은 세상이 하나의 덩어리로 전락하거나 뿔뿔이 흩어지는 것을 막는 응집력이다. … 기억은 훌륭한 무기이며, 인간에게는 불가능한 일을 수행한다. 과거와 현재를 함께 붙들고, 그 둘을 바라보고, 그

속에 존재하고, 흐름 속에 머물며 인생에 연속성과 품위를 부여한다. 우리가 가족과 친구를 붙잡도록 해준다. 그렇기에 가정home이 존재할 수 있고, 새로운 사실이 가치를 가질 수 있다."

기억에 대한 에머슨의 관심은 심각해지고 있던 인지 기능 때문이었을 것이다. 나중에 어떤 기분이냐는 질문을 받았을 때 그는 이렇게 말했다. "괜찮습니다. 정신적 기능을 잃긴 했지만 아주 잘 지내고 있어요." 쇠퇴가 시작된 지 여러 해가 지난 1882년, 그는 세상을 떠났다.

에머슨이 잘 표현했듯이 기억과 인지 기능은 우리의 정체성을 좌우하는 중대한 부분이다. 우리는 과거를 떠올리는 능력 덕분에 과거의 경험을 이용해 현재와 미래의 행동을 이끌어낼 수 있다. 하지만 기억의 중대한 속성 때문에 다른 인지 기능들의 중요한 역할이 가려진다. 즉, 각 개인이 자신의 기억력과 타인의 기억력을 관찰하기는 쉽다. 하지만 언어, 공간적 과제, 실행 능력 같은 다른 인지 기능은 평가하기가 어렵다. 그래서 기억을 개인의 우월한 기능의 기본 척도라고 종종 결론 내리지만, 실제 상황은 더 복잡하다.

'인지'라는 용어는 라틴어 코그니시오넴cognitionem에서 왔으며, '알게 됨, 익숙함, 지식'이라는 뜻이다. 따라서 인지는 다양한 정신적 기능의 복잡한 모음을 가리킨다. 문제는 인지가 매우 다면적이라는 점이다. 근육 수축이나 심장 펌프질은 단순하게 설명할 수 있지만, 도대체 인지란 정확히 무엇이란 말인가? 인지에는 한 사람의 모든 고급 기능이 관여한다. 뇌는 다양한 형태의 기억뿐 아니라 기쁨, 이해, 언어, 계산, 방향 찾기, 지각, 추상화, 경로 찾기, 판단, 공간 분석, 구성적 능력, 예상, 개성, 행동, 사회적 상호작용, 억제 및 기타 다른 능력들을 제공한다. 뇌가 움직임, 혈압, 심장박동수, 체온 조절 등 수많은 자율적 활동에 관여하는 역할은 굳이 말할 것도 없다.

우리가 인지를 이해하기 어려운 이유는 의식하는 마음을 이해하기 위해 우리가 사용할 수 있는 유일한 수단이 바로 의식하는 마음 자체이기 때문이다. 물고기는 자기가 물속에 있다는 사실을 모른다는 농담처럼 우리의 눈은 바깥을 보게 만들어졌지 안을 들여다보게 만들어지지는 않았다.

지능은 하나일까, 여러 개일까?

지능이라는 개념은 뇌를 이해하기 위한 어림짐작의 요약식 도구일 뿐이다. '지능'이라는 용어에는 결코 단 하나의 요소만이 담겨 있지 않다. 심리학자 하워드 가드너Howard Gardner는 1983년에 출간된 『마음의 틀: 다중 지능 이론Frames of Mind: The Theory of Multiple Intelligences』(문음사역간)에서 그런 속성을 잘 밝혀냈다. 기억은 비교적 측정하기 쉬우며, 흔히 지능의 주요 표지로 여겨진다. 하지만 창조적 활동을 하고 혁신적인 아이디어를 내놓는 능력은 기억에 비해 훨씬 더 숨겨져 있다. 에머슨은 이렇게 주장했다. "창의적인 사람이라도 기억력이 나쁠 수 있다. 아이작 뉴턴 경은 자신의 과학적 발견과 결과에 관한 대화 주제가 나오자 당혹스러워했다. 그 내용을 기억해내지 못했던 것이다. 하지만 자연현상의 원인을 묻는 질문에는 곧바로 답할 수 있었다."

많은 사람의 예상과 달리, 앞에서 언급한 다양한 정신적 기능은 고립되어 홀로 작동하지 않으며, 상이한 뇌 영역에서 독립적으로 작동하는 뉴런의 산물이 아니다. 뇌는 매우 긴밀하게 상호 연결되어 있으며, 결국 모든 것이 다른 모든 것과 이어져 있다. 어떤 영역은 다른 영역과 더 강하고 빠르게 연결되기도 하지만, 어쨌든 모두가 서로 연결되어 있다. 뇌량腦粱(좌우 대뇌반구를 잇는 신경섬유 다발)이 제거된 사람들에 대한 연구에 따르면, 왼쪽 반구와 오른쪽 반구는 담당하는 기능이 다르다. 왼쪽 반구는 언어를 담당하고, 오른쪽 반구는 사회적 과제 및 시각에 의한 공간 인식 과제를 담당한다. 하지만 뇌량이 제거되지 않은 사람들은 두 반구가 광범위하게 연결되어 있다. 그래서 각 반구는 다른 쪽 반구에서 벌어지는 일에 관한 자세한 정보를 가지고 있다. 마찬가지로 측두엽(내측두엽)도 기억에 중요한 역할을 하지만, 기억 과정은 이 한 영역에만 국한되어 일어나지 않는다.

일상생활에서의 인지 활동은 뇌 전체의 복잡한 상호작용을 통해 이루어진다. 모든 뇌 부위는 서로 의존하며, 어느 하나도 홀로 작동하지 않는다. 우리의 인지 기능은 뇌 전체의 산물이며, 이는 뇌가 상호작용의 균형을 적절히 유지하는 능력 덕분이다. 이런 상호작용은 뇌 내부에서뿐만 아니라 뇌와 다른 신체 부위, 주변 환경, 그리고 다른 사람 사이에서도 일어난다.

뇌로 들어오는 감각 입력의 약 80퍼센트는 시각계를 통해 전달되며, 청각은 특히 의사소통에서 중요하다. 후각과 미각은 진화와 더불어 중요성이 줄곧 감소했지만, 여전히 많은 뇌 과정에 관여한다. 예를 들어 빵집에 들어가서 먹지 말아야 할 아몬드 크루아상을 기어이 먹을 때의 즐거움을 느끼는 이유는 유혹적인 냄새 때문이다. 뇌 기능은 감각 입력이 방해받으면 바뀔 수 있다. 시력을 잃은 사람들 가운데는 존재하지 않는 사람이나 동물의 환영을 보는 경우가 많다. 심각한 청력 상실을 겪은 사람들은 환청을 경험하기도 한다. 실제로 내 환자 한 명도 인지 장애가 전혀 없었지만, 친구나 가족의 목소리를 환청으로 자주 들었다. 입력이 없는데도 지각을 일으키는 뇌의 감각 처리 수단의 이러한 능력은 의식의 방해나 인지 손상 때문이 아니다. 또 잘 알려져 있듯이, 청력과 시력이 정상인 건강한 사람도 심각한 감각 박탈 sensory deprivation 을 겪으면 환각을 경험할 수 있다.

나이가 들면 기억·인지 기능이 어떻게 변할까?

노화에 따른 인지 기능의 변화는 생애 후반기에 갑자기 시작되는 것이 아니다. 체스 선수들의 실력을 연구한 과학자들에 따르면, 선수들의 실력은 20세까지 빠르게 향상되다가 35세쯤 절정에 이르고, 45세 이후에는 서서히 떨어진다.[46] 건강한 사람들을 대상으로 한 연구에서도 기억 기능은 30세부터 약해지기 시작한다고 밝혀졌다. 옥스퍼드대학교 의대 교수였던 윌리엄 오슬러William Osler의 말에 따르면, "효과적이고 감동적이며 활력을 북돋우는 세상의 일은 25세에서 40세 사이에 이루어지며" 그 이후로는 내리막길이다.[47] 이런 시각은 오랫동안 이어져온 노화에 대한 부정적 관점을 보여준다. 하지만 기능 쇠퇴는 대부분 사소하고 두드러지지 않으며, 모두에게 일어나지도 않는다. 실제로 수많은 과학자, 작가, 음악가는 인생 후반기에 통찰력 있고 창조적인 작품을 내놓는다. 물론 인생 후반기, 특히 60세 이후에는 누구나 어느 정도 변화를 경험한다. 하지만 대부분의 사람에게 이 변화는 삶의 질이나 사회적·직업적 능력에 영향을 미치지 않는다.

나이가 들면 인지 기능 쇠퇴가 다양한 정도로 발생하지만, 그 자체가 지병은 아니다. 이 책을 쓰고 있는 나는 현재 72세다. 어느 날 친구에게 『모비 딕Moby-Dick; or, The Whale』(현대지성 역간)을 추천하려 했는데 저자 이름이 전혀 떠오르지 않았다. 『모비 딕』을 허먼 멜빌Herman Melville이 썼다는 사실은 내가 14세 때부터 알고 있던 내용인데도 말이다. 심지어 최근에도 그 책을 절반쯤 읽다가 지루해서 그만둔 적이 있었다. 다음 날 멜빌의 이름을 다시 기억해보려고 했지만 또 실패했다. 그런데 어찌 된 일인지 저자 이름을 찾으려 하던 중, 내 친구 허먼의 모습이 문득 떠올랐다. 덕분에 허먼 멜빌이 내가 찾던 이름이라는 사실을 알아차렸다. 처음에는 이런 기억 떠올리기 실패가 걱정스러웠지만, 어쨌든 잊었던 내용을 다시 기억해낼 수 있었으니 안심이 되었다. 내 뇌는 정상적으로 작동하고 있었다. 나는 단지 나이 든 사람이라면 흔히 겪는 건망증을 경험했을 뿐이다. 만약 내가 치매였다면, 잊었던 내용을 다시 기억해내지는 못했을 것이다.

물론 나이가 들면서 기억력이 좋아지기는 어렵다. 하지만 만약 그렇다면 얼마나 멋질까? 쿠엔틴 타란티노의 영화《펄프 픽션Pulp Fiction》에는 기억에 관한 멋진 대사가 나온다. 강도 두 명이 로스앤젤레스의 한 간이식당에서 다음에 어떤 범죄를 저지를지 의논한다. 한 명은 주류 판매점 터는 일이 지겹다면서 더는 그 짓을 안 하겠다고 말한다. 그의 여자친구이자 범죄 파트너는 그 말이 늘 하던 소리일 뿐이라며, 하루이틀만 지나면 그가 주류 판매점 강도짓을 얼마나 싫어했는지 잊어버릴 거라고 단언한다. 그러자 그는 상체를 기울인 채 손가락으로 식탁을 톡톡 치면서 말한다. "망각의 날들은 끝났어. 기억의 날들이 막 시작되었다고."

나이가 들면서 인지 기능의 쇠퇴가 다양한 정도로 일어나는데, 이는 흔한 현상이다. 하지만 그 자체가 질병은 아니다. 다만 노화는 알츠하이머병이나 파킨슨병 같은 신경퇴행성 질환의 위험성을 엄청나게 증가시킬 수 있다. 노화가 건강한 사람의 인지 기능에 미치는 영향은 뇌의 기능 용량functional capacity에 따라 달라진다. 그렇다고 해서 이런 변화가 노화로 인한 뇌 변화나 뇌 질환의 발생만으로 일어나지는 않는다. 인지 기능은 질병 발생 이전의 병리 과정 및 기능 용량과 관련이 있다. 따라서 나이와 질병 관련 뇌 변화 정도가 같아도, 각자의 기존 신체 능력에 따라 효과가 다를 수 있다. 이것이 바로 앞에서 언급한 인지적 예비 요소이며, 인지 회복력이라고도 한다(2장 참고). 이 책의 핵심 주제는 이러한 예비 요소를 생활 방식 선택을 통해 향상시킬 수 있다는 점이다.

노화와 알츠하이머병 같은 노화 관련 질환이 뇌 기능에 미치는 영향은 노화나 질병 과정으로만 결정되지 않는다. 이런 과정이 인지 기능에 미치는 효과는 인지적·신체적·심리적·사회적 예비 요소에 따라 달라진다. 우리는 노화 과정이 기능에 미치는 영향을 줄이기 위해 이 요소들을 향상시켜야 한다. 물론 누구나 노화 관련 변화를 늦추고, 노화 관련 뇌 질환의 위험성을 줄이고 싶어 한다. 이런 기회에 관해서는 12~25장에서 다시 살펴본다.

기억에는 여러 유형이 있다

기억에는 여러 유형이 있다. 이를 이해하는 것이 중요한 이유는 중년이나 노년에 접어든 많은 사람이 기억상실을 염려하기 때문이다. '최근 기억recent memory'은 짧은 시간 전에 발생한 사건에 관한 기억이고, '먼 기억remote memory'은 오래전에 발생한 사건에 관한 기억이다.

먼 기억의 독특한 측면 중 하나는 그것을 판단하기가 어렵다는 점이다. 예를 들어 제2차세계대전 당시 미국 대통령은 프랭클린 루스벨트Franklin Roosevelt였다. 하지만 이것이 꼭 많은 사람에게 오래된 기억은 아니다. 루스벨트라는 이름이 온갖 대화와 글에서 자주 등장하기 때문이다(뉴욕시의 이스트 리버 드라이브East River Drive라는 도로에도 루스벨트의 이름이 붙어 있다). 우리가 생애 초기의 사건들을 비교적 잘 기억하는 이유 중 하나도, 수십 년 동안 줄곧 들어왔던 이야기이기 때문이다. 여러분이 다른 사람에게 말한 적 없는 오래전의 사건 하나를 떠올려보라. 아마 쉽지 않을 것이다.

심리학자 장 피아제Jean Piaget의 사례는 이 점을 잘 보여준다. 어린 시절 피아제는 유모가 유괴범과 싸워서 자신을 구했다고 믿었다. 피아제의 부모는 용감한 행동에 대한 보답으로 유모에게 금시계를 선물하기까지 했다. 피아제는 그 극적인 사건을 자주 떠올렸다. 하지만 유모는 죽기 직전에 실제 유괴 사건은 없었으며, 보상을 노리고 꾸며낸 이야기였다고 고백했다. 피아제는 다른 사람들의 이야기를 바탕으로 실제로는 없었던 사건을 생생하게 기억하고 있었던 셈이다. 이처럼 우리 기억 중 상당수는 사건의 기억이 아니라 기억에 관한 기억이다. 에머슨은 『지성의 자연사』에서 "기억은 자기만의 독자성을 지니며, 내 마음대로가 아니라 자기 마음대로 정보를 받아들이거나 거부한다"라고 썼다. 이어서 그는 이렇게 묻는다. "가끔 인간은 자신에게 묻는다. 나라는 것이 사실은 상시 거주자가 아니라 단지 방문객일 수 있지 않을까?"

만약 기억이 '상시 거주자'가 아니라 '방문객'이라면, 그 이유는 여러 가지일 수도 있다. 망각은 뇌의 중요한 기능 중 하나이며, 그것이 곧 질병을 가리키지 않는다는 사실을 깨닫는 것이 중요하다. 인생은 〈제퍼디〉Jeopardy(미국의 유명한 퀴즈 프로그램 — 옮긴이) 같은 것이 아니다. 지능은 퀴즈 프로그램처럼 무작위적인 사실들을 자동으로 떠올리는 능력에 있지 않다. 더 복잡한 형태의 기억을 지니는 것이 중요하다.

이제 알츠하이머병 환자들의 기억상실에 관해 논의해보자. 이들이 겪는 문제는 최근 사건에 국한된 기억 때문이지, 오래전 사건에 관한 기억 때문이 아니다. 알츠하이머병에 걸리면 3년 전의 일이 아니라 세 시간 전의 일을 기억하는 능력이 손상되기 때문이다. 어떤 사건이 발생했을 때, 뇌가 그 경험을 기억 흔적으로 만드는 과정을 부호화 encoding라고 한다. 부호화된 기억은 저장되었다가 다시 인출된다. 알츠하이머병 환자는 이 세 과정, 즉 부호화, 저장, 인출 전부에 손상이 생긴다. 오래전에 생긴 일을 기억해내는 것은 주로 인출에 달려 있는데, 그런 과정은 알츠하이머병이 시작되기 훨씬 전에 발생했을지도 모른다.

어제 아침 식사 메뉴를 기억해내려고 하면 아마도 잘 떠오르지 않을 것이다. 가장 큰 이유는 그것을 기억하려고 한 적이 없었고, 다른 사람에게 말해본 적도 없었기 때문이다. 하지만 어렸을 때의 일은 오랜 세월 동안 여러 번 재생되었을 것이다. 재생은 기억력을 향상시키는 매우 강력한 방법이다. 진행성 기억장애를 겪는 사람조차 자기 이름만큼은 거의 잊지 않는다. 다른 사람에게서 듣거나 자기가 말해서 가장 많이 재생된 단어이기 때문이다.

사건에 대한 기억인 '일화기억episodic memory'과 무언가를 하는 방법에 관한 기억인 '절차기억procedural memory'은 뇌의 서로 다른 시스템에서 처리된다. 알츠하이머병은 일화기억을 심각하게 손상시키지만, 절차기억은 훨씬 영향을 덜 받는다. 일화기억은 해마가 포함된 변연계, 그리고 측두엽의 관련 구조들에 의존한다. 절차기억은 기저핵基底核과 소뇌가 관여한다. 양쪽 내측두엽에 손상을 입은 사람들은 시시각각의 사건들을 기억하지 못하는 일화기억 장애를 겪는다(2000년에 나온 크리스토퍼 놀란 감독의《메멘토 Memento》가 바로 그런 플롯의 영화다. 이 영화의 주인공은 매번 겪은 일을 폴라로이드 사진에 담은 후 그 밑에 메모를 남겨 사건들을 떠올린다). 하지만 이런 어려움을 겪는 사람들도 행위에 대한 기억(절차기억)은 남아 있을 수 있다. 또 새로운 기술을 배울 수도 있다. 비록 그런 기술을 연습했다는 것을 기억할 수 없더라도 말이다. 예를 들어 치매가 심한 사람 중에는 자신이 피아노를 칠 수 있다는 것을 기억하지 못하면서도, 피아노 앞에 앉으면 연주하는 경우도 있다. 90세인 내 삼촌은 뇌졸중으로 심각한 치매 상태에 빠져 말을 할 수 없게 되었다. 그래도 숙모가 1940년대 노래를 불러주자, 허밍으로 따라 부를 수 있었다.

기억이 남아 있으려면 적절한 부호화가 필요하다. 만약 그러지 못한다면 기억을 떠올릴 수 없어서 단기적인 기억을 잃는 기억상실증에 걸릴 수 있다. 이런 경우, 전화번호를 여러 번 반복해서 외웠더라도 일단 외우기가 방해를 받으면 기억을 잃고 만다.

여기에서 기억력을 어떻게 검사하는지 살펴보자. 기억 검사는 무엇을 떠올려보라고 하는 것만으로는 부족하다. 검사자는 피검자에게 무엇을 기억해야 하는지 알려준 다음, 그가 떠올린 기억을 물어보아야 한다. 그래야 기억을 부호화할 기회가 보장된다. 예를 들어 내가 어떤 사람에게 세 가지 물체를 기억하라고 했는데 5분 후에 떠올리지 못한다면, 그의 기억력에 문제가 있을 수 있다. 아니면 그는 주의를 기울이지 않고 있었거나 과제를 이해하지 못했거나 청력에 문제가 있었을지도 모른다.

또 기억 재생을 막으려면 방해가 일정 시기 동안 일어나야 한다. 짧은 순간 방해가 생기더라도, '작업기억working memory'이 가장 최근 정보를 잠시 저장해두기 때문이다(사실 이것은 기억의 한 형태는 아니다). 작업기억은 뇌의 접착식 메모지라고 할 수 있다. 전화번호, 우편번호, 방향처럼 단기간의 저장을 위한 도구인 셈이다.

주의가 기억 기능에서 차지하는 역할은 매우 크다. 저녁 식사 계획을 기억하지 못한다고 반려자에게 기억력이 나쁘다고 핀잔을 듣는 사람은 사실 기억력이 나쁘지 않을지도 모른다. 실제로 기억 손상을 겪을 수도 있기는 하다. 하지만 청력에 문제가 있거나 주의를 집중하지 못하는 것일 수도 있다. 또는 반려자의 말이 중요하지 않다고 판단한 전략상의 결과일지도 모른다. 하버드대학교 심리학 교수 윌리엄 제임스는 이렇게 말했다. "현명해지기의 기술이란 무엇을 무시해도 좋은지를 아는 것이다." 물론 그 사람의 배우자는 생각이 다를 것이다.

무엇을 무시할지 알면 인지 기능에 대한 부담이 줄어든다. 누구나 자신의 배우자가 어떤 일을 기억하지 못하는 것을 알면 속상하기 마련이다. 어쩌면 건망증에 걸린 것처럼 보이는 사람이라도 사실은 그 일이 기억할 가치가 없다고 판단했을지도 모른다. 흔히 있는 이런 사건처럼, 얼핏 기억장애로 보이는 상황은 사실은 의도적 결정(무시할 것을 알고서 내린 결정)으로 인해 생긴 것일 수 있다. 한편, 심각한 기억장애는 우울증 때문에 생기기도 한다. 마음이 슬픈 생각에 사로잡히면, 일상적인 사건에 주의를 기울이기 어려울 수 있다.

우울증이 기억에 미치는 강력한 영향은 다음과 같은 상황에서 잘 드러난다. 한 80세 여성이 6개월 전에 벌어진 남편의 죽음을 슬퍼하고 있다고 상상해보자. 검사자가 그에게 세 가지 단어, 즉 '신발, 신문, 버스'를 들려주고 곧바로 다시 말해보라고 요청하면, 그는 세 가지 모두를 말할 수 있다. 하지만 짧은 대화를 나눈 후 다시 세 가지를 떠올려보라고 하면, 그는 '신발'만 기억하고 나머지 두 단어는 떠올리지 못할 수 있다. 이는 알츠하이머병 같은 뇌 질환 때문일 수도 있다. 또 유독 '신발'이라는 단어가 신발장에 그대로 남아 있는 남편의 신발을 어떻게 해야 할지 결정을 내리지 못한 사실을 상기시켰기 때문일 수 있다. 남편의 신발에 대한 그 여성의 기억은 다른 두 물체에 대한 기억을 가로막아버렸다. 이렇게 그의 우울증은 기억 손상을 불러왔다(사례 연구 3 참고).

사례 연구 3

84세의 한 전직 교사가 5년에 걸쳐 서서히 기억상실이 진행되어, 방향감각을 잃고 최근 기억에 심각한 손상을 입었다. 이 여성은 30년 동안 복통을 앓았지만, 여러 차례 진단에도 원인은 밝혀지지 않았다. 그는 남편이 밤에 발 마사지를 해주면 복통이 대체로 줄어들었다고 말했다. 알츠하이머병 진단을 받은 직후, 그는 자신의 복통이 사실 자기가 쌍둥이를 임신했다는 신호라고 주장했다. 하지만 그는 아이를 가진 적이 없었다. 내가 그에게 고령인 만큼 임신이 우려스럽다고 말하자, 그는 이렇게 대답했다. "맞아요. 저도 그게 걱정이에요. 아이를 가지기에는 나이가 좀 많지요." 이 일은 그에게 꽤 고민스러운 상황이었다.

그 무렵 이 여성에게 또 다른 망상이 생겼다. 자신에게는 남편이 둘 있는

데, 나이 든 남편은 늘 곁에 있지만 젊은 남편은 한동안 보이지 않는다고 주장한 것이다. 내가 실제 남편을 만나서 자초지종을 물어보니, 이런 사연을 들려주었다. 어느 날 식당에서 그 여성이 남편에게 결혼반지를 빼라면서 이런 이유를 댔다고 한다. 다른 남편, 즉 젊은 남편이 곧 올 텐데, 웬 나이 든 남자가 자기의 결혼반지를 끼고 있는 것을 보면 젊은 남편이 속상해할 것이라고 말이다. 나는 슬며시 그 여성에게 두 남편 중 아이 아버지는 누구냐고 물었다.

"누군지 모르겠어요." 그는 이렇게 대답하더니 곧 덧붙였다. "하지만 그때가 정말 좋았다는 건 분명히 기억해요."

이 사례에서 잘 드러나듯, 사람들은 누구나 자신에게 일어난 일을 설명해 줄 이유가 필요하다. 30년 동안 이어진 그의 복통은 무관심한 남편의 관심을 끄는 데 도움을 주었다. 그러다가 인지 기능이 손상되자, 복통을 이해하는 하나의 방법으로 상상임신을 만들어냈다. 그리고 최근 사건을 기억하지 못하게 되자, 남편을 알아보지 못하게 되었다. 남편이 나이 들었다는 사실을 잊었기 때문이다. 동시에 남편이 젊었을 때의 기억은 비교적 보존되고 있었다. 그것은 인지 기능 손상 이전의 오래된 기억이기 때문이다. 물론 그의 오랜 복통과 관련된 심리적 문제가 알츠하이머병이 시작되기 전에 해결되었더라면 더 좋았을 것이다.

기억하려면 먼저 잊어야 한다

나는 교사인 내 딸이 맡는 뇌에 관한 3학년 수업에 강연자로 참여했다가, 기억에 관한 중요한 진실을 배웠다. 우선 나는 학생들과 뇌가 하는 여러 가지 일을 이야기하기 시작했다. 아이들은 손을 들고 뇌의 다양한 기능을 술술 말했다. 한 여자아이가 손을 들자, 나는 "뇌는 무슨 일을 하나요?"라고 물었다. 그 아이는 머뭇거리더니 죄송하다면서 이렇게 대답했다. "아, 잊어버렸어요." 자기가 말하려던 것을 잠시 기억하지 못한다는 뜻이었다. 나는 정답이라고 말하면서, 그것이 아주 소중한 답이라고도 일러주었다. 즉, 잊기는 자연스러운 과정이며 뇌의 엄연한 기능이다.[48] 만약 우리가 읽었던 모든 책의 제목, 이웃의 모든 사람, 먹었던 모든 식사, 신었던 모든 양말, 보러 갔던 모든 공연을 기억하려고 한다면, 뇌는 과부하에 걸릴 것이다.

우리의 일상은 일어난 모든 일을 기억하기에는 너무 복잡하다. 뇌의 용량은 무한하지 않다. 건강한 정신생활을 유지하려면, 우리는 생활 속 사건들을 잘 판단해서 간직할 필요가 있는 사건들만 선택적으로 기억해야 한다. 이 자연스러운 과정을 이해하면, 나이가 들어 생기는 기억의 변화를 받아들이는 데 도움이 된다. 나는 병원에 출근할 때마다 다층 주차장에 차를 댄다. 이 공간은 병원 건물의 3~5층에 걸쳐 있다. 그런데 퇴근할 때 내 차가 보이지 않는 경우가 종종 있다. 내가 그날 차를 어디에 세웠는지 기억하지 못해서가 아니다. 오히려 그 전날 어디에 차를 세웠는지 잊지 않고 있어서 그럴지도 모른다. 이런 기억의 착오는 '기억의 오류'가 아니라 '망각의 오류'다. 세상에는 무관한 일이 가득하고, 그런 일들은 우리의 주의를 끌지 않으며, 떠올리지 않아도 된다. 만약 우리가 어느 날 아침에 일어났던 일을 모조리 기억한다면, 기억 용량에 어떤 부하가 걸릴지 상상해보자. 어떤 양말을 신었는지, 어느 발부터 신었는지, 토스트에 무화과잼을 발랐는지 땅콩버터를 발랐는지, 커피를 얼마나 마셨는지, 출근길에 교통량이 얼마나 많았는지, 교통신호를 몇 번 만났는지, 어떤 사람과 엘리베이터를 같이 탔는지 같은 일들은 대부분 의미가 없어 기억하지 않아도 된다.

망각은 가치 없는 정보를 제거해 정신적 유연성을 향상시킨다. 예를 들어 한밤중 폭풍우 속에서 비행기가 착륙하려고 활주로에 접근하는 상황을 상상해보자. 다행히도 부기장이 이렇게 말하지는 않는다. "기장님, 잊지 마세요. 승객은 총 156명인데 남성이 72명, 여성이 64명, 어린아이가 20명입니다. 수화물 무게는 총 1만 4,976파운드고요." 망각은 당면 문제와 무관한 과거 경험을 떠올리지 않게 함으로써 현재 상황의 분석을 돕는다. 한밤중 폭풍우 속에서 착륙하는 조종사는 영화 《에어플레인Airplane》의 폭풍 장면을 기억하지 않는 편이 훨씬 낫다.

망각은 학습을 위해 필요하므로 일종의 능동적 과정이다. 어떤 기억을 잊으면 뉴런과 시냅스의 약한 연결이 제거되고, 기억에 꼭 필요한 신경망은 강화된다. 뇌 속의 미세아교세포 같은 면역세포와 면역분자는 이런 약한 시냅스를 제거하는 데 관여한다. 최신 연구에 따르면, 학습에 중요한 역할을 하는 뇌 속 분자와 세포는 미생물군의 영향을 받는다.[13] 따라서 미생물에 영향을 미치는 음식 섭취와 생활 방식 요소들에 주의를 기울이면 뇌 기능을 향상시킬 수 있다.

주의, 지각, 반복의 중요성

기억의 중요한 한 측면은 주의이며, 이는 지각과 깊이 연관되어 있다. 우리가 지각하지 못한 것을 기억하기란 어렵다. 세상에는 자극이 넘쳐나지만, 그 모든 것에 주의를 기울여 떠올리는 일은 불가능하다. 세상의 모든 것에 주의를 기울이려 했다가는 뇌의 처리 용량을 초과하고 만다. 그래서 우리는 수많은 가정을 바탕으로 예측하고, 그 예측을 통해 상황을 평가하며 행동에 나서는 능력을 진화시켜왔다. 예를 들어 내가 "요안나가 도서관에 가서 훌륭한 책을 빌려서 집으로 돌아왔다"라는 말을 들으면, 내 뇌는 무의식적으로 '책'이라는 단어가 문장 중간쯤에서 나올 것이라 예측한다. 이 과정에서 내 뇌는 요안나가 도서관에서 도마뱀을 잡지는 않았을 것이라고 올바르게 예측했다. 이처럼 상황을 가정하는 능력은 읽기뿐 아니라 말을 처리하는 데도 매우 중요하다.

마찬가지로 나는 북아메리카에 살고 있기 때문에 집 근처 나무에서 작고 털이 있는 동물을 본다면, 나는 그것이 다람쥐나 청설모라고 가정할 것이다. 원숭이 새끼나 나무늘보라고 가정하는 일은 거의 없다. 이런 가정은 내 뇌가 의식적인 주의 없이 무의식적으로 하는 일이다. 나는 도시에서 운전할 때 차선에 있는 차의 위치, 속력, 교통 표지판, 교통신호, 그리고 보행자에 주의를 기울인다. 하지만 그 외의 다른 정보, 예를 들어 상점 간판, 상점에 몇 명의 사람이 들어가는지, 보행자들이 어떤 옷차림인지, 키가 큰지 작은지, 개를 산책시키는지, 그리고 만약 산책시킨다면 어떤 종류의 개인지와 같은 정보에는 주의를 기울일 수가 없다. 이런 요소들은 내 주의를 필요로 하지 않으며, 내가 안전하게 운전하려면 오히려 주의를 빼앗지 않아야 한다.

"연습이 기억을 향상시킨다는 사실은 누구나 안다."

이 문장을 반복하면 어떻게 될까?

"연습이 기억을 향상시킨다는 사실은 누구나 안다."

이 20자 문장을 똑같이 반복하면, 이 문장에 대한 여러분의 기억, 그리고 문장의 뜻에 대한 기억이 향상될 것이다. 만약 각 문장이 실제로 19자인지 하나하나 세어보고, 두 문장이 완전히 동일한지까지 확인한다면 그 기억은 훨씬 더 굳건해질 것이다. 우리는 뉴런 연결이 향상되면서 배운다. 따라서 연습을 더 많이 할수록 뉴런 연결은 더 개선되고, 그 결과 기억도 향상된다.

결론: 기억 기능을 향상시켜라

건강한 사람이라도 나이가 들면 기억력과 학습 속도는 느려지지만, 사건과 단어에 대한 지식은 늘어난다. 나이 든 사람들은 젊은이들보다 결정화된 지능(지식, 사실, 솜씨)이 높으며, 주변 환경에 대한 이해도도 더 높을 수 있다. 오랜 경험이 축적되면서 지혜가 생기고, 이것이 나이로 인한 기능 상실을 어느 정도 보완해준다.

게다가 나이가 들어도 기억 기능을 향상시키기 위해 우리가 할 수 있는 일들이 있다. 그 방법에는 행동 전략, 균형 잡힌 식습관, 운동, 정신적 활동, 적절한 의약품 복용, 그리고 네 가지 예비 요소 고려하기 등이 있다.

5장

노화가 불러오는
신경퇴행성 질환

"모든 것을 고려했을 때,
여기에서 우리는 특별한 질환을 다루고 있는 듯하다.
지난 여러 해 동안 비슷한 사례들이 점점 더 많이 관찰되었다.
이런 사실에 비추어볼 때, 우리는 임상적으로 파악되지 않은 사례들을
알려진 질환 범주에 억지로 끼워넣어 분류하는 데 만족해서는 안 된다.
교재에 실린 것보다 훨씬 많은 정신 질환이 존재한다."

알로이스 알츠하이머의 원래 독일어 논문(1907년)에서 번역

치매와 알츠하이머병은 같은 말이 아니다

노화와 가장 밀접하게 관련된 뇌 질환은 무엇일까? 알츠하이머병이
첫 번째로 논의하기 알맞은 질환이다. 알츠하이머병은 신경퇴행성 질
환으로 분류된다. 즉, 신경계의 구조와 기능이 점진적으로 악화되고
상실되는 특징을 가진 질환이다. 알츠하이머병 발병 사례 중 약 1퍼센

트만이 유전자 결함으로 생긴다. 알츠하이머병과 같은 신경퇴행성 질환의 가장 중요한 위험 인자는 나이다.

알츠하이머병과 치매에 관해 상당한 오해가 존재한다. 둘은 똑같지 않다. 우선 치매부터 살펴보자. 치매는 일종의 임상 증후군(늘 함께 발생하는 증상들의 모음)으로서, 대체로 기억, 시공간 기능, 언어, 지각, 기분, 행동, 실행 기능 등 정신적 능력의 상실을 동반한다. 치매는 거의 언제나 기억상실, 특히 최근 사건에 관한 기억상실을 포함한다. '치매'라는 단어는 '두통'이라는 단어와 비슷하다. 원인을 문제 삼지 않는 용어라는 점에서 그렇다. 두통의 원인이 여러 가지인 것처럼 치매도 원인이 다양하다. 알츠하이머병은 치매 증후군의 가장 흔한 원인이다.

'치매'라는 용어는 진단을 특정하지 않는다는 점을 이해하는 것이 중요하다. '노년기의senile'라는 단어는 단지 '나이 든'을 뜻할 뿐, 다른 정보적 가치는 없다. 일부 의사는 65세 이전에 치매가 시작된 사람을 '초로기 치매presenile dementia'에 걸렸다고 하지만, 이 용어 역시 원인을 나타내지 않는다. 또 이런 용어는 연령 차별적이며 의미도 딱히 없다. '노년기의', '노망', '노인성 치매'와 같은 용어는 쓸모없으며 사용해서는 안 된다.

인지 손상을 입은 사람은 원인을 알아내기 위해 종합 검사가 필요하다. 만약 의사가 '치매', '초로기 치매', '노망', '노인성 치매' 같은 용어를 최종 진단명으로 삼는다면, 이는 무지와 소홀함의 표시일 뿐이다. 이런 표현들은 증상의 설명이자 질병의 신호일 뿐, 원인을 나타내지 않는다.

알츠하이머병, 숫자로 보는 현실

전 세계의 알츠하이머병 발병 건수는 평균수명이 늘어남에 따라 약 20년마다 두 배로 증가할 것으로 예상된다(85세 이상 인구는 특히 중간·고소득 국가에서 가장 빠르게 늘어나는 집단이다). 알츠하이머병의 유병률(어느 시기에 대상 집단 중에서 특정한 질병을 가진 사람의 비율 — 옮긴이)과 발생률(일정 기간 동안 대상 집단에서 새롭게 특정 질병이 생긴 사람의 비율 — 옮긴이)은 65세 이후 5년마다 두 배씩 증가한다. 이 때문에 치매가 없는 평균적인 70세 남성은 살아 있는 동안 치매에 걸릴 확률이 약 27퍼센트이고, 치매가 없는 평균적인 70세 여성은 살아 있는 동안 치매에 걸릴 확률이 약 35퍼센트다.[49]

90세가 되면 약 30~40퍼센트의 사람들이 알츠하이머병과 관련된 치매에 걸린다. 여성은 남성보다 알츠하이머병에 걸릴 위험이 더 높은데, 그 이유는 아직 명확히 밝혀지지 않았다.[50]

알츠하이머병은 치매 원인의 60~80퍼센트를 차지한다. 다른 원인으로는 루이소체 치매, 전두측두엽 치매frontotemporal lobar degeneration, 파킨슨병, 혈관성 인지 장애vascular cognitive impairment 등이 있다. 알츠하이머병 환자의 뇌에서는 흔히 혈관 변화가 나타나는데, 이는 크고 작은 뇌졸중, 출혈, 뇌혈관 질환과 관련된 조직 손상 등을 포함한다. 미국에서의 연구에 따르면, 알츠하이머병 위험성은 백인보다 아프리카계 미국인에서 두 배, 히스패닉계에서 1.5배 더 높다.[51, 52] 이는 이 집단에서 혈관 질환, 고혈압, 비만, 당뇨병의 유병률이 더 높기 때문일지도 모른다. 다른 나라들을 보자면, 아프리카와 인도에서는 알츠하이머병 위험성이 북아메리카와 유럽보다 낮다. 이는 신체 활동 수준이 높고, 저지방·고식이섬유 음식을 섭취하는 비율이 높기 때문인 것으로 보인다.

사회적·경제적 요소의 영향도 명확하다. 2장에서 살펴본 것처럼 장기간의 교육은 알츠하이머병 발생을 예방해준다. 교육의 질과 기간은 전 세계적으로 경제적 요소와 긴밀히 관련되어 있다. 가정과 직장에서 이루어지는 교육과 정신적 활동은 인지적 예비 요소의 중요한 부분을 구성한다.

알츠하이머병의 징후는 무엇일까?

알츠하이머병 환자는 인지 기능의 여러 영역에서 어려움을 겪는다.
대표적인 예는 다음과 같다.

- 최근 기억(반면 오래전에 생긴 일에 대한 기억인 먼 기억은 비교적 멀쩡함)
- 시공간 기능(공간 속에 놓인 대상들의 관계를 이해하기 위해 우리 눈이 보는 것을 분석하는 활동이 관여한다)
- 경로 찾기 능력
- 계획과 예상
- 추상화, 추론, 의사 결정
- 자기 조절
- 주의
- 행동 통제
- 판단

- 감정 조절
- 언어 유창성

이 가운데 많은 항목은 '실행 기능'이라고 불린다. 실행 기능은 인지 과제와 행동을 관리하기 위해 우리가 사용하는 고수준의 기량이다. 이 기능의 장애는 전두엽뿐 아니라 기저핵, 시상thalamus, 측두엽, 두정엽의 손상에 의해 발생한다. 실행 기능에 문제가 생긴 사람은 조직적으로 행동 처리하기, 다중 과제 수행하기, 단어 찾기, 계획 세우기 등에 어려움을 겪게 된다. 또 우울해지거나, 사회적으로 부적절한 방식으로 행동하거나, 활동에 대한 관심을 잃거나, 최근 기억이 나빠지거나, 이해력이 떨어질 수도 있다. 이런 사람은 자신의 장애 속성을 제대로 이해하지 못하기도 한다.

알츠하이머병은 다양한 증상이 나타날 수 있지만, 가장 흔한 증상은 최근 기억 상실이다. 병의 시작은 보통 점진적이며, 장애는 꾸준히 진행성으로 나타난다. 시간에 따른 변화는 대체로 느리고, 발병 후 사망까지 약 10년 정도 걸리지만 지속 기간은 더 짧거나 길 수도 있다. 이 병은 특히 젊은 사람에게 더 공격적으로 나타난다. 알츠하이머병이 사람마다 다양한 방식으로 영향을 미치는 이유는 아직 명확히 밝혀지지 않았다.

경도 인지 장애Mild Cognitive Impairment, MCI는 인지 기능에 손상이 있기는 하지만, 사회적 기능이나 직업 수행에 방해가 되지는 않는 상태를 가리킨다. MCI를 지닌 사람은 충분히 독립적인 생활이 가능하지만, 3년이 지나면 알츠하이머병으로 진행될 확률이 약 50퍼센트에 달한다. 또 혈관성 인지 장애, 루이소체병, 전두측두엽 퇴행 등으로 이어질 수도 있다. 하지만 MCI를 지닌 사람이라도 인지 기능이 향상되어 치매로 발전하지 않기도 한다. MCI를 지닌 사람은 기록으로 남길 수 있는 기억장애를 보이거나 당사자 또는 가족 구성원의 불편을 겪기도 하지만, 일상생활과 사회적·직업적 수행 기능은 정상적으로 보이기도 한다. 또 기억상실이 주된 문제가 되지 않는 MCI 유형도 존재한다.

흔히 "알츠하이머병에 걸린 사람은 자기 병을 알아차리지 못한다"라고 하지만, 이는 틀린 말이다. 사람들은 종종 자신이 그 병에 걸렸는지 걱정하지만, 실제로 걸렸을 수도 있다. 반대로 자신이 그 병에 걸렸다고 믿지만, 사실은 다른 심각한 문제가 없는 사람도 있다. 알츠하이머병에 걸린 사람 중 다수는 자신의 문제를 어느 정도 알아차릴 수 있다. 하지만 어떤 사람들은 그 장애의 속성과 정도를 제대로 알지 못하기도 한다. 그 때문에 불행하게도 적절한 검사와 치료의 기회를 놓치기 쉽다. 따라서 주변 사람들은 그들이 정밀 검사를 받을 수 있도록 필요한 모든 지원을 해주는 것이 좋다. 생사가 걸린 문제이기 때문이다.

알츠하이머병 환자는 중대한 인지 장애를 초래하는 섬망의 위험성이 높아지며, 인지 수준이 오락가락하면서 환각(실재하지 않는 현상을 지각하는 것)과 망상(그릇된 믿음)에 빠지기도 한다. 섬망은 약물 효과나 전신 질환과 관련이 있는 경우가 많다. 섬망은 네 가지 예비 요소의 적절한 균형 유지가 얼마나 중요한지를 보여주는 좋은 예다. 예를 들어 초기 알츠하이머병을 앓는 80세 환자는 집에서 아주 잘 지내다가도 배우자의 죽음이나 복용 약물의 변경 같은 중대한 생활 변화를 겪으면 섬망이 발생할 수 있다. 신체적 예비 요소의 손상도 섬망을 유발한다. 대표적으로 약물 부작용, 신장 손상, 요로 감염, 호흡 곤란, 폐렴, 빈혈, 통증, 변비 등이 있다. 섬망은 어떤 중대한 신체적 문제의 진행을 알리는 신호이므로 반드시 신속하게 치료해야 한다. 심리적·사회적 예비 요소도 섬망 발생에 관여할 수 있다. 예를 들어 슬픔, 우울, 친구를 잃는 사건, 거동 불편, 사회적 고립, 경제적 스트레스 등이 섬망을 유발할 수 있다.

최초의 알츠하이머병 환자 이야기

알츠하이머병 환자의 뇌에서 무슨 일이 벌어지는지 이해하려면, 최초의 사례를 살펴보는 것이 도움이 된다. 이 질환은 독일의 신경정신과 의사 알로이스 알츠하이머가 1907년에 처음 보고했다. 알츠하이머는 행동 장애가 뇌에서 비롯되는지 연구하는 데 몰두한 의사였다. 당시 그 질병 가운데 가장 흔한 것은 신경매독이었다. 알츠하이머는 박테리아와 뇌에 대한 초기 착색 기법을 개발한 카를 바이게르트Karl Weigert와 함께 병리학을 연구했다. 젊은 임상의였던 알츠하이머는 어느 부유한 매독 환자와 그의 아내가 요청한 이집트 여행에 동행했다. 하지만 이집트에서 그 환자가 사망하자, 알츠하이머는 미망인인 나탈리 가이젠하이머Nathalie Geisenheimer와 함께 귀국했고, 이후 그와 결혼했다. 가이젠하이머는 자신의 재산으로 알츠하이머의 연구 활동을 지원했다. 알츠하이머는 소규모 집단에서는 훌륭한 교사였지만, 대규모 강의에는 서툴렀다. 그는 학생 개개인에게 관심을 쏟고 유머 감각도 뛰어났기 때문에 학생들의 사랑을 받았다. 일과가 끝나면 실험실의 모든 현미경 옆에는 알츠하이머의 담배꽁초가 놓여 있곤 했다.

　알츠하이머는 아우구스테 데터Auguste Deter라는 여성 환자를 맡았다. 그 여성은 51세에 심각한 기억상실과 더불어 단어를 떠올리는 것을 어려워했다. 또 망상이 있었고 자기 남편이 바람을 피운다고 비난했다. 그는 55세에 사망했고, 알츠하이머는 그의 뇌를 연구했다. 알고 보니 그는 당시 행동 관련 장애의 흔한 원인으로 여겨졌던 신경매독을 앓은 것이 아니었다. 뇌의 뉴런 속에 섬유질이 축적되어 있었는데, 나중에 이 섬유질은 신경섬유 다발이라 불리게 되었다. 알츠하이머는 1906년 데터의 뇌에서 자신이 발견한 내용을 1906년에 남서독일 정신과의사학회에서 발표했다. 하지만 그날 알츠하이머의 강연 내용은 유일하게 어떤 토론도 이끌어내지 못했다(스위스의 정신과 의사 카를 융이 그날 강연했다). 아마도 청중은 알츠하이머의 보고에 대해 무슨 말을 해야 할지 몰랐던 것으로 보인다.

알츠하이머는 데터의 문제가 당시 용어로 노인성 치매 또는 노인성 정신병senile psychosis과 구별되는 특별한 경우라고 보지 않았다. 하지만 학계의 경쟁 때문에 알츠하이머의 상관이자 뮌헨 왕립정신병원 원장이었던 에밀 크레펠린Emil Kraepelin이 나서면서 상황이 달라졌다. 크레펠린은 1910년 자신의 정신의학 교재에서 이 질환을 알츠하이머의 이름을 따서 '알츠하이머병'으로 명명했다. 아울러 이 병이 젊은 사람에게도 발병할 수 있음을 명시하고, 노년층의 더욱 흔한 인지 장애와 구별했다. 당시 크레펠린은 전 세계를 선도하는 정신과 의사였으며, 그의 교재는 수십 년 동안 해당 분야에서 으뜸가는 저서였다. 그는 해당 분야에서 비슷한 연구를 하고 있던 체코의 아놀드 픽Arnold Pick이나 오스카 피셔Oskar Fischer 같은 다른 연구 집단이 아니라, 자기 휘하의 독일 정신과 의사들에게 영예가 돌아가기를 바랐다. 여담이지만 바이게르트, 피셔, 픽, 그리고 알츠하이머의 아내는 모두 유대인이었다. 따라

서 크레펠린의 반유대주의 성향이 병명을 알츠하이머의 이름으로 정하는 데 한몫했을지도 모른다.[53]

알츠하이머병을 둘러싼 오해

1907년 알츠하이머의 보고서가 발표된 후에도 치매라는 주제는 별로 관심을 받지 못했다. 이는 치매가 주로 나이 든 사람들에게서 목 동맥 경화(이른바 경동맥의 아테롬성 동맥경화증atherosclerosis)로 인해 생긴다는 잘못된 믿음 때문이다. 20세기 대부분 기간에는 오늘날 우리가 알츠하이머병이라고 부르는 병을 기질성 뇌증후군, 노인성 정신병, 노인성 치매, 노망, 동맥경화성 뇌 질환 등으로 불렀다. 물론 뇌 혈관 질환으로도 치매가 생길 수 있지만, 알츠하이머병이 훨씬 더 흔한 원인이다. 이런 오해는 메릴랜드 베데스다 국립보건원의 시모어 케티Seymour Kety와 동료들이 1951년에 발견한 내용 때문에 더 심해졌다. 그들은 당시 '노인성 정신병'을 가진 사람들의 뇌 혈류량이 감소한다는 사실을 보고했다.[54] 하지만 후속 연구에서 감소한 혈류량은 산소와 포도당 사용량 감소의 결과임이 밝혀졌다.

1970년대까지만 해도 알츠하이머병은 드물고, 뇌의 혈관 문제로 생긴다고 여겨졌다. 혈관 질환의 효과적인 치료법이 없었던 만큼, 과학자들과 의사들은 그 병에 큰 관심을 기울이지 않았다. 널리 퍼진 성차별주의도 이런 편견에 일조했을지도 모른다. 나이 든 여성이 나이 든 남성보다 더 많았기 때문이다. 미국의 경우, 2017년 기준 85세 이상 인구에서 남성 100명당 여성은 187명이었다. 앨리슨 맥그리거Alyson

McGregor 박사는 2020년 저서인 『여자에게도 최고의 의학이 필요하다 Sex Matters』(지식서가 역간)에서 여성에 대한 의학 연구 부족이 여성 의료에 미친 영향을 분석했다. 오늘날 잘 알려져 있듯이, 알츠하이머병은 결코 드문 병이 아니다. 사실은 꽤 흔한 병이다. 또 알츠하이머병은 뉴런의 병이지 혈관의 병이 아니다.

알츠하이머병의 첫 사례였던 아우구스테 데터는 55세에 사망했다. 하지만 65세 이후 더 흔하게 나타나는 치매는 알츠하이머의 첫 보고서 이후 약 70년 동안 거의 주목받지 못했다. 그러다가 1976년, 뉴욕 알베르트 아인슈타인 의과대학의 신경과학자 로버트 카츠먼이 "신경 섬유 다발과 노인성 반점이 나타나는 조기 발생 치매(65세 이전에 시작)와 후기 발생 치매(65세 이후에 발생)는 비슷하며, 사실상 같은 질환일 수 있다"라고 언급했다. 카츠먼은 논문 「알츠하이머병의 유병률과 악성: 중대한 사망 요인」에서 "그 병의 주요한 위험 인자는 노화이며, 전 세계 인구는 급격한 속도로 노화되고 있다. 따라서 그 병은 전 세계적으로 중대한 문제가 된다"라고 밝혔다.[55]

나이가 들어 중대한 기억장애가 생기는 것은 정상일까? 절대 그렇지 않다. 나이가 들었어도 일상생활에 큰 지장을 줄 정도의 기억상실은 정상이 아니다. 4장에서 논의했듯이, 나이로 인한 건망증은 일상생활의 과제를 수행하는 데 영향을 주지 않는다.

알츠하이머병은 뇌 안에서 무엇을 망가뜨릴까?

알츠하이머병을 늦추거나 예방하려면, 먼저 뇌에서 생기는 변화의 속성을 이해하는 것이 도움이 된다. 알츠하이머병에 걸린 뇌에서는 여러 가지 이상 증세가 나타난다. 뉴런이 있는 피질의 뇌 물질이 줄어드는데, 이를 위축(증)atrophy이라고 한다. 또 다른 특징은 신경섬유 다발인데, 이는 타우tau라는 단백질이 뭉쳐 축적된 것이다. 이 신경섬유 다발에는 플라크plaque라 불리는 더 큰 침전물이 동반된다. 플라크는 역시 축적되어 생기는 아밀로이드-베타 단백질 세포들 사이에서 형성된다. 과학자들은 이 두 가지 섬유성 단백질이 뉴런을 손상시키고 염증을 일으켜 결국 뉴런을 죽게 만든다고 본다. 또 알츠하이머병 환자의 뇌에서는 뇌를 지원하는 세포(아교세포)가 과잉 활동 상태가 된다는 사실이 알려졌다. 하지만 이 과잉 활동으로 인한 염증 반응이 침전물에 대응하기 위한 것인지, 아니면 침전물을 만드는 데 이바지하는 것인지, 또는 병의 시기에 따라 둘 다에 해당하는지는 알려져 있지 않다. 혈관 속에는 아밀로이드-베타 단백질의 침전물이 존재하는데, 이는 혈액순환을 방해해 혈류량을 감소시키고 때로는 작거나 큰 뇌출혈을 일으킨다. 알츠하이머병 환자의 뇌에는 산소와 포도당 대사 과정에서 생기는 자유라디칼이 과도하게 존재한다. 자유라디칼은 단백질, 지질, 탄수화물, DNA를 손상시키며, 알츠하이머병 진행에 중심적인 역할을 한다. 이 과정을 산화 독성oxidative toxicity이라고 한다.

1985년 미국 국립보건원의 조지 글레너George Glenner와 동료 연구자들은 중대한 성취를 이루었다. 플라크의 핵심부에 있는 단백질의 염기 서열을 발견한 것이다. 연구자들은 이 정보를 토대로 아밀로이드-베타 단백질은 21번 염색체에 있는 유전자에 의해 만들어진다는 사실을 알아냈다. 이 유전자를 아밀로이드 전구 단백질Amyloid Precursor Protein, APP이라고 한다. 이 발견은 다운증후군 환자가 거의 예외없이

30~40세 이후 알츠하이머병의 행동적·구조적 이상을 겪는 이유를 설명해준다. 다운증후군 환자에게는 APP 유전자의 복사본이 세 개 있어서 다운증후군이 없는 사람보다 아밀로이드-베타 단백질을 50퍼센트 정도 더 많이 만든다. 이처럼 아밀로이드-베타 단백질과 APP의 구조에 관한 정보는 런던과 다른 지역의 노인학자들이 조기 발병 알츠하이머병을 일으키는 돌연변이를 식별하는 데 기여했다(11장 참고).

단백질의 오작동, 뇌 속에서 벌어지는 일

지난 20년 동안 분자생물학 연구와 양전자방출단층촬영술PET을 이용한 뇌 영상 연구는 알츠하이머병의 진행 과정을 잘 보여주었다. 가장 먼저 피질에서 아밀로이드-베타 단백질이 침전되고, 그 후 타우 침전물이 생긴다. 이어 피질 위축증(피질 속의 뇌 물질 소실)이 발생한다. 이런 과정이 뇌에서 10~20년 동안 활발히 진행된 후에야 주목할 만한 인지 장애가 발생한다. 오늘날 명확히 알려진 대로, 알츠하이머병은 첫 번째 징후나 증상이 나타나기 여러 해 전부터 오랜 기간에 걸쳐 진행되는 만성질환이다. 다행히도 이 변화는 매우 느리게 진행된다. 따라서 네 가지 예비 요소, 특히 신체 활동과 식습관에 주의를 기울여 병의 진행을 늦출 수 있다.

알츠하이머병은 단백질의 병이다. 단백질은 세포질 안에서 아미노산 서열에 따라 만들어지며, 이 염기 서열은 세포의 DNA가 결정한다. 단백질이 만들어질 때는 3차원 구조가 아니다. 단백질이 제대로 작동하려면 올바른 구조를 지녀야 한다. 이 구조는 DNA의 이중나선 또는 다른 꼬인 형태와 비슷한 나선형일 수도 있다. 분자 일부가 단백질의 다른 부분에 접히면서 단백질은 정확한 3차원 구조가 된다. 이 과정을 단백질 접힘protein folding이라고 한다. 분자가 올바른 구조를 가지는 것은 매우 중요하다. 만약 적절한 구조가 생성되지 않으면, 단백질은 작동 불능이거나 독성을 띨 수 있다. 단백질 구조의 오류를 잘못 접힘misfolding이라 부르며, 이는 알츠하이머병을 이해하는 열쇠다.

모든 세포에는 단백질 접힘의 품질을 관리하는 메커니즘이 있다. 접힘 과정을 평가하고, 제대로 접히지 않은 단백질의 아미노산을 재활용한다. 단백질들은 접혀서 교차하는 형태인 베타 병풍 구조beta-pleated sheet를 형성할 수 있다. 이 구조에서는 분자 영역이 빽빽하게 접혀 매우 안정적인 결합체를 이루기 때문에 파손을 견딜 수 있게 된다. 다량의 베타 병풍 구조로 접힌 단백질을 아밀로이드 단백질이라고 한다. 거미줄은 아밀로이드 단백질의 대표적인 예로, 강한 결합 때문에 질량에 비해 세상에서 가장 강한 물질 중 하나로 꼽힌다. '아밀로이드'는 특정한 단백질을 가리키는 것이 아니라, 단백질의 고유한 3차원 구조를 가리키는 용어다.

아밀로이드 구조의 중요한 특징은 '전염성transmissible'이다. 하나의 아밀로이드 단백질은 같거나 유사한 어떤 단백질이 아밀로이드 구조를 채택하게 만들 수 있다. 다른 단백질을 자신과 비슷한 구조로 변화시킬 수 있는 단백질을 프리온prion(단백질성 감염 입자)이라고 한다. 이 용어는 노벨상을 수상한 신경과학자 스탠리 프루지너Stanley Prusiner가 만들었다. 이 감염 입자가 전염성을 갖는다는 말은 비정상적인 단백질 구조가 몸의 한 영역에서 다른 영역으로, 뇌의 한 부분에서 다른 부분으로 전달될 수 있다는 뜻이다. 하지만 알츠하이머병, 파킨슨병,

루게릭병 환자가 그 병을 다른 사람에게 옮길 수는 없다.

단백질 접힘 품질관리는 특히 뇌에 중요하다. 뉴런은 몸속에서 가장 오래 사는 세포에 속하기 때문이다. 간 세포는 평생 교체되지만, 뉴런은 대체로 분열되지 않고 태어날 때부터 거의 그대로 존재한다. 따라서 뉴런은 잘못 접힌 단백질과 관련된 손상이 쌓이는 데 다른 세포보다 훨씬 취약하다. 지난 10년간 명확하게 밝혀진 바에 따르면, 알츠하이머병, 파킨슨병, 루게릭병 환자의 뇌에 침전된 단백질들은 모두 몸의 한 부위에서 다른 부위로, 또 어떤 경우에는 한 동물에서 다른 동물로 전달될 수 있는 아밀로이드 특성을 지닌다. 이 과정은 비정상적으로 접힌 단백질이 창자에서 뇌로, 코에서 뇌로 전달되는 현상을 일으킬 수 있다. 이런 방식으로 신경퇴행성 질환이 시작된다는 주장도 제기되었다(그림 5 참고).[56, 57] 이 질환 메커니즘을 알면 뇌의 변화에 대한 신체의 저항성을 높이고, 질병 위험성을 낮추기 위해 우리가 취할 수 있는 조치를 이해하는 데 도움이 된다. 20장에서 다루는 식습관 조치는 장내 박테리아의 활동을 통해 뇌 단백질의 잘못 접힘을 줄이는 데 도움이 될 수 있다.

알츠하이머병에서 염증이 하는 일

알츠하이머병에서 염증이 어떤 역할을 하는지 이해하는 것은 매우 중요하다. 우리가 다중 예비 요소에 주의를 기울이면 염증의 활동에 영향을 미칠 수 있기 때문이다. 염증에는 선천성 면역(순환과 뇌 면역세포에 의해 빠르게 나타나는 초기 반응)과 적응성 면역(평생 지속될 수 있는 느

그림 5. 창자에서 뇌까지, 뇌에서 창자까지의 경로

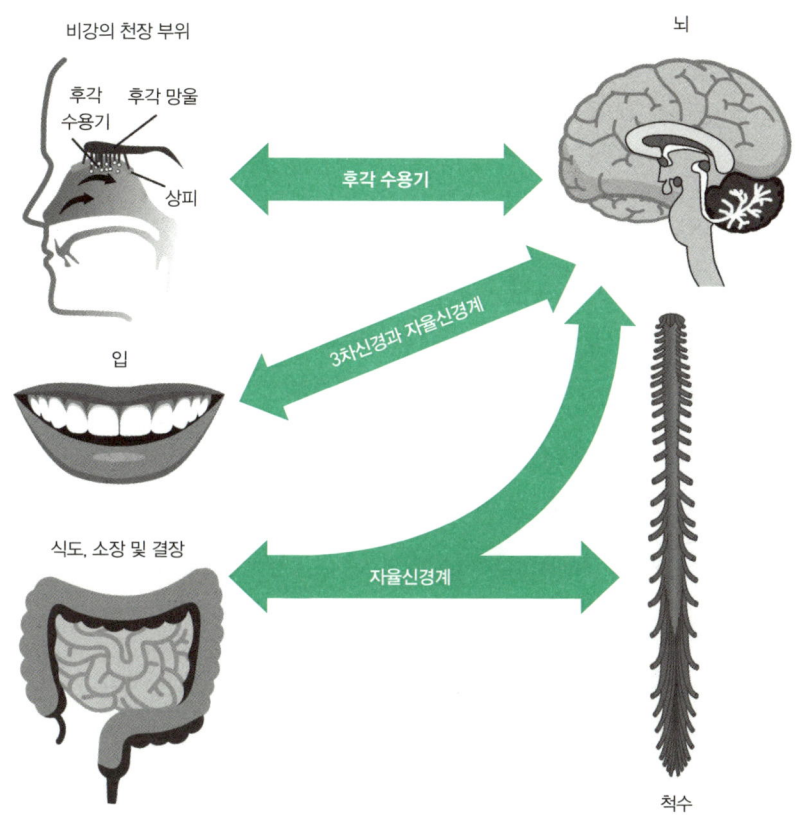

비강의 천장 부위

후각 수용기　후각 망울

상피

후각 수용기

입

3차신경과 자율신경계

식도, 소장 및 결장

자율신경계

뇌

척수

창자, 입, 목구멍, 코 속의 장내 미생물 요소들은 자율신경계와 뇌신경을 통해 뇌와 척수에 영향을 미칠 수 있다. 자율신경계는 인체 제어 기관의 중요한 부분으로, 대체로 무의식적으로 작동하며 심장박동수, 소화, 장 운동, 호흡, 배뇨, 성 기능과 같은 신체 기능 전반을 관리한다. 이 경로들은 양방향으로 작동할 수 있다. 이 경로들을 통해 전달되는 인자에는 미생물, 단백질, 그 밖의 다양한 분자가 포함될 수 있다. 순환계도 또 하나의 전달 경로가 될 수 있다. (참고 문헌 56의 자료를 그대로 옮김)

리고 장기적인 기억 반응)이 모두 관여한다. 뇌 속의 미세아교세포는 면역 감시를 강화해, 바이러스나 독소 같은 질병 유발 인자들에 대한 주위 환경을 감시한다. 또 뉴런 사이의 연결을 돕고, 성장인자를 제공하며, 불필요한 세포와 시냅스를 파괴한다. 뇌 단백질의 생산이나 청소를 감시하기도 한다.

면역계의 활동은 저항 기능과 관용 기능으로 나눌 수 있다. 이 두 기능 모두 선천적 특징과 적응적 특징이 관여한다. 저항 기능은 미생물의 성장과 확산을 퇴치해 질병을 예방한다. 관용 기능은 미생물의 성장을 변화시키지 않는 채로 질병을 제한한다.[58, 59] 면역계는 미생물의 과다 성장으로부터 우리를 보호해야 한다. 이것이 바로 저항 활동이다. 동시에 면역계는 표피와 체강體腔(체벽과 내장 사이의 빈 곳 — 옮긴이)에 존재하는 미생물을 허용해야 한다. 8장에서 살펴보겠지만, 이 미생물들은 생존에 필수적이다. 따라서 우리의 면역 과정은 미생물 요소의 영향을 크게 받는다. 이 기능은 노화와 관련된 뇌 반응에 미치는 효과 때문에 예비 역량의 속성에도 영향을 미친다. 예를 들어 80세인 사람의 뇌에 아밀로이드-베타 플라크와 다른 침전 단백질이 15년 동안 축적된 경우, 침전물이 면역계에 의해 공격받는 것보다 오히려 아밀로이드 침전물을 허용하는 편이 더 나을지도 모른다. 일부 연구에서는 노화 관련 뇌 변화에 대한 면역 반응이 해로울 수 있다는 증거도 제시한다. 그리고 우리의 식습관은 이처럼 관용이 더 나은 상황에 영향을 줄 수 있다.

생활 습관, 알츠하이머병 진행에 어떤 영향을 미칠까?

이 논의에서 매우 중요한 사실은 우리의 생활 습관이 단백질의 잘못 접힘, 자유라디칼 생성, 염증 같은 과정에 영향을 미친다는 것이다. 세포의 단백질 접힘 품질관리 메커니즘은, 인체가 자유라디칼에 의해 스트레스를 받거나 잘못 접힌 단백질이 과다하게 생성되면, 압도당하거나 효율이 떨어질 수 있다. 그리고 아밀로이드 침전물의 생성과 전염은 식습관과 관련이 있다. 뇌 속 자유라디칼 역시 우리가 어떤 음식을 먹는지에 영향을 받는다. 신체적·정신적 운동도 알츠하이머병 발생을 막는 예방 효과가 있다. 생활 습관의 여러 상호작용과 질병 과정은 12~25장에서 다룬다.

핵심 메시지는 다음과 같다.

(a) 알츠하이머병 자체에 영향을 주는 행동이 있다.
(b) 실제로 병이 발생했을 때, 우리의 행동은 손상 정도에 영향을 미친다. 그리고 (a)와 (b)는 모두 다중 예비 요소의 영향을 받는다.

신체적·정신적 활동은 인지 예비 역량을 향상시키는 뇌의 성장인자 생성에 도움을 준다. 그러면 알츠하이머병의 진행을 늦추고, 이 과정으로 생기는 행동 변화에 대한 뇌의 저항력을 높이는 데 도움이 된다. 비슷한 관계가 식습관 조치에도 해당한다고 볼 수 있다. 이 내용은 20장에서 더 자세히 다룬다.

치매 진단과 돌봄, 누구에게 도움을 구해야 할까?

신경학, 정신의학, 노인의학, 가정의학 분야의 의사와 간호사 모두가 이 중요한 평가를 제공할 수 있다. 중요한 점은 이런 평가를 제공하는 사람들이 관련 경험과 관심이 있어야 한다는 것이다. 하지만 안타깝게도 경제적 이유로 인해 이 종합적인 평가와 노력에 참여할 대학, 병원, 기타 기관들의 전폭적인 헌신이 여러 지역에서 부족한 실정이다. 철저한 진단을 위해 표준화된 검사가 권장된다. 이 검사에는 신경심리학자가 시행하는 일련의 검사도 포함된다. 알츠하이머병과 비슷한 증상은 빈혈이나 백혈병으로도 나타날 수 있으므로 철저한 혈구 수치 검사가 필요하다. 간 질환과 신장 질환 역시 알츠하이머병과 비슷한 뇌 기능 저하를 일으킬 수 있어 전반적인 신진대사 검사도 필요하다. 갑상선 호르몬의 결핍이나 과다 역시 심각한 기억장애를 유발할 수 있고, 비타민 B12 결핍은 치료 가능한 치매의 중요한 원인이다. 총 혈장 호모시스테인total plasma homocysteine 수치가 높은 것도 알츠하이머병과 뇌졸중 위험성 증가와 관련이 있다. 이 높은 수치는 비타민 B12, 비타민 B6, 엽산 결핍과도 관련이 있는데, 이런 성분을 보충해주면 정상 수치로 되돌릴 수 있다. 만약 알츠하이머병이 60세 이전에 급속히 진행된다면, HIV와 매독 혈청 검사도 필요하다. 또 뇌전도EEG 검사와 요추천자腰椎穿刺(척수액을 채취하기 위해 요추부에 바늘을 꽂는 시술 ─ 옮긴이), 기타 다른 조치도 필요하다. 컴퓨터 단층촬영이나 자기공명영상을 이용한 뇌 영상 촬영이 종합적 평가를 위한 모든 검사에서 필요하다. 결국 기억 손상이나 알츠하이머병 의심 증상이 있는 모든 사람은 반드시 경험 많은 의료 전문가에게 진단을 받아야 한다.

알츠하이머병 진단은 앞에서 언급한 다양한 검사와 평가 방법을 통해 80~90퍼센트의 정확도를 확보할 수 있다. 양전자방출단층촬영술을 이용해 아밀로이드를 검사하거나, 요추천자를 통해 알츠하이머 관련 단백질의 뇌척수액 수준을 분석하면 정확도를 더 높일 수 있다. 최근에는 혈액 속 알츠하이머병 관련 분자를 확인하는 검사가 높은 정확도를 보여 이 질환을 진단하는 데 안성맞춤이라고 밝혀졌다. 이 검사는 일부 사례에서 진단 정확도를 95퍼센트 이상까지 높일 수 있다고 한다. 다만 이 검사가 가리키는 내용은 대상자의 나이와 관련이 있다. 예를 들어 70세 이상에서는 이 검사가 별로 가치가 없다. 알츠하이머병을 암시하는 검사 결과는 대상자가 80세 이상까지 생존했을 때 알츠하이머병에 걸릴 것이라고 알려줄 뿐, 검사 완료 당시에 그 병이 대상자의 장애 원인이라고 콕 집어서 알려주지는 못하기 때문이다. 85세의 경우, 치매가 나타나지 않은 채 뇌에 알츠하이머병 발병 징후가 있는 사람 수는 치매 증상을 보이는 알츠하이머병 환자 수의 약 세 배에 달한다.[60]

나이 든 사람의 기억력이 크게 나빠졌을 때 그의 친구나 가족은 종종 '사랑하는 사람이 알츠하이머병에 걸렸고, 이제 할 수 있는 일은 아무것도 없다'라고 가정한다. 하지만 이는 심각하고도 위험한 착각이다. 치매가 있는 나이 든 사람들의 질환은 치료할 수 있거나 회복 가능한 경우가 많기 때문이다. 예를 들어 틀린 조합으로 약을 잘못 복용해 생긴 기억력 저하는 완벽하게 돌이킬 수 있다. 또 나이 든 사람들은 자신도 모르게 우울증을 앓을 수 있는데, 이 경우 적절한 치료와 약물로 삶의 질이 향상될 수 있다. 따라서 나이와 무관하게 기억력이 크게 나빠진 사람은 반드시 경험 있는 의료진에게 검사와 진단을 받아야 한다.

알츠하이머병의 위험 요인과 예방 가능성

알츠하이머병의 위험 요인으로는 나이, 여성 성별, 뇌 부상, 고지방식 식습관, 흡연, 알코올중독, 고혈압, 우울증, 당뇨, 신체 활동 부족, 직장이나 취미 생활 등의 정신적 활동 부족, 낮은 교육 수준, 비만 등이 있다. 이 가운데 상당수는 바로잡을 수 있으며, 신체 활동으로 그 영향력을 감소시킬 수 있다. 특히 혈관성 위험 요인이 중요하다. 이런 요인으로는 고혈압, 관상동맥 질환, 심방세동, 수면 무호흡, 우울증, 울혈성 심부전, 고지혈증, 비만, 당뇨병 등이 있다. 중년기의 고혈압은 노년기의 알츠하이머병 발병과 밀접한 관련이 있다.[61] 따라서 알츠하이머병 예방을 위해 혈압 관리가 권장되어왔다.

알츠하이머병은 대부분 비교적 늦은 나이에 시작되므로, 발병 시작을 늦춘다는 것은 많은 사람이 그 병에 걸릴 만큼 오래 살지는 못하게 된다는 뜻이다. 만약 발병 시작 나이가 5년 지연된다면 유병률은 절반으로 줄어들 수 있다. 추정에 따르면, 전 세계 알츠하이머병 사례의 33~50퍼센트는 잠재적으로 바로잡을 수 있는 위험 인자 때문일 수 있다.[62] 중년기의 인지 활동은 인지 기능 쇠퇴를 늦출 뿐만 아니라 알츠하이머병 위험성 감소와도 관련이 있다.[16, 17, 63] 질병 위험성을 줄이고 진행 속도를 늦추는 방법들은 12~25장에서 구체적으로 다룬다.

알츠하이머병 치료의 현주소

유전학 연구는 유전되는 형태로 알츠하이머병에 관여하는 여러 중요한 신진대사 경로를 밝혀냈다. 이 연구 결과를 바탕으로 실험적 치료법들이 발전했지만, 그 효과는 현재 평가 단계에 있다. 안타깝게도 지난 20년 동안 진행된 임상 실험에서 뚜렷한 성과가 없었다. 가장 큰 문제는 인간 사례의 99퍼센트를 차지하는 비유전적 알츠하이머병에 대한 동물실험 모형이 아직 나오지 않았다는 점이다. 이 때문에 대부분 동물실험은 인간 환자의 99퍼센트에게는 없는 유전적 이상을 지닌 생쥐를 대상으로 이루어졌다. 알츠하이머병 환자는 콜린에스테라제 억제제cholinesterase inhibitor나 글루탐산 수용체 차단제glutamate receptor blocker로 치료할 수 있을지도 모른다. 이 약물들은 일부 사례에서 기억력과 전반적인 행동을 향상시킬지도 모르지만, 효과는 크지 않다.[64] 게다가 부작용으로 심박수 감소, 메스꺼움, 구토, 불면증 등이 있다. 때로는 항우울제가 도움이 될 수도 있다.[64] 유전자와 임상시험은 11장과 23장에서 다시 논의한다.

2021년 6월 7일, 미국 식품의약청FDA은 알츠하이머병 치료제로 단일클론항체인 아두카누맙Aducanumab(상품명은 아두헬름Aduhelm)을 승인했다. 이 약물은 뇌의 아밀로이드-베타 단백질에 결합하도록 개발되었다. PET 영상을 통해 입증된 바로는, 이 약물을 사용하면 뇌에서 이 단백질 침전물이 효과적으로 제거되었다. 하지만 인지 기능 쇠퇴를 되돌리는 효과는 시간이 지나면서 미미한 것으로 드러났다. 게다가 40퍼센트 이상의 환자들이 이 약물 주입 후 잠재적으로 심각한 뇌부종brain swelling을 겪었다. 게다가 FDA의 최종 승인을 앞둔 2020년 11월, FDA 과학 자문단은 만장일치로 이 약물을 승인하지 않아야 한다고 권고했다. 그 항체의 제조사인 바이오젠Biogen은 그 약의 환자 1인당 연간 비용이 2만 8,000달러라고 발표했다. 이로 인해 주요 의료

센터들은 고비용, 미미한 효과, 부작용 위험성 때문에 이 약물을 처방하지 않겠다고 발표했다. 나도 같은 이유로 이 약을 처방하지 않을 것이다. 대신 환자들이 다른 치료법의 임상시험에 참가하기를 권한다. 이를 통해 어쩌면 진짜로 효과가 있는 약을 얻을 수도 있다.

치료 가능하며 잠재적으로 되돌릴 수 있는 치매

알츠하이머병에 걸렸다고 의심되는 사람 중에는 사실은 잠재적으로 되돌릴 수 있는 다른 질환을 가진 경우가 드물지 않다(사례 연구 4 참고). 따라서 반드시 알츠하이머병 진단 경험과 관심이 있는 의사가 종합적인 검사를 시행해야 한다. 되돌릴 수 있거나 치료 가능한 치매의 대표적 원인은 다중 약물 투여(약물 효과), 우울증, 전신 독성-대사 질환이다. 약물은 나이 든 사람들에게 흔히 인지 장애를 일으킬 수 있다. 이 중요한 주제는 23장에서 다시 다룬다. 우울증도 인지 장애를 일으킬 수 있는데, 심지어 자신이 우울증에 걸렸는지 모르는 사람들에게서도 그렇다. 전신 독성-대사 질환 역시 인지 장애를 일으킬 수 있다. 이 질환들에는 인체 각 기관의 장애가 두루 포함된다. 몇 가지 예만 들더라도 빈혈, 비타민 B12와 비타민 B1 결핍, 백혈병, 신장 질환, 영양물 흡수 장애, 울혈성 심부전, 요로 감염, 갑상선기능저하증 및 기타 내분비 장애, 경막하혈종(뇌출혈의 일종), HIV/AIDS, 만성 폐쇄성 폐 질환chronic obstructive pulmonary disease 등이 있다. 이런 질환들은 알츠하이머병과 비슷한 인지 장애를 일으킬 수 있으므로 선별 혈액검사 등으로 반드시 감별해야 한다. 치매를 정상이라고 여겨도 되는 나이는 없다.

사례 연구 4

76세 남성이 내가 근무하는 인지 장애 클리닉에 찾아왔다. 그는 2년 전부터 요일을 기억하지 못하거나 최근 사건을 잊는 등 점진적이고 느리게 진행되는 건망증을 호소했다. 하지만 건망증이 일상생활에 방해가 되지는 않았다. 다만 건망증 때문에 하루 대부분을 침대에서 보내는 것을 좋아하게 되었다. 그는 잠을 잘 이루지 못했고 자주 깼다. 특히 의붓아들이 교통사고로 사망한 뒤 우울감에 빠졌다. 신경학적 또는 신경정신과적 질병의 가족력은 없었다. 검사 결과, 그는 날짜에 대한 지남력이 없었고, 다섯 개의 물체를 보여주었지만 2분이 지나자 하나도 기억하지 못했다. 제시된 정육면체를 따라 그리지 못했고, 시계에 바늘을 제대로 그리지도 못했다.

알고 보니, 그는 중추신경계 기능을 억제할 수 있는 디아제팜diazepam과 히오시아민hyoscyamine이라는 약을 처방받아 복용했었다. 디아제팜은 느리게 대사되는 진정제로서, 혈장 반감기가 30시간이다. 즉, 한 회분 복용 후 혈장 수준이 절반으로 떨어지기까지 30시간이 걸린다는 뜻이다. 그러므로 그 약을 매일 복용하면, 혈액 속에 약 성분이 너무 많이 남게 된다. 히오시아민은 뇌의 신경전달물질 기능을 방해하는 약물로서, 특히 노년층에서 그 영향이 심하다. 나는 그에게 두 약물을 한 달에 걸쳐 점진적으로 끊으라고 권유했다. 나의 첫 진단 결과에 따르면, 그의 점진적인 인지 기능 쇠퇴는 디아제팜과 히오시아민 독성 때문에 일어났다.

두 달 후 다시 내원했을 때, 그는 더 이상 두 약을 복용하지 않고 있었다. 그 결과 인지 기능이 회복되었고, 정신 상태 검사에서도 정상이 나왔다. 이제 그는 하루 종일 침대에서 시간을 보내지 않고, 이전에 했던 활동에도 다시 참여하게 되었다.

생각·말·행동이 흔들리는 '전두측두엽 치매'

예전에 픽병이라고 불렸던 전두측두엽 치매FTLD는 전두엽과 측두엽에 주로 영향을 미치는 신경퇴행성 질환이다. 보통 65세 이전에 시작되며, 알츠하이머병과는 다른 유형의 행동 이상을 일으킨다.

FTLD 환자에게는 다음 세 가지 임상 증세 중 하나가 나타날 수 있다.

- 원발진행실어증primary progressive aphasia: 단어를 떠올리기 어려워 말하기가 힘들어지고, 대체로 말을 더듬게 된다.
- 행동 변이behavioral variant: 종종 무례하고 성적인 언행 같은 부적절한 행동을 보인다. 때로는 비합리적이고 과도한 지출을 하거나 비정상적인 식욕을 보인다(사례 연구 5 참고).
- 의미 치매semantic dementia: 지식과 더불어 말의 의미를 제대로 이해하지 못하게 된다.

FTLD의 행동 문제들은 대체로 서서히 시작해 점진적으로 진행되며, 망상, 환각, 수면 장애, 돈 관리의 어려움 등을 동반하는 경우가 많다. FTLD는 뇌 영상의 위축 패턴으로 식별할 수 있다. 알츠하이머병의 위축은 대체로 널리 퍼져서 나타나지만, 두정엽과 해마에서 두드러질 수 있다. 반면 FTLD에서는 위축이 주로 전두엽과 측두엽에 집중된다. 여러 유전자가 FTLD를 유발하는 것으로 확인되었다. 이러한 유전적 형태의 FTLD는 이른 시기에 시작되며, 상염색체 우성autosomal dominant(부모 중 한쪽에만 해당 유전자가 있어도 자식에게 표현되는 성질 —

옮긴이)이다. ALS라고 불리는 운동신경 질환motor neuron diseases도 병의
초기나 후기에 FTLD와 함께 발생할 수 있다.

최근 연구에 따르면, 교육 햇수가 많을수록 유전적 기원의 FTLD
환자에게서 뇌 물질과 인지 기능 손상이 더 느리게 나타난다고 한다.
이는 질병을 유발하는 유전자가 있더라도 개인의 생활 습관이 뇌 질
환 발현에 영향을 미칠 수 있음을 보여준다. 생활 방식을 조절하기 위
한 전략은 이 책의 응용 파트인 12~25장에서 자세히 살펴본다.

사례 연구 5

내가 진료했던 72세 남성 환자의 사례다. 그는 아내와 함께 세탁소에 갔다
가, 그곳에서 일하는 젊은 여성에게 다가가 퇴근 후 자신과 커피나 한잔하
지 않겠느냐고 물었다. 그 여성은 단호하게 거절했다. 아내가 '우리는 40년
넘게 부부로 지내고 있지 않느냐'면서 왜 그 여성에게 접근했는지 따졌다.
그러자 그가 말했다.

"매력적인 여성이잖아. 나는 섹시한 남자고. 그러니 뭐가 문제야?"

이 환자는 최근 자동차 사고가 난 적이 있었다. 그 전부터 운전을 불안정
하게 하고 과속을 했으며, 제대로 사리 판단을 하지 못했다. 때로는 아내가
속마음을 터놓지 않는다면서 고함을 지르고 악을 쓰기도 했다. 그는 점점
아내를 의심하기 시작했고, 공연 티켓값으로 600달러를 쓰는 등 과도한 지
출을 하기도 했다. 간호사에게 "나는 섹시한 노인"이라고 말하거나, 911에
전화를 걸어 아내가 야구방망이로 자신을 때린다고 거짓 신고를 하기도 했
다. 또 건망증이 심해졌고, 아내에게 시비를 걸었으며, 몸을 씻지 않기도
했다. 홍콩 공항에서는 동료 여행객들의 차에 타기를 거부하고 따로 택시
를 탔는데, 납치될까 두려워서였다고 했다.

그에게는 신경 질환이나 신경정신과 질환의 가족력이 없었다. 병원에서 검

사할 때, 그에게 잡지 광고에 나오는 젊은 여성 사진을 무작위로 보여주고서 어떤 그림인지 말해달라고 했다. 그러자 그는 여성의 몸에 대해 부적절하게 세세한 내용을 언급했다. 한 검사에서는 관용어를 이해하는 데 어려움을 보였지만, 기억력은 비교적 온전했다. 한 셔츠 사진을 보여주었더니, 오직 단추만 보인다고 했다. 비둘기를 오리라고 불렀고, F로 시작하는 단어를 세 개밖에 대지 못했다. 뇌의 포도당 대사에 관한 PET 영상을 촬영해보니, 오른쪽 전두엽과 측두엽에 포도당 사용이 감소한 것으로 나왔다. 자기공명영상에서는 앞쪽 측두엽과 전두엽 영역에서 뇌 물질의 감소가 드러났다.

그의 행동 장애는 다루기가 어려웠고, 여러 약물을 시도해보았지만 결국 요양원에 입원시킬 수밖에 없었다. 이런 유형의 전두측두엽 치매, 이른바 행동 변이는 유전되지 않는 사례에서는 원인이 알려져 있지 않다. 행동 이상에 대한 치료법도 열악하다. 그나마 다행인 점은 이런 식의 증후군이 비교적 드물게 나타난다는 것이다.

뇌의 또 다른 퇴행, 파킨슨병과 루이소체병

1817년 영국의 의사 제임스 파킨슨James Parkinson은 느리게 시작해 점진적으로 진행되는 한 질환을 설명했다. 이 질환은 오늘날 '파킨슨병'이라고 부른다. 파킨슨병의 주요 특징은 다음과 같다.

- 서서히 진행되는 '안정 시 떨림'
- 움직임이 느려짐
- 경직(수동 운동에 내성이 생김)

• 자세 불안정

파킨슨병은 신경세포 단백질인 알파-시누클레인alpha-synuclein이 비정상적으로 뭉쳐 형성되는 루이소체Lewy body와 관련이 있다. 이 단백질 침전물은 뇌의 운동 조절 시스템에 손상을 일으키며, 특히 운동 능력을 조절하는 데 중요한 역할을 하는 중뇌midbrain에 영향을 미친다. 많은 경우 이러한 침전물은 중뇌를 넘어 다른 뇌 부위로 퍼지면서 치매를 유발하기도 한다. 또 알파-시누클레인 침전물은 혈장과 뇌척수액에서 염증 분자와 산화 스트레스가 증가하는 현상과도 관련이 있다. 일부 환자에게서는 치매가 발생하기 전에 운동 기능 이상이 먼저 생기기도 한다. 이를 '루이소체병'이라고 한다. 파킨슨병에서 나타나는 운동 기능 이상은 흔히 '파킨슨증parkinsonism'이라고 부른다.

전체 파킨슨병 환자의 약 10퍼센트는 상염색체 우성 유전자 이상으로 발병하며, 그 밖의 여러 유전자는 명확한 인과관계 없이 발병 위험에 영향을 미칠지도 모른다. 파킨슨병의 유전 가능성은 약 27퍼센트로 추정된다.[67] 건강한 노화는 운동 기능 장애의 일부 특징과 관련이 있기는 하지만, 파킨슨병에서 보이는 증상 발현의 전체 스펙트럼과는 관련이 없다. 건강한 노인은 움직일 때 활발해지는 빠른 떨림, 이른바 본태성 떨림essential tremor이 생길 수 있다. 이와 반대로 파킨슨병 환자에게 나타나는 더 느린 떨림은 주로 몸을 움직이지 않을 때 더 두드러진다.

이 병의 위험성은 반복적인 머리 부상과 더불어 중금속과 살충제에 노출될 때 더 커진다. 농촌에서 성장하면 파킨슨병 발병 위험이 높다고 알려져 있다. 뇌졸중, 고혈압, 심장병과 같은 뇌 혈관 위험 인자 역시 파킨슨병과 관련되며, 알츠하이머병과도 관련성이 있다.[68] 낮은 신체 활동 수준과 비흡연도 위험 인자로 꼽힌다. 비흡연자가 흡연자보다 파킨슨병 위험성이 더 높다고 밝혀져 있기는 하지만, 흡연은 암이나 폐기종, 뇌졸중처럼 훨씬 더 심각한 위험이 뒤따르기 때문에 단연 금연을 권장한다. 운동은 파킨슨병 환자의 인지 기능 감소 속도를 늦추고, 운동 장애도 개선한다고 알려져 있다.

최근에 발견된, 파킨슨병과 관련된 유전자들은 면역 기능에 관여한다. 즉, 면역계가 이 질환에서 나름의 역할을 한다는 뜻이다. 알파-시누클레인 분자들의 뭉침은 생애 초기에 장내 신경에서 시작될 수 있으며, 이후 장-뇌 축gut-brain axis을 따라 장에서부터 뇌로 전달될지도 모른다(그림 5 참고). 실제로 파킨슨병 환자는 운동 기능 이상이 나타나기 10년 이상 전부터 변비나 후각 상실을 겪기도 한다. 이는 코의 후각 신경과 장내 신경이 손상되었기 때문으로 보인다. 생애 초기, 장에서 뇌로 가는 신경 통로인 미주신경이 절단된 사람은 나중에 파킨슨병에 걸릴 위험성이 낮은 것으로 드러났다. 이는 문제가 장에서 시작된다는 이론을 뒷받침한다. 우리 실험실뿐 아니라 로스앤젤레스의 캘리포니아공과대학(칼텍) 연구 결과도 미생물군이 파킨슨병에 관여한다는 점을 강하게 시사한다.[56,57]

파킨슨병의 운동 증상은 여러 해 동안 약물로 잘 제어할 수 있다. 하지만 약 10년이 지나면 약물 효과가 감소한다. 일부 환자에게는 이식된 전극을 통해 뇌 깊숙한 부위에 가하는 자극이 도움이 될지도 모른다. 현재 파킨슨병이나 루이소체병으로 인해 발생하는 치매는 치료제가 아니라 질병의 진행을 늦추는 질병 완화 약물disease-modifying medication로 대처할 수 있을 뿐, 병이 없던 상태로 되돌릴 수는 없다.

일부 환자는 아세틸콜린에스테라제acetylcholinesterase 억제제를 통해 상태가 개선될 수도 있다.

알츠하이머병 진행 경과를 바꾸는 데 도움을 줄 수 있는 네 가지 예비 요소는 파킨슨병에도 유효하다. 과도한 염증을 억제하는 음식을 섭취하고, 활발한 신체 운동을 하는 생활 방식이 바람직하다.

가장 잔혹한 신경퇴행성 질환, 루게릭병

일본에서 보디빌더로 살고 있는 친구가 있었다. 그는 56세 때 손에 힘이 빠지기 시작했고, 증상은 1년 동안 급격하게 진행되었다. 신경학적 검사 결과 양팔의 힘이 약해져 있었고, 피부 아래에서 근섬유 경련이 발견되어 근위축성측삭경화증ALS 진단을 받았다. 시간이 지나면서 팔의 힘이 약해지더니 급기야 양팔을 전혀 쓸 수 없게 되었다. 하지만 걷고 말하는 것은 할 수 있었다. 이후 음식물을 삼키기 어려워졌고, 진단 4년 만에 음식물이 목에 막혀 사망했다.

또 다른 사례는 54세 조종사였다. 그는 ALS로 인해 점차 음식물 삼키기와 말하기가 어려워졌고, 결국 식사나 대화를 할 수 없게 되었다. 하지만 여전히 수영을 하거나 컴퓨터를 사용하는 일은 가능했다. 그는 음식 공급 튜브로 영양을 공급받으며 생활했고, 사지의 근육은 점차 약해지고 있었다.

두 환자 모두 가족력은 없었다. ALS는 현재 매우 효과적인 질병 완화 치료법도 마땅히 없다. 두 사례에서 알 수 있듯이, 이 질병은 매우 잔혹하다.

ALS의 약 10퍼센트는 상염색체 상동 유전자에 의해 발생하는 신경 퇴행성 질환에 속한다. 위험 인자는 다음과 같다.[69]

- 유전자(ALS 발병 위험의 약 60퍼센트가 유전적 요인으로 추정됨)
- 나이
- 흡연
- 독소 노출(납, 망간, 살충제 등)
- 머리 부상(미식축구, 축구, 폭발 등으로 인한 충격)
- 항산화제와 고도 불포화지방산 섭취 부족

ALS 환자는 차츰 허약해지면서 몸 전체의 근육량이 감소하고, 진단 후 3년 이내에 사망하는 경우가 많다. 이 질환은 뇌와 척수의 운동 뉴런이 축소되거나 소실되며, 염증과 비정상적으로 접힌 신경 단백질이 침전된다. 또 뇌에는 말초 면역세포가 존재하고, 염증성 분자가 활성화된다. ALS 환자는 운동 장애가 생긴 뒤 치매가 발생하기도 한다. 안타깝게도 FTLD 환자도 ALS 증상이 뒤늦게 나타날 수 있다. 비유전적 형태의 ALS가 생기는 이유는 아직 알려지지 않았다. 최근 내 연구실과 텔아비브, 홍콩, 애틀랜타에 있는 다른 연구실에서 나온 결과에 따르면, 장내 박테리아가 이 병을 촉발하는 데 관여하는 듯하다.

결론: 유전이 아닌, 생활을 바꿔라

치매의 원인은 다양하다. 심각한 기억장애로 불편을 겪는 사람은 반드시 경험이 있고 전문성을 갖춘 의료진에게 종합 검사를 받아야 한다. 노년기의 뇌는 모든 인체 기관을 포함해 내적·외적 환경 변화에 민감하다. 따라서 네 가지 예비 요소를 포함한 생활 방식 요소에 주의를 기울이면 치매의 발병이나 진행을 늦추는 데 도움이 된다. 전신 건강을 관리하면, 노년기에도 치매성 질병의 위험을 낮추고 인지 기능을 향상시킬 수 있다.

이런 말을 하는 것이 유감이지만, 모든 것이 이미 충분히 알려져 있다면 여러분은 아무런 주의도 기울이지 않을 것이다. 우리는 아직 어떤 분자가 노화 관련 질환에서 뇌와 다른 기관의 기능 쇠퇴에 가장 큰 책임이 있는지 알지 못한다. 또 노화가 찾아와도 뇌에 질환이 생기지 않는 경우에는 무엇이 그런 효과를 낳는지도 모른다. 유전되지 않는 대부분의 사례(90~99퍼센트)에서 알츠하이머병, 파킨슨병, ALS의 원인은 무엇일까? 염증이 신경퇴행의 방아쇠일까, 아니면 신경퇴행이 염증의 방아쇠일까? 잘못 접힌 단백질 침전은 정확히 어떤 역할을 할까? 이 물질은 여러 해 동안 과학계에서 열띤 논쟁의 대상이었다. 이런 중요한 문제들은 여전히 해결되지 않았다. 하지만 최근 연구는 네 가지 다중 예비 요소를 향상시키면 노년기의 건강 위험성을 낮출 수 있으며, 이를 위해 누구나 실천할 수 있는 방법이 존재함을 보여준다.

한편, 세 가지 주요 신경퇴행성 질환인 알츠하이머병, 파킨슨병, ALS는 주목할 만한 몇 가지 공통점이 있다.

- 대부분은 유전자가 직접적인 원인이 아니다.
- 드물게 상동염색체 우성 유전자 형태를 지닌다(남녀 모두에게 동일하게 영향을 미치며, 결함 있는 유전자의 단 한 쪽 사본만 있어도 질병이

유전됨).

- 독성을 띠는 비정상적으로 접힌 단백질 덩어리가 뇌에 축적되는 현상과 관련이 있다.
- 노화가 주된 위험 인자다.
- 신경과 시냅스의 소실과 관련이 있다.
- 발병 과정이 인체의 한 영역에서 다른 영역으로 확산하는 현상과 양립 가능한 발생학적 경로를 전부 지닌다.
- 뇌에서 염증과 자유라디칼이 과도하게 증가한다.
- 발병 과정은 10~20년에 걸쳐 서서히 진행되며, 증상이나 징후가 나타나기 이전부터 이미 질병은 시작되고 있다.
- 이 질환들의 위험성은 네 가지 예비 요소에 얼마나 관심을 두느냐에 따라 달라질 수 있다. 즉, 인지적·신체적·심리적·사회적 예비 요소가 평생 동안 우리의 행동을 통해 얼마나 향상되는지에 영향을 줄 수도 있다는 의미다.

이런 공통점들이 흥미로운 이유는 한 영역에서의 성과가 다른 질환에도 효과적인 치료법을 제공할지도 모르기 때문이다.

우리는 개념을 이해할 때 복잡한 것을 단순화해야 한다고 생각하는 경향이 있다. 대체로 어쩔 수 없는 경향이기는 하지만, 우리는 이런 단순화 과정을 늘 조심스럽게 대해야 한다. 그래야 우리가 이해하는 지식이 실제보다 더 깊다는 착각에 빠지지 않을 수 있다. 알베르트 아인슈타인의 지혜로 종종 언급되는 말이 있다. "모든 것은 더 단순할 수 없을 만큼 최대한 단순해져야 한다." 하지만 그가 실제로 한 말은 다음과 같다. "결코 부정할 수 없는 말인데, 모든 이론의 최고 목표는 관찰 자료에 대한 적절한 표현을 포기하지 않으면서, 더 이상 줄일 수 없는 기본 요소들을 최대한 단순하고 적은 수로 만드는 것이다."[70] 아마도 그는 우리에게 나무만 보느라 숲을 놓치지 말라고, 또 숲만 보느라 나무를 놓치지 말라고 동시에 경고한 것일지도 모른다.

6장

뇌졸중과
혈관성 인지 장애의 경고

"무지를 철저하게 인식하는 것이야말로
모든 과학 발전의 첫걸음이다."

제임스 클러크 맥스웰(1831-1879)
스코틀랜드의 수학자이자 과학자

몇 해 전 나는 신경학 학술회의에 참석해 한 저명한 의사의 뇌졸중을 주제로 한 강연을 들었다. 그가 어떤 상을 받은 뒤 수천 명의 청중을 대상으로 강연하는 자리였다. 그 직전에는 다른 의사가 알츠하이머병을 주제로 강연했다.

상을 받은 그 의사는 강연을 시작하면서 자신의 연구가 뇌졸중에 초점을 맞추어서 다행이라고 말했다. 알츠하이머병과 달리 뇌졸중의 원인은 알려져 있다는 이유에서였다.

나는 그 말이 당혹스러웠다. 그래서 나중에 그에게 수상을 축하하는 짧은 이메일을 보내면서, 뇌졸중의 원인이 알려져 있다는 말이 무슨 의미인지 물었다. 그가 보낸 답장을 보니, 뇌졸중은 색전증, 출혈, 혈전증 때문에 발생한다고 적혀 있었다. 혈전증은 혈소판과 백혈구의 축적으로 인해 혈관이 막히는 현상이다. 출혈은 혈관에서 피가 새는 것이고, 색전증은 혈관 속의 여러 부유물이 혈류를 따라 한 부위에서 다른 부위로 이동하다가 혈관을 막아 발생하는 현상이다.

그 의사의 답변은 내게 만족스럽지 않았다. 혈전증, 출혈, 색전증은 뇌졸중의 원인이 아니라 뇌졸중 메커니즘의 일부다. 더 중요한 문제는 우리가 뇌에서 이런 현상이 일어나게 만드는 근본 원인을 아직 모를 때가 많다는 점이다. 앞으로 설명하겠지만, 뇌졸중의 위험 인자들은 비교적 잘 알려져 있지만, 위험 인자가 곧 발병의 원인은 아니다.

뇌 혈관 질환이란 무엇일까?

혈관 요소들은 평생 동안 뇌 건강과 신체 적합성을 유지하는 데 중요하다. 뇌 혈관 질환에는 목과 뇌의 대형·중형·소형 혈관이 모두 관여한다. 혈관은 섬유조직(섬유질)이 비정상적으로 성장하거나 혈소판, 면역 혈액세포, 지질이 뇌 혈관의 내벽에 침전되면 좁아질 수 있다. 이렇게 좁아진 혈관은 혈액의 원활한 흐름을 방해해 뇌 손상을 일으킬 수 있다. 혈류 부족으로 손상된 뇌 영역을 경색부硬塞部라고 한다. 이 부위는 크거나 작거나 혹은 아주 미세할 수도 있다(미세 경색부). 크기에 상관없이 모두 인지 기능을 손상시킬 수 있다. 또 뇌의 작은 혈관 질환은 인지적 예비 역량을 감소시키고, 알츠하이머병과 파킨슨병 발병에도 영향을 미칠 수 있다. 이 때문에 이런 환자들은 발병 초기부터

기능 손상을 겪을 가능성이 높다.[21, 71]

혈관이 좁아지는 과정은 여러 방식으로 일어난다. 혈소판과 지질이 대동맥과 소동맥의 내벽에 달라붙어 플라크(지질 침전물)가 형성되는데, 이는 세포 구성 요소의 응고물에서 생길 수도 있다. 또 혈관 벽이 두꺼워져도 혈관이 좁아질 수 있다. 이런 과정들은 아밀로이드-베타 같은 단백질의 제거를 방해한다. 이 단백질은 앞서 설명했듯이, 알츠하이머병과 관련된 신경세포 사멸에 관여한다.

아테롬성 동맥경화증은 혈관이 퇴행하는 과정으로, 이전에는 단순히 동맥경화증이라고 불렸다. 이 질환은 혈액 공급 능력을 감소시키고, 종종 지질 침전물과 연관된다. 최근 알려진 바에 따르면, 이 질환 과정에는 면역계의 비정상적 활성화도 관여한다. 노화에 따른 혈관 변화는 신체 활동이나 식습관과 밀접하게 연결된다. 일주일에 여러 번 운동하고 채소가 풍부한 고식이섬유 식단을 유지하는 습관은 모든 연령대에서 건강에 도움이 된다. 특히 노화가 시작되면 이런 생활 습관은 반드시 필요하다. 이런 활동이 없으면 젊은 나이에 사망하거나 노후에 치매에 걸릴 위험이 높아진다.

뇌졸중은 전 세계적으로 두 번째로 높은 사망 원인이자 주요 장애 원인이다. 뇌 영상 촬영으로 밝혀진 바에 따르면, 65세 이상 인구의 20퍼센트 이상이 뚜렷한 증상을 일으키지 않는 사소한 뇌졸중의 증거를 가지고 있다. 뇌졸중은 급성으로 발생하는 경우가 많아 증상이 갑자기 시작되고 빠르게 진행된다. 또 뇌는 장기간 혈류가 충분하지 않아도 손상될 수 있다. 이 경우 뉴런들이 서로 소통할 수 있게 해주는 축삭돌기가 손실된다.

왜 뇌는 부상에 매우 민감할까?

뇌는 인체에서 대사가 가장 활발하게 일어나는 기관이다(3장에서 논의한 내용). 뇌는 깨어 있을 때뿐 아니라 잠들어 있을 때도 전기적 활동이 계속되기 때문이다. 또 뇌는 산소와 포도당을 거의 저장하지 못하기 때문에 이를 지속적으로 공급받아야 한다. 뇌 안의 신경 활동은 이 공급이 끊기면 30~60초 정도밖에 유지되지 못한다. 뇌는 주 에너지원으로 포도당을 사용하므로, 포도당이 지속적으로 공급되지 않으면 금세 작동을 멈춘다. 인체의 다른 조직은 여러 가지 잠재적 에너지원을 가지고 있지만, 뇌의 선택지는 제한적이다.

이런 특성 때문에 뇌는 혈관의 우수한 지원 시스템을 장착하고 있다. 바로 이 혈관이 지속적으로 활동하는 뉴런의 수많은 신진대사 관련 요구를 충족시킬 수 있다. 뇌 기저부와 목에 있는 혈관은 측부 혈관collateral vessel이라는 대체 경로가 있다. 그래서 한 혈관에 문제가 생기면 다른 혈관이 그 기능을 대신해줄 수 있다. 하지만 뇌 기저부와 목을 벗어난 혈관은 활용 가능한 대체 경로가 빈약하기 때문에 막히면 중대한 손상이 생길 수 있다.

뇌졸중이 일어나는 순간

뇌졸중이 발생하면 뇌로 공급되는 산소와 포도당 양이 그 조직과 뉴런의 대사 요구 사항을 충족시키지 못해 다른 세포가 죽는다. 이런 상황은 혈관 내의 혈전血栓(응고된 혈액 덩어리) 때문일 수도 있고, 다른 부위에서 생긴 혈전이 뇌 혈관으로 옮겨 와 머물러 있기 때문일 수도 있다(색전증). 뇌 내부 출혈이나 뇌 표면의 출혈(뇌출혈)도 원인이 된다. 또 탈수, 출혈, 심부전, 저혈압, 저혈당, 낮은 혈중 산소 농도, 빈혈 등으로 혈액 내 포도당과 산소 공급이 부족해서 생길 수도 있다. 즉, 뇌경색은 혈전증, 색전증, 출혈, 포도당과 산소 부족 중 하나로 인해 생길 수 있다.

뇌로 가는 혈관 손상은 감각 장애를 동반하거나 동반하지 않고 신체 한쪽에 힘이 빠지는 현상 같은 국소적 증상을 일으킬 수 있다. 가벼운 인지 장애나 치매가 서서히 발병될 수도 있다. 과거에는 이런 혈관성 치매를 '목의 동맥경화'라고 잘못 불렀으나, 오늘날 알려진 바로는 목 혈관이 좁아졌다고 해서 혈관성 치매가 생기는 경우는 드물다. 또 예전에는 뇌혈관 순환 문제로 생기는 치매를 다발경색 치매multi-infarct dementia 또는 혈관성 치매라고 불렀다. 하지만 최근 용어인 혈관성 인지 장애는 뇌졸중뿐 아니라 뇌로 가는 혈관 손상으로 인한 치매와 가벼운 인지 장애까지 아우른다. 혈관성 인지 장애에는 여러 가지 메커니즘이 포함된다. 크거나 작거나 미세한 뇌졸중, 크거나 작은 출혈, 열악한 혈관 조절로 인한 손상, 작은 뇌 혈관 질환으로 인한 백질白質 쇠퇴, 맥관염脈管炎(혈관 염증) 등이 그 예다. 혈관 질환으로 생기는 뇌의 백질 변화는 백질 섬유의 기원이 되는 뉴런이 소실되면서도 발생할 수 있다. 혈관성 인지 장애의 위험 인자는 뇌졸중의 위험 인자와 같다.[72,73]

뇌졸중의 위험 요인

뇌졸중의 주요 위험 인자는 나이, 고혈압, 흡연, 당뇨, 알코올중독, 비만, 고지방 식습관, 높은 혈중 지질 농도, 신체 활동 부족, 심방세동, 심혈관 질환, 구강 위생 불량, 치주염(구강 내 박테리아 감염), 뇌졸중 전력, 뇌졸중 가족력, 유전 요인 등이다. 하지만 사례 연구 6에서 알 수 있듯이, 뇌졸중에는 다중 예비 요소들의 상호작용이 중요하다.

뇌졸중의 위험 인자들은 뇌와 내부 환경의 상호작용이 중요함을 알려준다. 고혈압은 뇌를 포함해 온몸의 혈관을 손상시켜, 크거나 작은 뇌졸중 발생에 이바지한다. 당뇨 역시 뇌를 포함해 온몸의 작은 혈관을 손상시켜, 크거나 작은 경색에 일조할 수 있다. 미국에서는 아프리카계 미국인이 히스패닉이 아닌 백인보다 뇌졸중 발병률이 높다. 이는 아프리카계 미국인의 고혈압 유병률이 더 높은 것과 밀접한 관련이 있다.[61] 또 체중이 늘고 신체 활동이 적은 성인 초기에 뇌졸중 위험이 증가한다. 반대로 열심히 운동하는 사람은 뇌졸중 위험이 낮을 뿐 아니라 뇌졸중으로 인한 인지 장애, 합병증, 중증 뇌졸중, 사망 위험이 모두 낮다.

사례 연구 6

사고실험은 유전적·환경적 요인이 질병에 어떤 역할을 하는지 이해하는 데 도움을 준다. 다음과 같은 시나리오를 가정해보자. 한 73세 남성이 고혈압을 앓으며 여러 해 동안 매일 담배 두 갑을 피웠고, 신체 활동도 부족하다. 그는 지난 3년 동안 점진적 기억상실을 겪어왔으며, 보통의 중증도

moderate severity에 해당하는 치매가 있는 것으로 드러났다. 신경학적 검사와 혈액검사에서는 이 치매의 원인이 밝혀지지 않았다. MRI 영상을 보았더니, 뇌 전체의 백질에 심각한 손상이 나타났다. 이 때문에 피질이 내부 조직 및 다른 뇌 부위와 원활히 소통하지 못했다. 또 뇌 중심부 근처의 열공lacune이라는 작은 부위에서 미세한 경색이 있었다. 따라서 이 문제는 혈관성 인지 장애일 가능성이 매우 높다. 이 질환은 나이, 흡연, 신체 활동 부족, 고혈압과 밀접한 관련이 있다고 볼 수 있다.

하지만 그의 78세 형도 고혈압이 있고, 신체 활동은 더 부족하고, 담배를 더 피우는데도 치매에 걸리지 않았다면 우리는 놀라워할까? 그렇지는 않을 것이다.

따라서 우리는 그의 병이 단순히 나이, 흡연, 고혈압 때문에 생겼다고 말할 수 없다. 같은 조건을 가진 그의 형제는 영향을 받지 않았기 때문이다. 두 형제의 차이는 유전적 요인, 식습관, 비만, 미생물군과 관련이 있을지도 모른다. 결국 그의 치매를 결정지은 요인은 다중 예비 요소들의 상호작용이다. 신체적 예비 요소는 신체 활동, 유전자, 독성 물질 노출(흡연), 식습관에 달려 있다. 인지적 예비 요소는 정신적 활동과 뇌 회복 네트워크의 발달로 정의된다. 심리적·사회적 예비 요소는 스트레스 대응 능력, 사회적 교류와 활동 유지 능력과 관련이 있다.

이 상호작용에는 우리가 아직 모르는 부분이 많다. 하지만 이 모른다는 인식이야말로 앞으로의 발전에 중요하다. 최근 들어 장내 박테리아가 뇌 혈관 질환에 미치는 영향이 본격적으로 연구되기 시작했다. 뇌졸중과 혈관성 인지 장애는 네 가지 예비 요소 모두에 영향을 받는다. 인지적 예비 역량은 작은 뇌졸중이 행동에 미치는 영향을 좌우할 수 있다(인지적 예비 역량이 높은 사람은 그렇지 않은 사람보다 영향을 덜 받을 수도 있다). 높은 신체적 예비 역량은 고혈압, 당뇨, 비만 같은 뇌졸중 위험 인자를 억제하는 데 도움을 준다. 신체적 예비 역량에는 정상 혈압과 신장 기능 유지가 포함되며, 이는 혈압과도 관련이 있다. 심리적·사회적 예비 역량은 우울하거나 심약해지는 것을 예방하고 신체 활동을 유지하는 데 중요하다.

이탈리아의 천문학자 갈릴레오 갈릴레이는 이렇게 말했다. "인간이 되기 위해 우리는 언제나 '나는 모른다'라는 현명하고 재치 있으며 모범적인 말을 할 준비가 되어 있어야 한다."

뇌졸중과 알츠하이머병의 관계

나이가 들면 혈관 변화는 종종 신경퇴행성 질환, 특히 알츠하이머병과 함께 발생한다. 이미 작거나 큰 뇌졸중을 겪은 사람은 나중에 알츠하이머병 진단을 받을 가능성이 높아진다. 이는 뇌졸중으로 생긴 뇌 손상이 인지적 예비 역량을 감소시켜, 알츠하이머병 병리가 진행되는 과정에서 장애가 더 쉽게 발생하기 때문일 것이다. 또 혈관 변화 자체가 알츠하이머병 과정을 직접 가속화하기도 한다. 게다가 알츠하이머병 관련 단백질인 아밀로이드-베타가 작은 뇌 혈관에 침전되면 뉴런과 뉴런의 연결에 손상을 주거나, 크고 작은 출혈을 일으킬 수 있다(뇌아밀로이드 혈관병증Cerebral Amyloid Angiopathy). 혈관성 질환의 위험 인자는 알츠하이머병과도 깊은 관련이 있다. 특히 고혈압, 비만, 신체 활동 부족, 치주염, 당뇨가 그렇다.

뇌졸중과 미생물군의 숨은 연결고리

뇌졸중 위험 인자는 잘 알려져 있지만, 왜 많은 사람이 뇌졸중에 걸리는지는 여전히 명확하지 않다. 최근에는 미생물군이 여기에 관여한다는 상당한 증거가 나와 있다.[73, 74] 실제로 뇌졸중 환자의 비정상적 혈관 속에서 입안에 흔한 박테리아가 발견된다. 대표적인 구강 감염인 치주염에 걸린 사람은 뇌졸중 위험이 높으며, 동시에 고혈압, 심장병, 알츠하이머병 위험도 커진다. 미국 오하이오주에 있는 클리블랜드 클리닉 Cleveland Clinic의 연구팀은 장내 박테리아가 고기, 치즈, 달걀에 있는 화합물을 대사시켜 트리메틸아민이라는 분자를 만든다고 밝혔다. 이 분자가 간에 의해 산화되면 혈액 속을 이동하면서 혈관을 좁히고, 결국 심혈관 질환과 뇌졸중을 촉진할 수 있다.[75] 또 내 연구 팀이 일본 연구진과 함께 밝혀낸 바에 따르면, 입안의 박테리아가 혈액을 타고 뇌 혈관으로 가서 크거나 작은 뇌출혈을 일으키는 데 일조할 수 있다.[73, 74] 우리 연구 팀은 장과 입안의 박테리아가 알츠하이머병 환자의 혈관에서 생기는 단백질 집적(뭉침)을 가속화할 수도 있다는 의견을 제시했다.[56]

뇌 혈관 질환은 노화와 함께 나타나는 인지 장애에 매우 중요한 역할을 한다. 생활 방식 요소는 모든 형태의 뇌졸중 발생 위험에 큰 역할을 한다. 명심해야 할 사실은 뇌졸중의 위험을 스스로 느껴 판단할 수는 없다는 것이다. 심방세동은 심장박동의 흔한 이상 현상이지만 증상이 드러나지 않을 수도 있다. 이 질환에서 좌심방이 완전히 비워지지 않아 혈액 응고가 생길 수 있다. 응고된 혈액이 뇌로 전달되어 크거나 작은 뇌졸중을 일으킬 수 있다. 마찬가지로 뇌졸중의 가장 중요한 위험 인자인 고혈압도 대부분 증상이 전혀 없다.

뇌졸중, 놓치면 안 되는 경고 신호

급성 뇌졸중의 신호는 누구나 알고 있어야 한다. 오늘날에는 충분히 일찍 알아차린다면 혈관 손상을 돌이킬 수 있는 강력한 도구와 절차가 존재하기 때문이다. 뇌졸중 회복에서 가장 중요한 요소는 시간이다.

'BE FAST'를 기억하자. 미국 심장학회American Heart Association가 뇌졸중 경고 신호를 쉽게 기억하도록 제시한 문구다. BE FAST는 Balance(균형), Eyes(눈), Face(얼굴), Arm(팔), Speech(말), Time(시간)의 첫 글자를 딴 것이다. 구체적인 경고 신호는 다음과 같다.

- 갑자기 말을 더듬는 경우
- 얼굴, 팔, 다리에 힘이 빠지는 경우(특히 몸의 한쪽에만 이 현상이 나타날 때)
- 제대로 앞을 보기 어려운 경우
- 걷기 어려운 경우
- 두통이 매우 심한 경우

위험을 줄이기 위한 생활 습관

뇌졸중과 혈관성 인지 장애의 위험을 낮추려면, 다음 사항을 실천해야 한다.

- 고혈압 관리하기

- 규칙적으로 운동하기

- 술을 적게 마시고 금연하기

- 구강 위생을 청결히 하기

- 비만 예방하기

- 고나트륨, 고지방(특히 포화지방), 저식이섬유 식단 피하기

이 책의 2부(12~25장)에서 다루는 생활 방식 조치들도 뇌졸중 위험을 낮추는 데 도움이 된다.

7장

다양한 치매의
얼굴들

알츠하이머병은 치매의 가장 흔한 원인이지만, 유일한 원인은 아니다. 여러분 자신이나 사랑하는 사람이 기억상실을 겪고 있다면, 가능한 한 빨리 적절한 진단을 받는 것이 중요하다.

치매 환자 가운데 10~20퍼센트는 치료가 가능하거나 회복될 수 있는 질환일지도 모른다. 그러니 희망을 품어도 된다.

정상압 수두증

정상압 수두증Normal Pressure Hydrocephalus, NPH이라는 드문 질환은 반드시 알아두어야 한다. 치매 원인 가운데 원래 상태로 돌이킬 수 있는 병이기 때문이다. NPH는 뇌척수액Cerebrospinal Fluid, CSF의 유출을 가로막아서 보행장애, 배뇨 곤란, 인지 장애를 일으킨다. 이 가운데 보행장애가 특히 두드러질 때가 있다. 환자는 걸을 때 발이 바닥에 자석으로 붙은 것처럼 들어올리기가 어렵다. NPH 환자의 경우 이런 문제는 근육이 약해져서 생기는 것이 아니다. MRI 영상에서 특징적인 패턴이 보이면, 다량의 요추천자나 CSF 누출 시술이 진단에 도움이 될 수 있다. 또 션트라는 관을 외과 수술로 달아서 CSF를 흡수하는 대체 경로를 확보해주는 치료법도 있다.

크로이츠펠트-야코프병과 광우병

또 하나의 희귀한 질환은 크로이츠펠트-야코프병Creutzfeldt-Jakob Disease, CJD이다. 급속하게 진행되는 치매의 일종으로, 첫 증상 발현에서 사망까지 보통 1년이 채 걸리지 않는다(사례 연구 7 참고). 프리온 단백질이라는 유전자에 생긴 돌연변이가 원인일 수도 있는데, 이 단백질의 기능은 아직 규명되지 않았다. 하지만 원인이 유전적이든 아니든, 이 병에서는 비정상적인 구조를 가진 단백질 형태가 발생한다. 이는 다른 부위로 이동해 동일 단백질의 다른 분자에도 비정상적인 구조를 유발할 수 있다.

프리온 질환 개념은 양羊에서 나타나는 치명적 신경퇴행성 질환인 스크래피scrapie에서 처음 등장했다. 스크래피라는 이름은 양이 신경퇴행으로 인해 자기 털을 문지르는scrape 증상 때문에 붙었다. 동물에서 동물로 전염될 수 있는 병으로, 약 250년 전에 처음 발견되었다. 1950년대에는 동뉴기니Eastern New Guinea에서 뇌가 퇴행하는 유행병인 쿠루kuru가 관찰되었다. 미국 국립보건원은 소아과 의사인 대니얼 칼턴 가이듀섹Daniel Carleton Gajdusek을 파견해 이 질병을 조사하게 했다. 그는 뉴기니 고원에서 수년간 살면서 지역 언어를 배우고 광범위한 조사를 진행했다. 하지만 이 질병의 원인으로 독소, 영양, 유전자, 신진대사, 트라우마, 감염 등 어떤 것도 증거를 발견하지 못했다. 특히 감염 과정의 뇌에서 어떤 증거도 나오지 않았다.

이 질환의 속성은 1959년 영국의 수의병리학자 윌리엄 해들로 William Hadlow가 가이듀섹에게 편지를 보내 뇌에 쿠루가 생기는 병리 과정이 스크래피와 매우 비슷하다고 언급하면서 드러나기 시작했다. 가이듀섹과 동료 연구자들은 이 말에 힌트를 얻어 감염된 사람들의 뇌 물질을 침팬지의 뇌에 접종해보았다. 여러 해가 지나자 접종받은 동물들이 그 질환에 걸렸다. 이 관찰을 통해 CJD와 쿠루의 감염원이 비정상적으로 형성되어 핵산이 결핍된 단백질로 밝혀졌다(가이듀섹과 동료 연구자들은 1966년 『네이처』에 발표한 논문에서 데이지, 조앤, 조젯이라는 침팬지 세 마리가 연구에 기여했음을 밝혔다[76]). 이후 스탠리 프루지너가 일련의 중요한 연구를 통해 프리온 개념을 정립했다. 가이듀섹과 프루지너는 이 업적으로 노벨 생리의학상을 수상했다.

1980년대 영국에서는 소에서 뇌가 퇴행하는 유행병이 발생했는데, 스크래피, 쿠루, CJD와 병리 과정이 매우 비슷했다. 하지만 영국 정부는 감염된 소를 먹는 것의 위험성을 처음에는 무시했다. 당시에는 스크래피가 양에서 소로 전염되지 않는다고 여겼고, 이후에도 소해면상뇌증Bovine Spongiform Encephalopathy, BSE, 즉 광우병 역시 소에서 사람으로 전염될 수 없다고 믿었다. 이런 초기의 믿음은 전부 틀렸다. 소에서 발생한 유행병은 소 부산물로 만든 사료를 다른 소에게 먹인 것과 관련이 있었다.* 감염된 소고기를 먹은 225명 이상이 BSE에 걸려 사망했다. 현재 CJD와 BSE는 모두 치료법이 없다.

오늘날 스탠리 프루지너를 포함한 전 세계의 많은 과학자가 치료법 개발에 힘쓰고 있다. 프리온 질환 개념은 비정상적으로 형성된 단백질 구조의 전염 가능성에 바탕을 두고 있다. 비슷한 과정이 알츠하이머병, 파킨슨병, 루게릭병에도 관여한다고 여겨진다(5장 참고). 다만 BSE와 달리 이 질환은 사람과 사람 사이, 또는 동물에서 사람으로 전염된다는 증거가 아직 없다.

최근에는 전 세계적으로 소 부산물로 만든 사료를 다른 소에게 먹이는 과정이 금지되면서 BSE 위험성이 줄었다. 하지만 양어장에서 기른 물고기에 소 부산물로 만든 사료를 먹일 가능성이 있어 물고기도 감염될 수 있다. 나는 분쇄한 소 사체를 물고기에게 주어서는 안 된다고 생각한다. 물고기는 소를 먹지 않고도 바다에서 충분히 잘 산다. 물론 문제는 경제적인 데 있다. 사료 가공업체는 자사 제품을 살 구매자를 찾아야 한다(사료 가공은 동물 조직을 안정적이고 활용 가능한 사료로 바꾸는 과정이다).

2009년, 나는 여러 연구자와 함께 소 부산물로 만든 사료를 물고기에 먹여서는 안 된다고 제안하는 논문을 발표했다. 물고기도 다른 동물의 몸속에 들어가면, 아무리 애써도 퇴치하기가 아주 어려운 감염원이 될 수 있다.[77] 논문 발표 후 사료가공업협회 책임자가 내게 전화를 걸어 "물고기 양식에 쓸 수 없다면 소 부산물을 어떻게 처리한단 말입니까?"라고 물었다. 나는 소각을 제안했으나, 그는 달가워하지 않았다. 또 다른 우려는 물고기의 영양학적 가치가 물고기의 먹이와 관련되어 있다는 점이다. 소 부산물로 만든 사료를 먹인 물고기는 인간에게 이로운 오메가3 불포화지방산 함량이 통상적인 먹이를 먹은 물고기보다 낮을 수 있다. 게다가 BSE는 소에서 저절로 발생할 수 있다. 이는 다른 소로부터 감염되지 않고도 병이 생길 수 있다는 말이다. CJD가 유전적 이상이나 프리온 노출 없이도 인체에서 저절로 발생할 수 있듯이, BSE도 소에서 저절로 발생할 수 있다. 유럽연합과 일본에서는 대다수 동물이 BSE 검사를 받지만, 미국에서는 그렇지 않다.

사례 연구 7

내 환자 중에 42세 남성이 있었다. 그는 5개월 동안 급격하게 진행된 치매를 겪으며 아내를 때리는 등 폭력성이 과다하게 표출되었고, 한밤중에 자주 깼다. 뇌전도 검사를 해보니 간질성 활동이 비정상적으로 높게 나왔다. 집안에는 신경학적·정신의학적 질환 이력이 없었다. 그는 보통 정도의 치매에 걸린 상태였는데도 바로 이전 미국 대통령 이름도 대지 못했다. 시각적 인식도 어려워져서 물체가 앞에 있는데도 그쪽으로 걷다가 부딪혔다. 베니션 블라인드가 달린 창문을 계단으로 착각하기도 했다. 뇌척수액 검사를 해보니 CJD의 징후가 보였고, MRI까지 찍어보니 그 질환에 전형적으로 나타나는 대뇌피질의 광범위한 비대칭적 변화가 드러났다. 그 환자는 6개월 동안 급격하게 진행된 CJD로 사망했다.

만성 외상성 뇌병증

과학의 발전으로 밝혀진 바에 따르면, 미식축구를 하는 것은 만성 외상성 뇌병증Chronic Traumatic Encephalopathy, CTE이라는 치료 불가능한 신경퇴행성 질환의 발병 위험을 높인다.[78] 미국 프로미식축구연맹NFL은 이 스포츠가 뇌 기능에 해로운 영향을 미친다는 점을 알아차렸다. 전직 선수들과 뇌진탕 합의금으로 7억 6,500만 달러나 지불했으니 말이다. 오늘날 머리 부상이 뇌에 해롭다는 것을 보여주는 정보는 충분히 많다. 큰 부상은 물론이고 작은 부상도 나쁘며, 특히 반복적일 때는 더욱 그렇다. 아마도 가장 소중한 지혜는 히포크라테스의 다음 말에 담겨 있다. "어떤 머리 부상도 절망적일 정도로 심각하지는 않지만, 그렇다고 무시할 만큼 사소하지도 않다."

대학생들과 미국 프로미식축구 선수들을 대상으로 한 연구는 CTE 발병 위험을 분명히 보여준다. 지금까지 알려진 바에 따르면, 약하거나 보통 수준의 머리 부상은 물론 심각한 머리 부상까지 여러 차례 누적되면 뇌가 손상되어 이 만성적이고 점진적으로 진행되는 불치병이 생길 수 있다. CTE 환자의 뇌에서는 전두엽, 편도체, 해마, 내측두엽에 점진적 퇴행이 일어나며, 인지 기능 퇴화, 운동 능력 상실, 흥분, 우울, 자살 충동 등의 현상이 발생한다. CTE의 신경병리적 과정은 격렬한 충돌이 반복되는 스포츠를 장기간 지속할수록 더 많이 발생하고 위험성도 커진다고 드러났다. CTE는 사망 후에만 진단할 수 있다. 최근 202명의 전직 NFL 소속 미식축구 선수들을 대상으로 한 연구에 따르면, 무려 87퍼센트의 선수 뇌에서 CTE가 발견되었다.

사회가 미식축구로 인한 머리 부상의 심각성을 널리 인식하지 못한 이유는 그 효과가 드러나지 않고 지연되기 때문이다. 우리는 미식축구의 모든 경기에서 머리에 가해지는 타격이 당연한 듯 용인되는 장면을 자주 보게 된다. 선수의 실력이 영향을 받을 때도 대개 변화는 일시적이다. 이런 사건들이 있어도 그 순간에는 선수에게 뚜렷한 증상이 보이지 않을 때가 많다. 하지만 이런 충격이 뇌에 지속적인 영향을 미치지 않는다는 믿음은 명백한 착각이다.

딱따구리를 예로 들어보자. 딱따구리는 찰스 다윈이 밝힌 적응적 진화의 첫 번째 사례 중 하나다. 딱따구리의 발, 꼬리, 부리, 혀는 나무껍질 속 곤충을 잡기에 적합하도록 적응되었다.[79] 딱따구리는 초당 20회 이상 나무를 쪼아댄다. 식사하는 동안 지속되는 이 충격을 견딜 수 있는 이유는 부리가 나무껍질을 두드리는 반복적인 충격으로부터 뇌를 보호하도록 머리와 부리, 혀가 자연선택을 통해 적응되었기 때문이다. 이런 메커니즘 덕분에 딱따구리는 수백만 년 동안 머리를 사용해 효과적이고 안전하게 먹이를 구할 수 있었다. 하지만 인간의 뇌는 미식축구에서 생기는 충돌처럼 머리에 가해지는 충격을 막아줄 훌륭한 메커니즘을 진화 과정에서 얻지 못했다. 미식축구 선수가 겪는 뇌 손상은 겉으로 드러나지 않는다. 그래서 머리에 큰 충격을 받아도, 뇌가 의식을 유지하거나 회복하는 놀라운 능력 때문에 우리는 착각하기 쉽다.

비극적이게도 현재로서는 CTE에 대한 유효한 진단법도, 효과적인 치료법도 없다. 따라서 사람들은 머리 부상 위험성이 높은 스포츠에 참여해서는 안 된다. 이런 스포츠는 특히 아이들에게 더욱 위험하다. 인간의 뇌는 청소년기가 끝날 때까지는 완전히 발달하지 않기 때문이다. 따라서 아이들의 뇌는 물리적 충격에 더 취약하다. 스포츠 활동을 통해 생애 초기에 지속적으로 머리 부상을 겪으면, 낮아진 인지적 예비 역량 때문에 나중에 문제를 일으킬 수도 있다.

치매를 일으키는 다른 질환들

다른 흔치 않은 신경퇴행성 질환도 여럿 있다. 그중 하나인 진행성핵상마비progressive supranuclear palsy는 파킨슨증이라고도 하며, 파킨슨병과 비슷한 특징을 보인다. 위아래 눈 움직임 곤란, 어지러움, 현기증, 낙상, 자세 불안정 등이 대표적 증상이다. 다계통위축증multiple system atrophy 역시 신체 균형과 조절 불량, 방광 문제, 인지 장애, 혈압 조절 불량 등 파킨슨병의 특징을 보이는 비유전적 질환이다. 피질기저핵변성cortical-basal degeneration이라는 질환에서도 경직, 치매, 허약, 비대칭적 운동 이상이 나타나는 파킨슨증이 생길 수 있다.

대체로 신경학적이지 않고 몸의 여러 부위에서 생기는 질환도 치매를 일으킬 수 있다. 이 질환들은 인체의 다양한 기관에 우선적으로 영향을 미칠 수 있다. 알로이스 알츠하이머가 1907년 초발성 치매의 최초 사례를 보고했을 당시, 독일에서 가장 흔한 치매 원인은 신경계 매독이었다. 오늘날 뉴욕시의 50세 미만 사람들에게 가장 흔한 치매 원인은 HIV/AIDS다.

알코올이 뇌에 미치는 영향

알코올 남용은 치매의 흔한 원인이다. 과다한 알코올 섭취가 뇌를 손상시키는 방식은 여러 가지다. 첫째, 에탄올은 신경에 직접적으로 독성을 발휘한다. 나이가 들면 간이 알코올을 해독하고 혈중 알코올 농도를 낮추는 능력이 약해진다. 따라서 하루에 세 잔씩 마시던 사람이 80대가 되면, 노화한 뇌가 알코올을 대사하는 능력 감소로 인해 인지 장애가 시작될 수 있다. 둘째, 과음하는 사람은 대체로 영양이 결핍된 상태여서 티아민(비타민 B1) 결핍으로 생기는 정신병적 치매가 비교적 갑작스럽게 나타나기도 한다. 이를 베르니케-코르사코프 증후군 **Wernicke-Korsakoff syndrome** 이라고 한다. 알코올 남용은 티아민뿐 아니라 다른 영양소 결핍과도 연결되며, 간질이나 낙상으로 인한 머리 부상과도 관련이 있다. 또 간 손상이 생겨 중추신경계를 심각하게 망가뜨리기도 한다.

그럼에도 놀라운 점은 알코올 남용으로 인한 인지 장애를 겪던 사람도 장기간 지속적으로 금주하면 부분적 또는 완전한 회복이 가능하다는 사실이다. 과학자들의 연구에서도 술을 끊은 알코올중독 환자의 손상된 뇌 구조가 회복된 사례가 있다.

결론: 뇌 부상과 알코올을 피하라

알츠하이머병 외에도 다양한 질환이 치매를 일으킬 수 있다. 따라서 각각의 사례마다 종합적인 검사와 진단이 반드시 필요하다. 또 노화의 기회를 포착하는 우리의 능력은 네 가지 예비 요소의 능력과 관련이 있다. 이를 위해서는 무엇보다 뇌 부상과 과도한 알코올 섭취를 피해야 한다.

8장

미생물과 함께하는
유전자 관리법

"공생이 없다면, 오늘날 우리가 보는 대로의
지구상 생명체는 존재하지 않을 것이다."

에란 엘리나브(1969-)
이스라엘의 미생물 연구자[80]

미생물군의 세계로 들어가며

우리 몸은 수많은 미생물의 고향이다. 미생물들은 우리 내부와 모든
인체 표면에 살고 있으며, 우리 세포 수와 비슷할 만큼 많다. 미생물군
microbiota이라는 용어는 이렇게 우리와 함께 살아가는 모든 유기체를
가리킨다.

이 파트너들이 우리의 건강과 신체 적합성에 중요한 역할을 한다는
사실이 밝혀진 것은 고작 지난 10년 전부터였다. 눈에 보이지 않는 존
재들이어서 마땅히 받아야 할 관심을 받지 못했지만, 엄연히 미생물

군은 우리 신체적 예비 요소의 핵심 구성 요소다. 이는 많은 사람에게 여전히 낯설고 새로운 개념일 것이다. 그래서 본격적인 설명에 앞서, 장내 박테리아가 우리의 건강과 신체 적합성에 얼마나 중요한지를 보여주는 이야기를 먼저 전하고자 한다.

모유에는 아기가 소화하지 못하는 복합당(다당류)인 올리고당이 들어 있다. 모유에는 단백질보다 이 올리고당 분자가 더 많으며, 그 구조만 해도 200가지가 넘는다.[81] 나 역시 이 사실을 알았을 때 깜짝 놀랐다. '왜 진화는 아기가 사용하지도 못할 이런 복합당들을 만들어냈을까?' 답은 간단하다. 바로 아기의 장내에는 앞으로 성장해나갈 박테리아 공동체가 존재하기 때문이다. 아기는 올리고당을 소화하지 못하지만, 이런 당은 박테리아의 먹이가 된다. 이를 통해 박테리아는 아기 몸속에서 안정적인 개체군을 이루어 뇌와 면역계의 건강과 발전을 돕는다.

이 놀라운 사실에서 알 수 있듯이, 박테리아는 우리의 건강에 중요한 역할을 한다. 다행히도 우리는 노년기의 건강을 지키기 위해, 즉 우리의 박테리아 공동체를 잘 유지하기 위해 할 수 있는 일이 많다. 그런데 미생물군에는 하나의 역설이 존재한다. 우리는 그들을 모르는데도 그들은 우리 안에서 살아가며, 우리는 그들의 발효 부산물을 탐지할 수 있다는 것이다. 매일 우리는 식단 선택을 통해 의식하지 못한 채로 그들에게 영향을 미친다. 미생물군은 우리 몸의 제어 시스템에서 중심 허브 역할을 하며, 건강에 결정적으로 중요하다. 결국 우리가 품고 있는 미생물 공동체가 어떤 상태인지는 우리의 선택과 행동에 달려 있다. 우리의 행동이 유기체들에 영향을 주고, 다시 그들이 우리의 건강과 신체 적합성에 기여하는 방식에도 영향을 미친다.

이 미생물군의 유전자와 그 속에 담긴 유전 정보를 메타게놈 metagenome 또는 미생물군 유전체microbiome라고 한다. 미생물군을 '식물군flora'이나 '미소 식물군microflora'이라고 불러서는 안 된다. 미생물은 식물이 아니기 때문이다. 미생물 공동체는 박테리아, 바이러스, 균류, 원생동물, 기생균, 그 밖의 미소 유기체들이다. 이들은 출생 순간부터 우리와 함께 평생을 지내며, 오래전부터 우리와 함께 진화해왔다. 진화적으로 보았을 때 우리 조상들은 10억 년 전에도 미생물군을 지니고 있었다.

우리 몸속 미생물의 위치와 특징

우리 몸의 내부와 표면에는 수많은 미생물(대부분은 박테리아와 바이러스)이 존재한다. 그런데 우리 몸속의 바이러스 개수는 박테리아보다 두 배나 많다. 하지만 장내에 존재하는 대부분의 바이러스는 박테리아만 감염시킬 뿐 인간에게는 해를 끼치지 않는다. 이 미생물군은 피부뿐 아니라 땀샘, 모낭, 눈, 귀, 코, 입, 인두咽頭, 후두, 창자의 모든 부분에도 존재한다. 이처럼 다양한 미생물을 확인할 수 있었던 것은 정확한 식별과 분석을 위해 DNA 염기 서열을 밝혀내는 새로운 유전적 기법 덕분이다. 놀랍게도 우리 몸의 미생물 유전자 정보는 인간 유전자 정보보다 100배나 많다.

우리 몸속에 사는 미생물 파트너 가운데 상당수는 공생생물이다. 공생은 상이한 두 유기체가 함께 살면서 서로 덕을 보는 관계다. 예를 들어 비병원성 피부 박테리아는 해로운 박테리아가 자리 잡는 것을 막아준다. 반대로 우리는 그들에게 서식 공간과 영양소를 제공한다. 이런 공생 관계는 생명 현상에서 매우 중요하다. 미생물군은 우리 정체성의 일부다. 우리는 그들을 쫓아낼 수 없고, 설령 가능하다 해도 나쁜 발상이다. 위장관의 표면적은 테니스 코트 면적의 약 4분의 3인데, 바로 그곳에서 미생물군은 우리의 건강과 질병에 영향을 준다. 우리 몸이 에너지원으로 사용하는 물질의 약 10퍼센트는 박테리아에서 비롯된다.

왜 미생물군이 중요할까?

미생물군은 모든 인체 기관에 영향을 준다. 소화를 돕고, 질병에 대한 저항에 도움을 주며, 대사에 이바지함으로써 건강과 신체 적합성 유지에 매우 중요한 역할을 한다. 이를 잘 보여주는 것이 바로 무균 동물 연구다. 무균 동물은 미생물이 없는 환경에서 자란 동물(주로 생쥐)이다. 연구 결과, 미생물이 없는 상태에서는 면역, 대사, 행동에 심각한 이상이 발생한다는 사실이 드러났다. 무균 동물은 면역계에 장애가 생긴다. 이는 아마도 장내 박테리아에 노출되는 과정이 면역계가 발달하는 방법을 학습하는 데 필요하기 때문일 것이다. 미생물의 광범위한 영향은 목록 3과 4에 정리되어 있다.

목록 3. 미생물군의 영향을 받는 질병과 과정

- 불안
- 천식
- 자폐
- 알레르기
- 혈액뇌장벽 투과성
- 뇌 발달
- 암
- 심혈관 질환
- 뇌 혈관 질환
- 생체 시계
- 당뇨(인슐린 반응성)
- 우울증
- 영양소 소화
- 약물 대사 및 환경 화학물질
- 분해
- 지방 저장
- 장내 영양분 흡수
- 면역
- 염증성 장 질환
- 학습과 기억
- 간 질환
- 대사
- 미세아교세포 기능
- 다발성경화증
- 비만
- 병원체(발병 요인)에 대한 저항
- 굶주림에 대한 저항
- 포만감
- 사교성
- 스트레스 반응
- 뇌졸중
- 창자–혈액 장벽 투과성
- 신경퇴행성 질환(알츠하이머병, 파킨슨병, ALS)
- 비타민 및 필수아미노산(K, B3, 엽산) 생산

목록 4. 미생물군이 인체에 미치는 영향의 사례

- 코 속의 박테리아는 잠재적으로 해로운 다른 박테리아의 성장을 억제하는 작은 분자를 자극할 수 있다.
- 소금 섭취는 미생물군에 작용해 인체의 염증을 증가시킬 수 있고, 뇌에

서 알츠하이머병 진행을 촉진할 수도 있다.

- 비만 상태의 동물에서 채취한 유기체를 박테리아가 부족한 동물의 몸속에 이식하면, 유기체를 받은 동물의 체중이 증가할 수 있다. 비만은 음식물에서 에너지를 얻는 장내 박테리아의 능력 향상과 관련될 가능성이 있으며, 미생물군 조절은 비만에 대한 새로운 해법이 될 수도 있다.
- 미생물군의 대사 생성물은 포만감을 조절해 음식 섭취를 멈추도록 만든다.
- 피부의 미생물군은 상처 치유를 촉진한다.
- 임신한 생쥐의 장내 미생물군은 자폐, 비만, 당뇨 발생 등과 관련해 새끼의 면역과 중추신경계 기능에 영향을 준다.[84]
- 미생물군은 DNA 구성을 변화시켜 단백질 생성 방식에 영향을 주고, 그 과정에서 염증을 조절한다.[85]
- 박테리아의 대사 생성물은 신경 전달, 뉴런과 시냅스 성장, 미엘린 형성, 행동 등에 영향을 줄 수 있다.
- 흡연, 비만, 알코올이 심혈관 질환에 미치는 영향은 미생물군을 통해 작동할지도 모른다.[86]
- 식이섬유가 부족한 식사는 장의 점액층을 부식시켜, 몸에 염증을 일으키고 종양 생성을 촉진하는 DNA 손상을 가속화할지도 모른다.[87]
- 장내 박테리아는 중금속 독성으로부터 몸을 보호할 수 있다.
- 장내 미생물 불균형dysbiosis은 우울증, 비만, 인지 장애와 관련이 있다.
- 농약과 인공감미료는 장내 미생물 불균형을 초래할 수 있다.
- 장내 박테리아는 인슐린 저항성과 당뇨에 영향을 준다.
- 미생물군은 독소와 약물을 포함한 이물질 분자를 대사하는데, 아마도 간의 대사 능력과 비슷할 것이다. 이는 환경 분자에서 나오는 독소로부터도 우리를 보호해줄지도 모른다.
- 장내 박테리아는 암의 발생, 전이, 예방에 관여한다.
- 장내 박테리아는 장벽을 강하게 만들어 환경 단백질과 병원균을 내쫓는다.

군체 형성과 감염의 차이

꼭 이해해야 할 중요한 내용이 있다. 바로 박테리아가 우리 몸속에 존재하는 것은 감염이 아니라는 사실이다. 미생물이 원래 있어야 할 자리가 아닌 곳에서 비정상적으로 자라 질병을 일으킬 때만 미생물의 존재는 감염이 된다. 우리의 미생물군은 항상 존재하며, 감염을 예방하는 데 중요한 역할을 한다. 그들은 우리 몸의 내부와 표면의 한 장소를 안정적으로 점유함으로써 해로운 유기체가 번성하기 어렵게 만들기 때문이다. 이 현상은 군체 형성colonization이라고 불리며, 우리 몸에 '홈구장 이점'을 제공해 해로울지 모를 침입자를 내쫓는다. 박테리아 개체군이 건강을 뒷받침하지 못할 때는 유기체 다양성 부족 같은 장내 세균 불균형이 관찰된다. 우리의 몸과 미생물군의 상호작용은 쌍방향으로 이루어진다. 흔히 면역계가 미생물군을 '가꾸어' 어떤 유기체가 거주민이 될지 선택한다고 말한다.

오랫동안 감염원은 신경퇴행성 질환과 관련이 있다고 여겨져왔다. 바이러스는 감염 후에도 수십 년 동안 신경계에서 활동을 중단한 상태로 남아 있을 수 있다. 여러 연구자가 내놓은 증거에 따르면, 헤르페스(포진) 바이러스는 잠복 상태에서도 알츠하이머병에 관여할 수 있다. 일부 과학자는 알츠하이머병이 아동기에 생긴 단순 포진 1형과 2형 바이러스 또는 인간 헤르페스 바이러스human herpes virus가 뇌에서 재활성화되면서 시작될 가능성이 있다고 제안한다. 이러한 바이러스의 재활성화는 말초 감염으로 인해 뇌 염증이 증가하는 현상과 관련이 있을지도 모른다.[88]

잠복 바이러스가 질병을 일으키는 대표적인 사례는 대상포진이다. 아동기에는 수두라는 가벼운 질환을 일으키는 수두 대상포진 바이러스varicella-zoster virus가 종종 인체에 잠복해 있다가, 몇십 년 후 피부 발진과 통증을 동반한 대상포진으로 재활성화될 위험이 있다. 또 이 병은 신체적 예비 요소의 중요성을 알려주는 훌륭한 사례이기도 하다. 노년기 대상포진의 위험성은 암, 면역 억제성 약물, 스테로이드, 비타민 D 결핍, 당뇨, 전신 질환과 관련이 있기 때문이다. 안타깝게도 아밀로이드-베타 단백질에 대한 면역 반응 발생을 바탕으로 알츠하이머병을 백신으로 치료하는 접근법은 아직까지 효과가 입증되지 않았다. 하지만 미생물군의 중요성과 다양한 음식 섭취에 대한 인식은 예방적 가치가 있을 수 있다. 우리의 미생물군은 신체적 예비 요소의 중대한 구성 요소이기 때문이다.

미생물 다양성과 건강의 관계

미생물군의 중요한 특성 중 하나는 다양성이다. 즉, 광범위한 종류의 유기체들이 존재한다. 인체 내에서 박테리아가 가장 밀집해 있는 곳은 결장으로, 성인의 경우에는 약 1~2킬로그램의 박테리아가 항상 살고 있다. 현재도 수렵 채집 방식으로 살아가는 집단을 대상으로 한 연구에 따르면, 우리 조상들은 다양한 음식물 섭취 덕분에 지금 우리보다 훨씬 더 광범위한 미생물군을 가졌을 것으로 보인다. 이는 우리가 매우 다양한 음식물을 섭취할 필요성을 훌륭하게 뒷받침한다. 내가 일본에서 1년간 안식년을 보내면서 관찰한 바로는, 일본 도시락에는 20가지가 넘는 음식이 들어갈 수 있는 반면, 치즈 샌드위치에는 두세 가지 종류만 들어 있다. 음식의 다양성은 장내 다양한 박테리아에 먹이를 공급하는데, 거기에 많은 종류의 미생물이 살수록 우리의 건강에 더 이롭다.

나이가 들면서 원래 풍부했던 장내 박테리아의 다양성은 덜 다채로운 식단 때문에 감소한다. 이러한 다양성 감소는 나이와 관련된 질병, 특히 노쇠와 상관관계가 있다. 노쇠는 인체의 예비 역량이 크게 감소한 상태를 뜻한다. 노년기 사람들은 미생물군의 다양성이 적어서 회복력이 약해졌을지도 모른다. 따라서 항생제나 질병으로 인한 충격이 유독 두드러질 수 있다. 하지만 나이가 들어도 식단 선택에 주의를 기울이면 미생물군의 회복력을 유지할 수 있다.

입속 미생물의 역할

대부분 미생물군 연구는 장내 유기체에 초점을 맞추지만, 입속 박테리아도 뇌와 심장 건강과 관련이 있다. 입, 목구멍, 콧구멍도 생명 유지와 관련한 중요한 역할을 한다.

입, 코, 목구멍에는 약 1,000종의 미생물이 산다. 놀랍게도 침 1밀리리터에 1억 개에 달하는 박테리아 세포가 존재할 수 있다. 이런 미생물 덕분에 질병을 유발하는 유기체가 성장하기 어렵다(앞서 언급한 홈구장 이점). 입안에 상주하는 박테리아 중 다수는 국소적 또는 전신적 염증을 일으킬 수 있다. 가장 흔한 구강 감염은 치주염이다. 잇몸 염증을 동반하며 치아의 잇몸 부착 상태를 손상시킨다. 치주염은 심혈관 질환뿐 아니라 뇌졸중과 알츠하이머병의 위험 인자이기도 하다. 루이빌대학교의 얀 포템파Jan Potempa 교수팀 연구에 따르면, 구강 박테리아는 뇌에 침투해 독소를 방출함으로써 신경을 손상시킬 수 있다.[89] 박테리아의 독성 효과를 억제하는 작은 분자를 이용해 알츠하이머병에 대한 임상시험이 진행 중이다.

또 다른 연구에서는 구강 박테리아가 인체의 면역세포 생산에 영향을 주어 뇌를 포함한 여러 부위에서 염증을 활성화할 수 있음이 밝혀졌다. 염증에 미치는 이런 영향은 신경퇴행을 촉진할 수 있다. 일본 오사카의 동료 연구자들과 내가 함께한 연구에 따르면, 구강 박테리아는 크고 작은 뇌졸중 발생에도 영향을 준다.[73] 구강 건강은 우리의 신체적 예비 역량의 중대한 요소이므로, 구강 건강에 주의를 기울이면 입과 목구멍 속의 해로운 미생물군에 대응하는 데 도움이 된다(22장 참고).

미생물군이 신체적 예비 요소에 기여하는 역할을 제대로 파악하려면, 진화적 관점에서 미생물군을 이해해야 한다.

우리는 미생물과 함께 성장했다

장내 박테리아의 광범위한 영향은 박테리아와 우리의 진화를 살펴보면 더 잘 이해할 수 있다. 장내 박테리아는 우리의 건강과 질병 예방에 중요한 역할을 한다. 따라서 인체는 필수적으로 미생물군을 양육해야 한다. 이런 구도에서 보자면 우리는 숙주이고 미생물은 우리의 동반자다.

미생물군과 함께하는 인간의 역사를 가장 잘 표현한 말은 '공진화'다. 우리는 그들과 함께 진화했고, 그들도 우리와 함께 진화했다. 우리 몸이 박테리아의 존재를 허용하는 것은 그들로서는 꼭 필요한 일이다. 만약 우리가 그들을 외부 침입자나 병원체(질병 유발 유기체)로 여겼다면, 엄청난 면역 공격을 가해 염증성 장 질환이나 훨씬 더 심한 병에 걸렸을 것이다. 우리의 면역계는 미생물군의 내용물들을 인식하고 관찰하면서 그들의 존재를 허용하는 능력을 발전시켰다. 면역계는 원치 않는 유기체(비유적으로 말하자면 잡초들?)를 제거하고, 바람직한 유기체의 성장을 촉진시킨다.

식단은 미생물군에 영향을 주고, 식습관은 지역마다 다르다. 그렇다면 지리적 환경은 박테리아 개체군에 영향을 미칠까?

전 세계 질병과 미생물의 연관성

미생물군에 대한 흥미로운 관점 중 하나는 질병의 전 지구적 패턴을 살펴보면 얻을 수 있다. 알츠하이머병은 유럽과 미국보다 인도와 아프리카의 노년층에서 덜 흔하게 나타난다. 케냐에서 알츠하이머 프로젝트를 진행하는 동안, 나는 나이로비대학교의 전직 의과대학 학장을 만났다. 76세였던 그는 자신이 1950년대에 의과대학에 다닐 때 심장마비에 걸린 어느 환자를 처음 만난 이야기를 해주었다. 당시 많은 의사와 의대생이 그 환자를 보기 위해 찾아왔다고 했다. 그런 질환을 앓은 환자를 직접 본 적이 없었기 때문이다.

케냐 시골 마을에서 우리가 실시한 연구에 따르면, 그곳 주민들은 포화지방 섭취가 매우 낮았다. 20세기 중반에 태어난 사람들은 특히 그랬다. 그들의 말에 따르면, 어렸을 때 고기는 1년에 한두 번 먹은 게 전부였다고 한다. 그 마을에서 동물이 너무 소중해 도살하기 어려웠기 때문이다. 그들의 식단은 옥수수, 쌀, 고구마, 얌, 그리고 기타 다른 채소와 콩과식물 등으로 이루어져 있었다. 그들이 요리할 때 버터, 닭고기나 소고기 기름, 올리브유, 마가린 또는 식물성 기름을 사용했을까? 그렇지 않았다. 그곳에서는 식물성 농산물들을 주로 삶아 먹었는데, 이는 가장 지방이 적은 조리 방식이었다. 이렇게 높은 수준의 식물 섭취는 풍부한 식이섬유를 제공해주었다.

미국인보다 아프리카인의 알츠하이머병 위험성이 낮은 이유는 포화지방 섭취가 적고, 식이섬유 섭취가 많기 때문일 수 있다. 또 미국인보다 높은 수준의 신체 활동과 그로 인한 더 큰 신체적 예비 역량이 알츠하이머병을 예방해줄지도 모른다(9장 참고). 아프리카는 지구상에서 가장 다양한 기후와 식생 분포를 보이는 대륙이라, 지역마다 상황은 크게 다를 수 있다. 안타깝게도 이 대륙에서 나이와 관련된 신경학적 질병에 대한 조사는 비교적 적게 이루어졌다.

아프리카계 미국인은 아프리카인보다 알츠하이머병 위험성이 더 높다. 우리는 이 점에 주목해 건강 이해 증진 프로그램을 하나 개발했다. 내가 클리블랜드의 케이스웨스턴리저브대학교에서 근무할 때의 일이다. 우리는 아프리카계 미국인 교회들과 협력해 그 질병의 경감 가능한 위험 인자를 주제로 대중 교육을 실시했다. 기억에 남는 특별한 순간이 있었다. 한 목사가 신도들에게 "우리는 예수님 같아야 합니다. 걸으세요! 예수님은 버스를 타지 않으셨어요"라며, 조상들이 아프리카에서 먹었던 콩, 쌀, 채소 등 '진정한 소울푸드'를 먹자고 권하는 장면이었다. 대신 요즘 소울푸드로 통하는 돼지고기, 갈비, 프라이드치킨, 마카로니, 치즈는 먹지 말자고 강조했다. 인종, 민족, 종교와 관계없이 이 조언은 누구에게나 도움이 될 것이다. 어디든 버스를 타거나 자동차를 운전해서 가는 습관을 버리자. 대신 걷거나 조깅하거나 자전거를 타자. 만약 그것이 어렵다면, 직장에서 몇 블록 떨어진 곳에 주차하거나 한두 정거장 앞에서 내려 걸어가자. 발걸음 하나하나가 건강한 삶으로 이어진다. 그리고 식물성 위주의 식이섬유가 풍부한 식단이 최선이다.

나는 미국 국립노화연구소의 지원으로 중동 내의 알츠하이머병도 연구했다. 연구 결과, 그 병은 다른 나라들보다 이스라엘에 거주하는 아랍인들에게 비교적 더 흔하게 나타났다. 주요 원인으로는 포화지방 비율이 비교적 높은 식단, 낮은 교육 수준, 비만, 신체 활동 부족, 고혈압, 낮은 생선 섭취 등이 포함된다. 놀라운 점은 알츠하이머병 위험 유전자인 아폴리포 단백질apolipoprotein E ε4가 오히려 다른 나라 사람들보다 아랍인들에게 덜 흔했다는 사실이다. 이 연구를 실시한 팔레스타인 신경학자들은 집집마다 방문해 나이 든 주민들을 조사했다. 그들이 직면한 어려움 중 하나는 집집마다 손님을 대접한다고 아랍 커피 한 잔을 권하는 상황이었다. 내 경험상 아침에 그런 커피를 두세 잔 이상 마시는 것은 바람직하지 않다. 하지만 그 지역에서 주인의 대접을 거절하는 것은 무례한 행동이 된다(과학 연구에서는 흔히 생기는 일이다).

부엌에서 시작하는 유전자 치료

미생물군과 관련해 좋은 소식은 장내 박테리아 개체군을 변화시키기가 비교적 쉽다는 점이다. 창자 속 박테리아의 DNA는 식단만 바꾸어도 2주가 채 되지 않아 변할 수 있다. 나는 이를 '부엌에서 시작하는 유전자 치료'라고 부른다.

좋은 사례는 피츠버그와 남아프리카공화국에서 나온 연구 결과다. 대장암은 남아프리카공화국에 사는 흑인보다 미국에 사는 흑인에게서 5~10배 더 흔하게 나타난다. 알츠하이머병과 심혈관 질환도 아프리카계 미국인보다 아프리카인에게 덜 나타난다. 많은 아프리카계 미국인의 식단은 남아프리카공화국 흑인들보다 소금과 포화지방이 많고 식이섬유가 적다. 이 연구에서는 두 공동체의 식단을 맞바꾸어, 아프리카계 미국인들이 남아프리카공화국 흑인들과 비슷한 식단을 섭취하도록 하고, 남아프리카공화국 흑인들이 아프리카계 미국인의 식단을 섭취하도록 했다. 2주 후 과학자들은 신진대사 변화와 함께 미생물군에서도 예상된 변화 패턴을 찾아냈다. 즉, 더 나은 식단을 섭취한 아프리카계 미국인들은 더 건강해진 미생물군을 가지게 되었고, 남아프리카공화국 흑인들은 건강하지 않은 미생물군을 가지게 되었다. 이 변화가 증명하듯, 아프리카계 미국인의 식단을 섭취한 남아프리카공화국 흑인들의 장내 박테리아는 암과 염증 질환의 위험성 증가를 알리는 분자 신호를 자신들의 숙주에게 알렸다.[90]

여기에서 얻을 수 있는 교훈은 오늘날 우리의 식단을 바꾸는 것만으로도 건강을 빠르게 향상시킬 수 있다는 것이다. 우리는 모두 부엌에서 유전자 치료를 실천할 기회를 살펴보아야 한다. 방법은 비교적 단순하다. 식당에서 식사할 때는 케일 샐러드를 주문하면 되고, 집에서는 돼지고기 볶음 대신 두부 볶음을 만들면 된다. 짠 과자를 피하고 대신 사과를 집으면 된다. 더 나은 방법으로는 짠 과자나 간 소고기가 들어간 햄버거, 오레오를 곁들인 초콜릿 아이스크림을 아예 사지 않으면 된다(여러분은 충분히 할 수 있다!) 식습관을 바꾸는 일은 쉽지 않지만, 불가능한 것도 아니다(20장 참고).

식단에서 식이섬유의 중요성은 아무리 강조해도 지나치지 않다. 식이섬유 섭취는 건강, 특히 알츠하이머병과 치매 예방에 매우 중요하다. 하지만 미국인은 현미, 콩, 견과류, 베리, 기타 식이섬유 공급원을 충분히 섭취하지 않는다. 식이섬유가 필요한 이유는 장내 박테리아가 만드는 짧은 사슬 지방산Short Chain Fatty Acid, SCFA 때문이다. SCFA는 인체의 에너지 사용에 영향을 주는 작은 분자들이다. SCFA를 만드는 박테리아는 여러분이 아이스크림을 즐겨 먹듯 식이섬유를 즐겨 먹는다. SCFA는 장내 박테리아의 건강을 향상시키므로, 그것들이 필요로 하는 식이섬유는 우리의 건강에도 매우 중요하다. 연구에 따르면, 파킨슨병 환자와 SCFA 수준이 낮은 사람들은 인지 장애를 겪을 가능성이 더 높다.

SCFA는 여러분이 오랫동안 포만감을 느끼고, 혈중 지질 농도를 개선하고, 당뇨를 더 잘 관리하도록 돕는다. 또 장벽 건강을 향상시켜 잠재적으로 해로운 내용물이 혈액 속으로 들어가지 못하게 막는다. SCFA는 더 많은 순환 면역세포를 생산하기 위해 면역계에서 DNA가 사용되는 방식에도 영향을 미치는데, 이로 인해 면역 반응의 공격성이 줄어들어 박테리아 허용성을 향상시킨다. 이는 전반적으로 유익한 효과다. 공격적인 면역 반응(염증 반응)은 신경퇴행성 질환뿐만 아니라 심장병, 당뇨, 뇌졸중, 황반변성, 암, 관절염 등 여러 나이 관련 질병의 중요한 특징이기 때문이다. 식이섬유는 심혈관 질환, 당뇨, 암에도 이로운 효과가 있음이 밝혀졌다. 그런데도 식이섬유 권고량을 섭취하는 미국인은 전체 인구의 10퍼센트도 되지 않는다.

미생물군과 면역의 상호작용

입과 코, 그리고 장내 박테리아는 다양한 방식으로 우리의 건강에 영향을 준다. 미생물군이 면역계에 미치는 중요한 영향은 '선천성 면역계'와 '적응성 면역계' 모두에 해당한다. 선천성 면역계는 잠재적 위협에 매우 빠르게 반응하며, 이전 노출 경험이 필요 없다. 이 면역계의 메커니즘은 위험하다고 인식한 박테리아 신호에 재빨리 반응해 면역세포를 감염 부위로 소집하고, 면역세포와 분자를 통해 면역 반응을 활성화시킨다. 적응성 면역계는 이전 노출 경험에 따라 매우 구체적인 반응을 일으킬 수 있다. 예를 들어 백신 접종 후에 생기는 홍역에 대한 면역 반응이 여기에 해당한다. 선천성 면역계와 적응성 면역계 모두 미생물군의 영향을 받는다.

SCFA와 같은 박테리아 산물은 건강에 이로울 수도 있다. 반대로 박테리아 산물이 오히려 질병을 불러올지도 모른다. 예를 들어 장내 박테리아가 만드는 트리메틸아민 분자는 심장병, 뇌졸중, 알츠하이머병을 초래한다. 이 분자를 만드는 박테리아는 식단에 고기와 달걀이 포함될 때 증가한다. 기능성 박테리아 아밀로이드는 건강에 부정적 영향을 줄 수 있는 또 하나의 박테리아 산물이다.

신경퇴행성 질환과 미생물의 관계

지난 20년 동안 알츠하이머병과 관련 질환의 치료법은 발전이 제한적이었다. 내가 보기에는 이 분야의 대부분 연구가 '무엇이' 잘못되고 있는지를 밝히는 데 집중했기 때문이다. 나의 접근법은 '왜' 그것이 잘못되고 있는지를 묻는 것이다. 노벨상 수상자인 스탠리 프루지너는 이 뇌 질환들의 촉발 인자가 비정상적인 단백질 접힘 구조의 무작위적 발달이라고 제안했다. 나로서는 이런 설명이 불만족스러우며, 인체의 가장 큰 환경적 노출(미생물군)이 노화 관련 뇌 질환에 미치는 역할을 살펴보는 쪽을 선호한다. 미생물군에서 나오는 신호가 신경퇴행성 질환 과정을 촉발할지도 모른다.

박테리아는 알츠하이머병에서 보이는 아밀로이드-베타 단백질과 파킨슨병에서 보이는 알파-시누클레인 단백질과 삼차원 구조가 비슷한 분자를 만든다. 이 미생물 산물을 기능성 박테리아 아밀로이드 functional bacterial amyloid라고 한다. 이 산물은 박테리아가 서로 달라붙어 공동체를 형성하고 파괴에 저항하도록 돕는다. 모든 박테리아의 절반 정도는 기능성 박테리아 아밀로이드를 만든다(아밀로이드는 5장에서 논의했다).

나는 2015년, 장에서 생성된 박테리아 아밀로이드 단백질이 단백질의 잘못 접힘 현상에 영향을 준다는 가설을 제시했다.[56] 박테리아 아밀로이드 구조에 노출되면 뉴런 속 단백질이 유사한 질병 유발 형태를 띨 수 있다. 우리 연구 팀을 포함한 다른 과학자들은 박테리아 아밀로이드에 노출된 면역계가 뇌의 아밀로이드 단백질에 더 크게 반응할 준비를 한다는 것을 보여주었다. 모든 신경퇴행성 질환에서는 뇌에서 과도한 면역 반응이 발생하며, 이는 면역계와 장내 박테리아의 상호작용으로 촉발될 수 있다. 박테리아 아밀로이드에 노출된 면역계는 행동에 나설 준비가 더 잘 되어 있으므로, 면역계가 신경 단백질 아밀로이드에 노출되면 면역 반응이 더욱 강해진다. 내가 제안한 이 이론은 우리 실험실뿐만 아니라 이스라엘, 홍콩, 덴마크, 로스앤젤레스에 있는 다른 실험실에서도 현재 확인되었다.

미생물이 뇌에 미치는 영향에 관한 이러한 개념은 나뿐만 아니라 다른 많은 이에게도 새롭다. 과학에서는 좁은 분야를 집중적으로 연구하는 경향이 흔하다. 하지만 신경퇴행성 질환의 효과적 대응책이 아직 없다는 현실을 고려하면 연구 분야의 초점을 넓히는 것이 도움이 될 수 있다. 동물심리학자인 볼프강 콜러Wolfgang Kohler는 이렇게 말했다.[91] "특정 분야의 경계가 존중되지 않을 때, 얼마나 많은 과학의 핵심적인 발전이 최초로 이루어졌는지 물어보면 흥미로울 것이다. (…) 분야 간 침입이야말로 과학의 가장 성공적인 기법 중 하나다."

나의 연구 접근법을 요약하면 이렇다. 과학의 연구 방법은 단 하나, 모든 가용한 방법으로 전부를 연구하는 것이다. 당당히 밝히건대, 나는 침입자다.

연구 결과에 따르면, 많은 노년층은 뇌에 상당한 양의 아밀로이드-베타 단백질 침전물과 신경염을 일으키는 플라크가 있는데도(둘 다 알츠하이머병의 특징) 인지 장애가 나타나지 않는다. 아마도 100세 이상인 사람들의 절반 정도는 뇌에 상당한 병리적 요소를 가지고 있는데도 치매에 걸리지 않을 것이다. 이는 면역 반응이 노화 관련 분자에 대해 일어나지 않았기 때문일지도 모른다.[56, 92] 장내 박테리아가 만든 기능성 박테리아 아밀로이드 단백질에 노출되면, 노화와 함께 통상적으로 발달하는 뇌 아밀로이드에 대한 반응이 향상될 수 있다. 또 미생물군은 뇌의 가장 중요한 면역세포인 미세아교세포의 활동에도 영향을 준다.

미생물군은 우리의 신체적 예비 요소의 일부다. 이는 예비 요소 개념의 핵심을 보여준다. 즉, 예비 요소는 질병 과정뿐 아니라 인체가 질병 과정에 대응하는 방식에도 영향을 미친다.

장-뇌 경로와 미생물군의 영향

미생물군은 여러 경로를 통해 뇌 기능과 질병에 영향을 미친다. 앞에 나온 그림 5는 코, 입, 창자가 뇌와 척수에 영향을 줄 수 있는 경로들을 보여준다. 미생물 자체뿐만 아니라 아밀로이드-베타, 타우, 알파-시누클레인 등과 같은 신경 분자와 미생물 대사 산물은 코, 입, 창자로부터 미주신경vagus nerve을 포함한 뇌신경cranial nerve을 통해 중추신경계로 이동할 수 있으며, 자율신경계의 다른 부위를 통해서도 이동할 수 있다. 또 미생물과 그 산물은 혈액을 통해서도 이동할 수 있다. 이런 경로는 쌍방향이며, 신경 분자와 미생물은 중추신경계로부터 코, 입, 장으로도 이동할 수 있다.

그림 5에 제시된 통로들은 근위축성측삭경화증ALS(루게릭병)의 다양한 발병 유형을 이해하는 데 도움이 된다. 일부 환자는 ALS 초기 단계에서 말이 어눌해지고 음식을 삼키기가 어려워진다. 이는 뇌간腦幹과 관련 있을 수 있으며, 미생물이 코나 입에 영향을 미치기 때문일 수도 있다. 또 다른 환자는 발목에 힘이 빠지는 초기 증상을 보이는데,

이는 장내 미생물 인자가 척수에 영향을 미치기 때문일 수도 있다.

위장관에는 1억 개가 넘는 뉴런이 존재하며, 이는 척수에 있는 뉴런 수보다 많다. 박테리아와 박테리아 산물은 장내의 이런 뉴런에 영향을 줄 수 있으며, 이런 상호작용은 자율신경계를 통해 뇌로 전달되어 병을 일으킬 수 있다. 실제 사례로, 아밀로이드 구조를 띤 단백질에 장이 노출되면 뇌에 단백질 접힘 오류가 생길 수 있다. 최적의 사례는 광우병(소해면상뇌증BSE)으로, 감염된 소고기가 인체 단백질 중 하나를 비정상적으로 접히게 만들어 급격한 신경퇴행과 사망을 초래했다. 1980년대 영국에서는 이 질병으로 200명 이상이 사망했다(7장 참고). 이 질병의 감염 가능 인자는 프리온이라는 잘못 접힌 단백질이다. 비슷한 과정이 1950년대 동뉴기니에서 발생한 쿠루라는 신경퇴행 유행병에서도 발견되었다. 이 경우, 신경퇴행은 친척의 뇌 조직을 먹어서 체내로 유입된 감염성 단백질 때문에 생겼다.*

프리온이 장에서 뇌로 전달되는 경로는 자율신경계, 특히 미주신경을 통해서라고 여겨진다. 미주신경은 장에서 들어온 입력을 뇌로 전달할 뿐 아니라 뇌에서 들어온 입력을 장으로도 전달한다. 또 뇌간에 있는 뇌의 아래쪽 영역을 장 및 다른 기관과 연결시켜준다. 만약 과식으로 속이 불편하다면, 이는 장 속 신경이 그 상황을 알아채고서 미주신경을 통해 뇌에 알리기 때문이다. 반대로 배가 고플 때 음식 냄새를 맡고 창자가 꿈틀대는 느낌이 든다면, 이는 뇌에서 들어온 입력이 미

....

* 뉴기니의 식인 풍습은 20세기 후반 서구 세계와의 접촉이 빈번해지면서 감소했다. 이 질병은 이제 자취를 감추었다.

주신경을 통해 장으로 전달되기 때문이다.

미주신경이 관여하는 장-뇌 경로는 최근 많은 관심을 받았다.[93] 파킨슨병, 알츠하이머병, ALS를 일으키는 병원체는 프리온 유사 모형母型에 의한 잘못 접힘 메커니즘을 통해 장을 거쳐 신경계에 유입될지도 모른다. 여기에서 모형이란 한 구조가 다른 구조를 복제하는 것을 의미하며, 이 경우에 구조란 단백질 접힘 패턴을 가리킨다. 독일의 신경과학자 하이코 브라크Heiko Braak와 동료들은 파킨슨병 병리 과정의 전파는 장에서 뇌로, 또 코에서 뇌로 가기도 한다는 사실을 밝혔다. 골수 속 미주신경의 등쪽 운동 핵dorsal motor nucleus은 파킨슨병 발생 초기에 영향을 받는 영역이며, 바로 이곳에 미주신경 기점起點 뉴런들이 존재한다. 장 속 병원체가 신경퇴행성 질환에 영향을 준다는 발상을 뒷받침하는 추가 증거는 다음과 같다. 소화성 궤양peptic ulcer disease으로 생애 초기에 미주신경을 절단한 사람들은 파킨슨병에 걸릴 위험이 낮다.[94]

놀랍게도 신경퇴행성 질환 단백질은 '양방향으로' 이동할 수 있다. 즉, 미주신경을 통해 장에서 뇌로 갈 수도 있고 뇌에서 장으로 갈 수도 있다. 이를 양방향 장-뇌 축(경로)이라고 한다. 보고된 연구 자료에 따르면, 장 박테리아는 이 축을 통해 뇌 활동을 조절하며(그림 5 참고), 카테콜아민catecholamine과 같은 화학물질, 신경전달물질인 세로토닌과 감마 아미노부티르산gamma aminobutyric acid, SCFA, 기능성 박테리아 아밀로이드, 뇌 기능에 영향을 주는 다른 물질들도 생산한다.

사람들이 내게 자주 묻는 질문 중 하나는 '박테리아 산물이 어떻게 장 신경계로 들어갈 수 있느냐'다. 튼튼한 장벽은 혈액과 신경계 말단을 장 내용물과 분리시키기 때문이다. 위장관의 중요한 특성이기는 하지만, 이 장벽이 완벽한 것은 아니다. 장 내벽 세포는 파킨슨병 관련 단백질인 알파-시누클레인이 들어 있는 신경 말단을 받아들인다. 알파-시누클레인은 뇌보다 장에 더 많이 존재한다. 장-뇌 축 경로는 분자나 유기체가 장에서 뇌로 직접 이동할 필요성을 없애줌으로써 뇌 질환들에 관여할 수 있다. 어쩌면 일부 대사 산물이 이 경로를 따라 이동할지도 모른다. 또 어쩌면 신경 단백질의 잘못 접힘이 장에서 시작되어 BSE와 같은 프리온 질병 방식과 유사하게 뇌로 전달될 수도 있다. 게다가 장내 박테리아와 산물은 장에 존재하는 면역세포에 영향을 줄 수 있으며, 이 면역세포는 뇌를 포함한 신체 전반으로 이동할 수 있다. 미생물군은 인체의 가장 중요한 환경 요인이므로, 면역계는 장 내용물에 무슨 일이 벌어지고 있는지 알아야 한다. 따라서 면역계가 장 분자와 유기체를 추출해낼 수 있는 메커니즘이 진화상 필요하다.

미생물군, 새로운 치료의 길을 열다

미생물군에 영향을 주는 예방 및 치료 물질 개발에는 큰 잠재력이 있다. 이 파트너 유기체들은 우리가 무엇을 먹이는지에 따라 달라지기 때문이다. 미생물군의 성분을 바꾸는 방법에는 여러 가지가 있다. 예를 들어 식단, 프리바이오틱스prebiotics, 프로바이오틱스probiotics, 항생제antibiotics, 분변 미생물군 이식fecal microbiota transplant, FMT 등이다. 프리바이오틱스는 건강한 박테리아의 성장을 촉진하는 음식이나 물질로, 보통 식이섬유를 포함한다. 뿌리 채소, 녹색 채소, 과일, 귀리, 씨앗 등에 포함된 비소화성 복합 탄수화물이 이에 해당한다. 요구르트나

김치처럼 발효 식품에 풍부한 프로바이오틱스는 건강에 유익한 영향을 주는 살아 있는 박테리아다.

클로스트리디오이데스 디피실Clostridioides difficile(예전 용어는 클로스트리디움 디피실Clostridium difficile)이라는 위험한 박테리아가 몸속에 많이 생기면 사망에 이를 수 있다. 이 병은 종종 항생제에 반응하지 않는다. 하지만 많은 환자가 분변 미생물군 이식FMT 덕분에 회복되었다. FMT는 감염병이 없는 사람의 분변을 환자에게 주입하는 치료법으로, 수령자의 체내 박테리아 개체군 구성을 크게 변화시켜 높은 치료 성공률을 보였다. 이처럼 박테리아 치료를 통해 장내 세균 불균형을 바로잡는 방법이 연구되고 있다. FMT를 대신할 수 있는 전매專賣 박테리아 혼합제가 이미 시판 중이며, 파킨슨병과 ALS 치료를 위한 FMT의 임상시험도 진행되고 있다(살아 있는 박테리아 칵테일 치료제는 50종 이상의 박테리아로 구성될 수 있다).

이 새로운 치료법을 적용하려면, 체내 박테리아 공동체의 고유한 속성에 면밀한 주의를 기울여야 한다. 모든 사람의 미생물군이 다르므로, 이런 치료법은 각 개인의 미생물 생태계에 맞게 특화되어야 한다. 추산하기로 장내 파지phage(박테리아를 감염시키는 바이러스)의 개수는 박테리아 개수의 두 배에 달한다. 파지가 장내 미생물 활동에 미치는 영향을 조사하는 일은 이제 막 시작되었다. 특정 파지를 조작해 박테리아 공동체의 속성에 정확히 영향을 미칠 수 있는 가능성이 존재한다. 미생물군 기반의 미개척 치료법은 매우 유망하다.

미생물 파트너들은 우리의 건강과 신체 적합성에 다양한 영향을 주며, 노화 관련 변화와 기타 위협으로부터 우리를 보호하는 데 긴밀히 관여한다. 미생물군은 신체적 예비 요소의 중대한 부분이다.

9장

건강한 몸이 만드는
안전망

우리는 나이가 들면서 뭐든 조금씩 줄어든다. 에너지, 신체 유연성, 학습 능력 모두 줄어든다. 그렇기 때문에 다중 예비 요소라는 개념이 매우 중요하다.

예를 들어 80세 여성이 집에서 넘어져 골반뼈가 골절된 안타까운 상황을 살펴보자. 그는 병원으로 옮겨져 수술을 받지만, 폐렴이 생기고 섬망 증세를 보이다가 사망하고 만다(섬망은 5장에서 논의했다). 병원에서 흔히 벌어지는 일이다. 사망 확인서에 그의 사망 원인은 '박테리아성 폐렴'으로 기록될 수 있지만, 실제로는 항생제에 반응하지 않는 위험한 종류의 박테리아 때문에 사망했을 수 있다. 이 외에도 여러 요인이 사망에 관여했을 가능성이 있다. 다음과 같은 여러 가능성을 살펴보면, 인간의 건강에 관여하는 상호 연결된 예비 요소들이 드러난다.

- 왜 넘어졌는가? 넘어지게 되는 원인에는 알코올 남용, 우울증, 사회적 고립, 어지럼증을 유발하는 약물, 안전하지 못한 집 환경(예를

들면 불안정한 깔개, 전기 코드, 반려동물) 등이 있다. 위염과 채식 식단과 관련 있는 비타민 B12 결핍, 허약, 혹은 이전에 생겼지만 의식하지 못한 뇌졸중 같은 신경학적 문제 때문에 넘어졌는가?

- 골다공증이 있었는가? 만약 골밀도가 높았다면 골반뼈 골절은 일어나지 않았을 것이다. 약물 복용이나 칼슘이 부족한 식단 때문에 골밀도가 낮은 것은 아닌가? 혹은 골다공증이 있는 것으로 밝혀져 칼슘 보충제를 처방받았음에도 복용하지 않았던 것은 아닌가?

- 폐를 감염시키는 박테리아에 대한 면역 반응이 저조했던 것은 아닌가? 그 이유는 빈혈, 비타민 C나 비타민 D 결핍, 알코올중독, 약물 복용, 영양실조일 수 있다. 나이가 들면 피부에 의한 비타민 D 생성이 방해되는데, 비타민 D는 면역계의 기능에 중요한 역할을 한다.

- 장과 폐 속에 건강에 나쁜 박테리아 개체군이 존재하지 않았는가? 미생물군은 질병 유발 유기체에 대한 면역 반응에 중요한 역할을 한다.

- 위장에 문제가 있어 폐렴 치료를 위해 처방된 항생제의 흡수와 대사에 장애가 생긴 것은 아닌가?

- 허약한 상태는 아니었는가? 허약은 넘어질 위험뿐 아니라 낙상이나 폐렴으로 인한 사망 위험성도 증가시킨다.[95] 저체중인 노년층은 영양 섭취 기회가 적을 때, 낙상을 포함한 질환을 이기고 생존할 자원이 부족할 수 있다. 입원 환자들은 인지 장애, 우울증, 열악한 식사, 고립, 진정제 복용 등 여러 요인으로 잘 먹지 못할 수 있기 때문이다.

- 식단이 나빴는가? 인구 집단을 바탕으로 한 연구에 따르면, 집에

서 식단 다양성이 부족한 식사를 하는 노년층은 허약해질 위험성이 높다.[96]

- 기존에 폐, 심장, 신장 질환이 있지 않았는가? 이런 질환들은 폐렴과 섬망의 발병 확률을 높이며, 이 경우 사망률 역시 높아진다.

- 섬망이 왜 생겼는가? 부적절한 약물 복용(노년층에 흔한 일), 기존의 신경퇴행성 질환(예를 들면 초기 단계의 알츠하이머병, 혈관성 인지장애), 인식하지 못한 갑상선 질환 때문인가?

- 사회적 지원 체계가 부족해 음식 섭취가 나빠지고, 이 때문에 골다공증뿐 아니라 허약, 폐렴, 섬망에 걸리기 쉬운 상태가 되지 않았는가?

- 우울증을 앓았는가? 우울증도 낙상과 신체 허약의 위험 인자다.

- 수면 장애로 자세가 불안정해지면서 넘어졌고, 동시에 음식물이 기도로 들어가는 흡인과 폐렴 발생이 증가한 것은 아닌가?

- 빈곤이나 돌봄 서비스 부족으로 인해 제대로 치료받지 못한 의료 문제가 있지 않았는가?

- 비만이었는가? 비만인 사람들은 감염에 대항하는 면역 반응이 약화되고, 과도한 자가면역이 발생한다.

- 인지적 예비 역량이 낮아서 넘어질 위험과 그에 따른 모든 결과가 발생할 가능성이 더 높아지지 않았는가?

더 많은 상황을 거론할 수도 있다. 이 사례에서 드러나는 복잡하고 상호 의존적인 상호작용은 건강과 질병을 결정하는 다양한 요소를 잘 보여준다. 이 사안은 다음과 같은 긍정적인 시나리오에도 적용할 수 있다. 80세 여성이 넘어지지 않고 폐렴과 섬망도 생기지 않고, 친구 및 가족과 좋은 관계를 유지하면서 96세까지 산다. 이런 바람직한 결과가 생길 가능성은 신체적·사회적 상호작용이 잘 작동할 때 높아진다.

인지적·신체적·심리적·사회적 영역에서 수행 능력의 온전한 정도는 다중 예비 요소 개념의 핵심이다. 인간의 활동 능력이 나이에 따른 기능 쇠퇴로 영향받는 정도는 이러한 상호작용에 달려 있다.

잘 나이 든다는 것은 단지 죽음과 질병을 피하는 문제가 아니다. 건강하게 나이가 든다는 것은 우리를 구성하는 시스템들의 예비 역량을 높게 지켜낸다는 뜻이기도 하다. 그러면 나이에 따라 기능이 약해지더라도 영향을 덜 심각하게 받고, 신체 적합성이 더 잘 유지된다. 다행히 누구든지 몸 안의 건강한 상호작용, 그리고 우리 자신과 친구, 가족, 공동체와의 건강한 상호작용을 극대화할 수 있는 방법이 많다.

인체 기관들은 서로 연결되어 있으며 상호의존한다. 예를 들어 근육이 수축할 수 있는 이유는 혈액 속에 포도당과 산소가 공급되기 때문이다. 포도당은 장과 간이 제공하고 산소는 폐가 제공하는데, 이때 당연히 심장의 도움을 받는다. 폐가 작동할 수 있는 이유는 가슴과 횡격막의 근육 활동, 심장의 혈액 공급과 혈액 수용 능력 때문이다. 면역계는 병원체에 대한 저항성, 미생물군과의 상호작용을 통해 손상을 복구하는 인체의 능력을 유지한다. 또 비장, 간, 골수에서 우리에게 필요한 분자와 세포 구성 요소를 생산한다. 이 모든 활동은 뇌가 감독한다.

노년기에는 모든 기관의 기능이 비교적 감소하므로 이러한 상호 의존적 활동이 매우 중요하다. 뇌에서 알츠하이머병 관련 병리 과정이 시작된 초기 단계지만, 아직 심신의 활동은 정상적인 75세 여성을 상상해보자. 이 여성에게 심장박출량 감소, 저혈당, 빈혈, 탈수, 요도 감염, 다중 약물 투여(너무 가짓수가 많거나 부적절한 약물 복용), 폐 기능 저하, 알코올중독 또는 다른 전신 문제들이 있다면, 뇌에 추가적인 손상이나 부상이 없어도 신경 기능 장애가 발생할 수 있다.

뇌는 지각, 의식적·무의식적 감정, 언어, 그리고 다양한 신경계 활동을 제어한다. 또 머리카락 성장, 심장박동, 신장 기능, 소화효소 분비, 위장관 운동 등 수많은 다른 신체 활동에도 영향을 미친다. 뇌가 관여하지 않는 인체 기능을 찾기가 어려울 지경이다. 반대로 뇌는 다른 인체 기관에도 의존한다. 예를 들어 뇌는 혈액, 산소, 포도당의 거의 일정한 공급이 늘 필요하다. 이 때문에 뇌는 적혈구를 생산하는 골수, 피를 펌프질하는 심장, 적절한 양의 혈액을 내보내는 동맥, 일정한 포도당을 공급하는 간, 전해질 농도와 수분 균형을 조절하는 신장에 의존한다.

우리는 부정적 상호작용이 일어나지 않도록 그 가능성을 줄이는 것을 노화의 목표로 삼아야 한다. 이를 위해 생활 방식을 관리해 신체 적합성 수준을 개선해야 한다. 여기에서 신체 적합성이란 상호 의존의 측면을 뜻한다. 즉, 인체 기관 각각이 아니라 전반적인 신체 적합성을 의미한다.

몸 전체가 만드는 뇌 건강의 조건

이제 전신 요소들이 뇌에 영향을 주는 몇 가지 방식을 살펴보자.

감염성 질환에 대한 방어

나이가 같은 두 사람이 질병을 일으키는 미생물을 몸의 같은 부위에, 같은 종류와 양만큼 가지고 있더라도 결과는 크게 다를 수 있다. 감염에 저항하는 능력이 항상성(건강한 균형 상태)을 유지하는 다중 예비 요소들의 능력에 달려 있기 때문이다. 감염 물질로 인해 병이 생길 가능성은 영양 상태, 몸무게, 면역력, 미생물군과 관련이 있다. 비타민과 다른 영양소 결핍으로 면역 반응이 부적절해지면 장애나 사망에 이를 수 있다.

한편, 감염에 대한 과도한 반응은 오히려 몸에 해로울 수 있다. 이런 상황은 젊은 사람보다 나이 든 사람에게 더 흔하며, 감염원이 일으킨 손상보다 병원체에 대한 면역 반응이 더 큰 손상을 일으킬 때 생긴다. 이는 바이러스성·박테리아성 수막염과 뇌염에서 관찰되었고, 2019 코로나바이스러스 감염증COVID-19을 포함한 바이러스성 폐렴에서도 관찰되었다.[97] 이런 과도한 반응이 생기는 경향은 미생물군 구성에 영향을 받는다. 과도한 면역 반응의 과정은 면역 관용이 부족하기 때문일 수 있다. 우리 몸은 수조 개에 달하는 미생물 파트너들의 고향이므로, 면역계의 감시 활동이 본래 공격하지 않아야 하는 유기체를 공격하지 않도록 하는 것이 매우 중요하다. 면역 관용을 위한 우리의 역량은 미생물군에 의해 정해진다.

감염성 질환은 몸속 어디에서든 뇌 기능에 부정적 영향을 끼칠 수 있다. 염증은 몸속 어디에서든 인지 장애와 더불어 뇌졸중, 소규모 뇌출혈, 알츠하이머병, 파킨슨병, 근위축성측삭경화증과도 관련된다.[98]

미생물군과 위장관

미생물군은 인체 기관들 사이의 상호작용에서 매우 중요한 역할을 한다. 앞서 살펴보았듯이 고기, 치즈, 달걀처럼 카르니틴carnitine, 콜린

choline, 포스파티딜콜린phosphatidylcholine이 함유된 음식을 좋아하는 장내 박테리아는 트리메틸아민TMA이라는 분자를 만드는 박테리아의 성장을 촉진시킨다. TMA는 간에서 산화되어 트리메틸아민-N-산화물TMAO로 변한다. 비영리 의료센터인 클리블랜드 클리닉이 실시한 연구에 따르면, 이 분자는 심장과 뇌혈관 손상을 촉진시켜 심장마비와 뇌졸중을 일으킨다. TMAO는 혈소판이 혈관 벽에 들러붙는 성향을 강화시키고, 혈관 속 지질 침전물을 늘린다. 또 혈청 TMAO 수준은 알츠하이머병과 경도 인지 장애에서 높아진다.[75] 채식인의 몸속 박테리아는 TMAO를 적게 생산한다. 이 연구 결과를 바탕으로, 미생물군을 이용해 TMA 생산을 변화시키는 물질 개발이 진행 중이다. 또 이 분자는 장내뿐 아니라 입안에서도 생산될 수 있으며, 미주신경과 혈관을 통해 뇌에 직접 영향을 줄 수도 있다.

우리 몸속 미생물군은 틈새라고 불리는 특정 구역을 차지해 해로운 박테리아로부터 우리를 보호해준다. 입, 코, 후두, 인두, 바깥귀, 장관腸管 속, 피부 위 등 여러 부위의 틈새에 미생물군이 존재하면, 질병을 유발하는 박테리아가 자리를 잡기 어렵다. 이른바 '좋은' 박테리아는 다른 박테리아의 성장을 가로막는 분자를 생산하고, 장벽의 안전성을 높여 장내 내용물이 혈액 속으로 유입되는 것을 막는다.

장내 세균 불균형(장내 박테리아가 건강하지 않은 상태)을 막으려면 다양한 고식이섬유 식단을 구성해야 한다. 다중 예비 요소를 약화시키는 위험 인자를 주의해야 한다(5장 참고).

내분비계

성인기에 발생하는 당뇨병은 알츠하이머병과 뇌졸중으로 인해 생기는 인지 장애의 주요 위험 인자다. 하지만 당뇨병에 걸렸다고 해서 절망할 필요는 없다. 건강한 삶을 위해 할 수 있는 일이 많기 때문이다. 그중 핵심은 식단과 운동이다. 비만을 관리하는 것도 중요하다. 고식이섬유 식단은 인슐린 반응성을 향상시켜 당뇨병 관리에 도움이 된다. 당뇨병이 인지 기능에 미치는 영향은 복잡하다. 이 질환은 뇌혈관 손상을 유발해 치매 위험을 높인다. 또 당뇨병에서의 고혈당과 저혈당 상태는 인지 기능을 손상시킬 수 있다. 당뇨병 환자는 감염에 대한 저항성이 손상되거나 말초신경증, 말초혈관증, 신장 손상의 위험이 있다. 하지만 체중 감량, 운동, 식단 조절을 통해 당뇨 상태에서 벗어날 수도 있다.

갑상선 호르몬 결핍도 나이 든 사람들에게 흔하며 인지 장애를 일으킬 수 있다.

몸무게와 신진대사

비만도 인지 장애, 뇌졸중, 알츠하이머병의 위험 인자다. 노년기의 비만은 뇌 피질의 구조와 기능에 부정적 영향을 미친다. 이는 비만이 당뇨, 고혈압, 나쁜 식단, 부족한 신체 활동 같은 요인들과 복잡한 상호작용을 하기 때문일 수 있다. 비만인 사람은 면역계가 과도한 반응을 하는데, 이는 노화 관련 뇌 질환에 해로운 영향을 줄 수 있다. 면역 과다 활성화와 관련된 만큼, 비만은 일종의 활동적인 상처active wound를 입은 상태와 비슷하다. 단순히 몸무게만 문제인 것이 아니다. 복부 지방의 축적도 여러 해로운 신체 상태와 관련이 있다.

심각한 저체중 역시 건강에 해롭다. 65세 이상에서는 과체중보다 저체중이 더 해롭다. 저체중인 사람은 질병이나 스트레스 상황에서 신체를 지켜낼 영양학적 예비 요소가 부족하다. 또 허약 증세가 나타날 위험도 크다. 최근 콩고민주공화국에서 실시된 연구에 따르면, 어릴 적 심각한 급성 영양실조를 겪었던 젊은이는 나이가 들어 학업 성취와 인지 기능 저하를 겪을 위험이 있는 것으로 나타났다.[99]

고혈압

중년의 고혈압은 노년기 알츠하이머병 발생에 대한 중요한 위험 인자다. 또 심혈관·뇌 혈관 질환에 대한 위험 인자이기도 하다. 고혈압은 작거나 큰 뇌졸중으로 이어질 수 있으며, 백질white matter에 대한 혈관 손상을 일으켜 심각한 인지 장애를 유발할 수 있다. 따라서 고혈압 관리는 모든 연령대에서 매우 중요하다.

감각 장애

눈과 귀는 가볍게 여기기 쉽지만, 절대 그래서는 안 된다. 시각과 청각 문제는 노년기에 흔하며 인지 장애, 알츠하이머병, 우울증 발병을 앞당길 수 있다. 청각 문제는 의사소통을 방해해 외로움과 우울증으로 이어질 수 있다. 청력 상실은 치매의 대표적인 경감 가능 위험 인자이며, 전체 치매 사례의 9퍼센트가 이 경우에 해당한다.[100] 연구에 따르면, 백내장 치료와 청각 보조 기구 사용은 행동 성과 향상에도 효과가 있다. 감각 장애는 녹내장 발견 및 관리, 소음으로 인한 귀 손상 예방을 통해 줄일 수 있다. 또 감각 장애는 사회적·신체적 활동을 제약하는 데 중요한 역할을 해서 뇌에 부정적인 영향을 미친다.

만약 여러분이 비틀스나 헨델의 음악을 큰 소리로 듣기를 좋아한다면, 이제부터라도 그래서는 안 된다. 시끄러운 소리에 오랜 시간 동안 노출되면 심장병뿐 아니라 우울증과 인지 장애로 이어지는 해로운 스트레스 반응이 생길 수 있다. 특히 소음으로 인한 내이 손상은 영구적인 청력 상실을 일으킬 수 있다.

허약

허약은 신체 역량 감소로 스트레스에 대한 대응 능력이 약화된 상태다.[100] 노년층에서 흔히 나타나며, 낙상, 치매, 섬망, 우울, 입원, 사망 같은 부정적 결과의 위험을 높인다. 허약은 신체적·심리적으로도 영향을 미칠 수 있다. 또 인지 장애나 섬망과 연결되며, 경도 인지 장애가 알츠하이머병으로 더욱 빠르게 전환되는 현상과도 관련된다.

심장과 폐

심장과 폐 건강은 뇌 건강과 긴밀히 연결되어 있다. 심장과 뇌는 유사한 혈관계를 공유하기 때문이다. 한 학술 논문은 '건강하고 젊은 심장이 노년기의 마음을 더 예리하게 만든다'라는 제목으로 이 점을 강조했다.[101]

앞서 언급했듯이, 중년기의 고혈압은 노년기 인지 장애의 위험 인자로서 알츠하이머병과 뇌졸중의 위험을 높인다. 심장의 펌프 기능 이상은 혈압과 뇌 혈류를 낮추어 인지 장애와 뇌 위축을 일으킬 수 있다. 심박세동과 판막성 심장병도 뇌졸중을 초래할 수 있다. 만성 폐쇄성 폐 질환(폐기종)도 뇌 혈액순환을 손상시켜 인지 장애와 뇌졸중을 일으킬 수 있다.

빈혈(혈액 내 적혈구의 양이 적은 상태)도 알츠하이머병을 비롯해 알츠하이머병이 없는 상태의 인지 장애, 백질 쇠퇴, 뇌 미세 출혈 등의 위험 증가와 관련이 있다. 한 연구에 따르면, 치매에 걸릴 위험은 빈혈이 있을 때 35퍼센트 증가했다. 헤모글로빈 수치가 지나치게 높거나 낮은 노년층은 치매와 인지 기능 쇠퇴의 위험이 더 크다.

신장

신장 기능 이상은 인지 장애, 치매 위험 증가와 밀접히 관련된다. 오줌 속의 알부민은 인지 장애와 치매 발생 가능성을 높이는 것과 관련이 있으며, 신장 기능 감소는 장애의 전조가 된다.[24] 만성 신장병은 백질 질환, 인지 장애와 관련되어 있다.

간

간은 신체 조절 활동의 핵심 기관이다. 독소 제거, 소화와 영양소 흡수, 포도당 공급, 글리코겐 저장, 적혈구 파괴, 호르몬 생성 등을 관리한다. 간이 제대로 작동하지 않으면, 독성 물질(일부는 위장관의 미생물군에서 만들어지는 산물)이 혈액 속에 축적되어 뇌 기능을 손상시킨다. 간은 약물이나 기타 분자와 결합하는 단백질을 생산해 체내 이물질을 이동 및 배출시킨다. 그런 단백질의 한 예인 알부민은 신체 조직과 순환계의 체액 균형을 유지하며, 혈액 속 호르몬, 효소, 비타민 등을 이동시킨다. 2010년 한 연구에 따르면, 알부민 수치가 낮으면 인지 장애 위험이 더 높았다.[102]

환경 독소와 내인성 독소로부터의 보호

간, 신장, 미생물군은 체내에서 만들어지는 독소와 환경 독소를 해독하는 데 중요한 역할을 한다. 이것들은 신체적 예비 요소에 매우 중요하므로 평생 건강하게 지켜야 한다.

구강 건강

치주염은 알츠하이머병뿐 아니라 심장병과 뇌졸중의 위험 인자다. 연구에 따르면, 구강 박테리아는 크고 작은 뇌출혈의 위험을 높이는 단백질을 생산한다.[73] 또 치아가 빠지는 것은 인지 장애, 알츠하이머병과 관련이 있다. 한편, 아말감 충전이 알츠하이머병의 위험 인자라는 주장에 대한 설득력 있는 증거는 부족하다.

수술에 대한 반응

노년층, 그리고 인지 장애나 알츠하이머병이 있는 사람들은 마취제와 외과 수술의 부정적 영향에 더 민감하다. 수술 후 섬망 위험은 인지 장애 환자에게 더욱 높다. 누구든 수술의 위험을 인지하고, 반드시 필요한 경우에만 받아야 한다.

통증

만성 통증은 여러 방식으로 인지 장애를 유발한다. 예를 들어 우울증, 사회적 고립, 신체 활동 저하, 약물 독성, 전신 염증 등이 인지 장애로 이어질 수 있다. 뇌 기능에 미치는 질환의 영향은 단순히 더해지는 수준을 넘어선다. 두 가지 이상의 만성질환은 여러분이 생각하는 정도보다 더 나쁘다. 다중 만성질환은 각 질환이 단독으로 미치는 영향보다 뇌 기능에 더 큰 충격을 주는 경우가 많다.

2014년 한 연구에서 밝힌 바에 따르면, 치매로 의료 돌봄 서비스를 받는 사람 중 38퍼센트가 동시 발생성 관상동맥 질환, 37퍼센트가 당뇨, 29퍼센트가 만성 신장병, 28퍼센트가 울혈성 심부전, 25퍼센트가 만성 폐쇄성 폐 질환을 앓고 있었다.[103]

결론: 신체적 예비 요소를 강화하라

최근 내 친구의 가족에게 비극적인 일이 생겼다. 평소 건강했던 74세 아버지가 만성 관절염으로 무릎 통증을 겪게 되었다. 의사는 무릎 교체 수술을 권했고, 아버지는 두 무릎을 한 번에 교체하기로 했다. 가족들은 한 번에 하나씩 수술하자고 사정했지만, 아버지는 고통을 최대한 빨리 없애고 싶다는 이유로 결정을 바꾸지 않았다. 하지만 수술 사흘 뒤 아버지는 폐렴에 걸렸고, 끝내 세상을 떠났다. 큰 수술은 신체 기능의 균형에 심각한 스트레스로 작용한다. 게다가 74세였던 아버지의 신체적 예비 요소는 젊었을 때보다 약한 상태였다.

내가 진료를 맡았다면 두 무릎을 한꺼번에 교체하겠다는 생각에 반대했을 것이다. 꼭 기억해야 한다. 신체적 예비 요소는 나이가 들수록 줄어든다. 우리는 어떤 종류의 스트레스에 노출될지 선택할 수 없을 때가 많다. 선택권이 있더라도 자신의 한계를 고려해야 한다. 우리는 생활 방식을 개선해 예상하든 예상치 못하든 모든 스트레스에 최선으로 대응할 수 있도록 신체적 예비 요소를 향상시키는 데 힘써야 한다.

10장

우울과 불안, 나쁜 느낌은
무슨 소용이 있을까?

"왜 많은 사람은 평생, 마크 트웨인의 말처럼
'결코 일어나지 않을 비극으로 괴로워하며' 늘 걱정하고 사는가?"

랜돌프 네스(1948-)
미국의 의사, 진화의학 분야의 공동 창시자

빅터 프랭클은 오스트리아의 정신과 의사이자, 매우 중요한 책인 『죽음의 수용소에서』의 저자다. 그에게는 한때 자기 일에 지친 환자가 있었다. 외교관인 그 환자는 고압적인 상사 때문에 괴로워했다. 이전에 그가 상담했던 정신과 의사는 환자의 불행이 아버지에 대한 근원적인 원망과 관련 있다고 설득하려 했다. 하지만 그 의사가 세상을 떠나는 바람에 프랭클에게 진료를 받으러 온 것이다. 프랭클은 몇 차례 상담한 후, 환자의 어려움은 직업이 '의미를 찾으려는 그의 의지를 좌절시켰기 때문'이라고 결론 내렸다. 프랭클은 환자에게 직장을 그만두라고 조언했고, 환자는 그대로 따랐다. 직장을 그만두자 환자의 주요 병리적 문제가 금세 해소되었다. 물론 복잡한 과정을 단순하게 설명한 이야기지만, 인간의 정서적 문제가 개선이 필요한 일상에서 생길 수 있다는 사실을 잘 보여준다.

우울증은 정신적·신체적 질환의 경고 신호일 수 있으며, 프랭클의 환자처럼 직장 환경에 문제가 있다는 신호일 수도 있다. 그리고 우울증이 있다는 사실을 알아차리는 것이야말로 우울증을 효과적으로 치료하는 열쇠다.

우울증 알아차리기

우울증은 노년기에 흔하다. 우울증에 걸린 사람들은 기억력에 큰 문제가 생길 수 있다. 슬프다는 생각과 후회하는 마음이 새로운 기억의 입력을 방해할지도 모른다. 이는 생활 사건에 대한 반응으로 발생하지만, 실제 벌어지고 있는 일과 무관해 보일 수 있다. 심각한 재발성 우울증 이력이 있는 사람은 나이가 들수록 더 큰 우울감에 빠질 수 있다. 하지만 젊은 시절에 우울증을 겪지 않고 이전의 슬픈 감정 이력이 없는데도 우울증이 생길 수 있다.

그렇다면 우울증이 있는 모든 사람이 자신이 우울증에 걸렸음을 알아차릴까? 어떻게 당사자와 가족 구성원이 우울증의 존재를 알아차릴 수 있을까? 우울증이 있는 노년층 중 다수가 자신의 우울증을 알고 있지만, 일부는 그렇지 않다. 본인은 부정하지만 배우자나 가까운 사람이 먼저 알아차릴 수 있다. 하지만 가족 누구도 알아차리지 못한 채 환자 홀로 앓고 있을 수도 있다. 아마도 그 이유는 감정을 솔직히 드러내기 어려운 환경에서 자랐기 때문일지도 모른다. 이런 상황은 특히 가난한 시기에 어린 시절을 보낸 사람들에게 흔하다. 그들의 부모는 생계를 위해 애쓰는 것만으로도 벅차서 아이의 마음을 살필 여유가 없었다. 효과적인 우울증 치료법이 존재하므로 모든 연령대에 걸쳐 먼저 도움을 구하는 것이 중요하다.

우울증의 주요 신호는 슬픈 감정과 후회의 마음이 자꾸 떠오르는 것이다. 이 외에도 식욕 감퇴, 체중 감소, 수면 장애, 활동에 대한 관심 저하, 성적 활동에 대한 관심 저하 등이 나타날 수 있다. 이러한 소위 '식물성 신호'는 다른 질환에 의해서도 생길 수 있다. 예를 들어 식욕 감퇴와 체중 감소는 암, 갑상선 호르몬 부족 또는 다른 전신 질환의 신호일 수 있다. 하지만 이런 신호는 우울증 가능성을 시사한다는 점에서 눈여겨볼 가치가 있다.

우울증과 다른 질환들

우울증은 크고 작은 뇌졸중이나 백질의 온전성 상실 같은 뇌 혈관 질환과 관련될 수 있다. 또 우울증 환자들에게서 미생물군의 변화가 관찰된 만큼, 장내 박테리아의 변화를 목표로 하는 시도가 도움이 될지도 모른다. 실제로 우울증 환자의 장내 박테리아를 동물에게 이식했더니, 우울증과 비슷한 행동이 나타났다. 우울증을 일으키거나 악화시킬 수 있는 신체적 요인을 이해하는 것이 중요하다. 그런 요인으로는 수면 부족, 비타민 B12와 비타민 B6(피리독신pyridoxine) 결핍, 갑상선 기능 저하, 엽산 부족 등이 있다.

우울증은 심장병과 함께 치매의 위험 인자이며, 수면 장애와 더불어 전신 질환으로 발생하거나 악화될 수 있다. 우울증과 불안에 시달리는 사람은 그런 이력이 없는 사람보다 알츠하이머병이 더 일찍 생긴다.

조용히 스며드는 우울, 일상 속 원인들

생활 사건에 대한 우리의 반응을 관리하는 능력은 심리적 예비 요소의 근본적인 부분이다. 우울증은 사회적 상호작용과 신체 활동 부족으로 발생하거나 악화될 수 있다. 또 생활 사건과 관련이 있을 수도 있고 완전히 무관할 수도 있다.

여러 생활 방식이 우울증 발생에 영향을 줄 수 있다. 오늘날 많은 사람이 사회적 교류 대신 텔레비전 시청과 소셜미디어 활동에 시간을 보낸다. 과도한 텔레비전 시청은 사람들과의 교류를 줄이고, 뇌에 감당하기 힘든 자극을 과다하게 제공해 우울증을 촉진할 수 있다. 특히 위기 상황을 과도하게 보여주는 방송은 더욱 그렇다. 미국의 한 케이블 방송은 〈브레이킹 뉴스Breaking News〉라는 프로그램을 내보내는데, 이런 제목은 언제나 특별한 소식이 있다는 인상을 준다. 2001년 9월 11일에는 분명 맞는 말이었다. 하지만 평소 우리는 세계에서 일어나는 일들에 과도하게 관심을 가질 필요가 없으며, 세상사에 늘 조바심을 낼 이유도 없다. 게다가 텔레비전 광고는 누군가 칼에 찔리거나 폭발이 일어나거나, 어떤 이가 비행기에서 떨어지는 장면 같은 찰나의 영상 조각을 보여줄 수 있다. 뇌는 매초 일정량의 시각 정보만을 다룰 수 있다. 그런데 이런 정보들은 종종 두뇌가 제대로 처리할 수 없는 속도로 제공된다. 이로 인해 상호작용의 기회는 사라지고, 감각 처리의 과포화 상태가 되어 부정적인 정서 상태로 이어질 수 있다. 이런 현상은 텔레비전 시청 말고는 다른 활동을 할 기회가 적은 노년층에게 특히 문제가 된다.

소셜미디어 역시 부정적인 정서 상태를 유발할 수 있다. 페이스북이나 인스타그램 게시물은 다른 사람들의 행복한 삶을 끊임없이 접하게 해 이용자에게 고통으로 다가올 때가 많다. 가족 행사, 식당 모임, 야외 활동을 하는 모습을 정성껏 꾸며 올린 사진들에는 그들이 행복하고 완벽한 삶을 살고 있다는 메시지가 담겨 있다. 하지만 실제로는 전혀 그렇지 않다. 소파에 누워 빈둥거리거나, 치과에 가거나, 대장 내시경 검사를 받는 사진을 올리는 사람은 거의 없다. 앞 인용문에서 소개한 랜돌프 네스는 이렇게 말했다.[104] "우리가 소셜미디어에서 얻는 관심은 크랙 코카인crack cocaine(흡입형 코카인으로, 짧은 시간에 강렬한 효과가 나타난다 — 옮긴이)과 매우 흡사한 유형의 자극이다. 우리는 내가 붙인 이름인 사회적 비만social obesity을 가지고 있다. 즉, 우리는 자신을 드러내고 남의 반응을 얻으려는 기회를 소비하는 행위를 멈추지 못한다." 만약 페이스북, 인스타그램, 틱톡, 스냅챗Snapchat 같은 소셜미디어 때문에 짜증이 난다면, 사용을 중단하기 바란다.

우울증과 활동 사이에는 '악순환vicious cycle'이 존재한다. 활동을 하지 않으면 우울증, 피로, 무관심으로 이어지고, 우울증은 다시 활동 저하와 에너지 부족을 초래한다. 이런 상호작용은 '나쁜 나선vicious spiral'에 가깝다. 효과가 누적되고 점점 더 나빠지기 때문이다. 하지만 이를 사건이 반복될 때마다 매번 이로운 효과가 커지는 '선순환virtuous cycle'

으로 전환할 수도 있다. 활동이 늘어나면 우울증이 줄어들 수 있고, 이는 더 많은 활동으로 이어져 다시 우울증을 해소하는 데 도움이 된다.

우리가 왜 우울증에 걸리기 쉬운지, 이 기본적인 질문부터 던져보면 도움이 될 수 있다. 우울증은 몸의 여러 부위에서 생기는 감염 때문에 나타날 수 있다. 면역 분자가 생성되어 뇌로 들어오는 경우가 대표적이다.[105] 예를 들어 독감에 걸려 며칠 동안 침대에만 누워 있다 보면, 활동 부족으로 인해 우울증을 경험할지도 모른다.

활동적일 때는 쉽게 우울해지지 않는다. 오늘날과 다른 환경에서 살았던 우리 조상들은 아프거나 다쳤을 때 휴식을 취해야 했다. 자연선택은 건강이 위협받으면 휴식을 취하도록 이끄는 특정 행동, 즉 질병 행동sickness behavior을 발달시켰다. 1만 년 전 감염병에 걸린 조상이라면 사냥에 나서지 않고 쉬는 편이 현명했을 것이다. 이러한 진화론적 고려 사항이 감염성 질환의 열fever과 함께 나타나는 우울감, 두통, 불쾌감의 한 이유다. 인터페론interferon은 바이러스 침입에 대응해 몸에서 생성되는 단백질 분자다. 두통은 이 단백질의 흔한 부작용 중 하나다. 두통은 우리가 휴식을 취하게 만드는 진화상의 전략일 수 있다. 따라서 우울증은 전신 질환에 대한 적응적 반응일지도 모른다. 질병에 대한 유용한 반응인 무활동 상태를 촉진하기 때문이다.

노화와 정신 건강

우울증은 다중 예비 요소에 큰 영향을 끼칠 수 있다. 외상 후 스트레스 장애post-traumatic stress disorder, PTSD를 포함해 생애 초기에 신체적·

정서적 스트레스에 노출되는 것은 생애 후기 인지 장애, 고혈압, 우울증의 위험 인자다. 스웨덴에서 6만 1,000명 이상을 대상으로 한 연구에 따르면, PTSD를 겪은 사람들은 신경퇴행성 질환 위험이 31퍼센트 증가했고, 혈관성 인지 장애의 위험은 81퍼센트 증가했다.[106]

나이가 들수록 정신적 건강은 더욱 중요하다. 정신과 의사이자 홀로코스트 생존자인 헨리 크리스털Henry Krystal에 따르면, 트라우마 경험을 다루는 데 필요한 심리적 활동은 노년기에 파편화될 수 있다.[28, 107] 그는 이렇게 말했다. "노년기에는 여러 상실을 겪으면서 자신의 과거와 직면할 수밖에 없는 상황에 내몰린다. 이제 자신과 자신의 과거를 받아들일지, 아니면 계속 분노에 차서 그것을 거부할지 선택해야 하는 순간이 온다."

달리 말해 그 선택은 아동 정신과 의사 에릭 에릭슨의 표현대로, "온전성을 유지하느냐, 아니면 좌절하느냐"[29]에 관한 것이다. 노년기에는 '생각하고 계획하기'에서 '기억하기'로 전환이 종종 일어나는데, 초기의 트라우마가 남아 있다면 이 변화는 힘들게 작용할 수 있다. 사람들은 줄곧 떠오르는 생애 초기의 고통스러운 경험과 평생 싸울지도 모르는데, 노년기에는 이 과정이 큰 어려움으로 다가올 수 있다.

우울증과 관련된 심리적·사회적 예비 요소의 측면에는 고립, 외로움, 가난, 무활동, 무관심, 영양 부족, 감각 장애, 의료 돌봄 부족 등이 포함된다. 유전자 이식으로 알츠하이머병에 걸린 실험용 쥐를 통해 관찰한 바에 따르면, 사회적 고립은 기억장애를 악화시키고 뇌에 아밀로이드-베타 단백질 침전을 증가시킨다. 한 연구에 따르면, 외로움을 겪는 사람은 그렇지 않은 사람보다 알츠하이머병 위험이 두 배에 달했다. 외로움에는 공허감이나 거부당한다는 생각이 수반될 수 있으며, 이는 사회적 고립의 신호다.

넓은 인간관계는 노년층의 인지 기능을 보호하고, 모든 예비 요소를 향상시킨다. 하지만 그런 인간관계는 나이가 들수록 약화되기 쉽다. 사회적 교류의 이로운 효과는 뇌에만 국한되지 않는다. 이것은 정신을 자극해 인지적 예비 요소를 향상시킬 뿐 아니라, 신체 활동을 촉진해 신체적 예비 요소도 향상시킨다. 세상사에 적극적으로 참여하는 태도는 인생의 모든 단계에서 도움이 된다.

왜 우리는 슬픈 생각에 빠지기 쉬울까?

우울증에 걸린 사람은 심신의 기능이 저하된다. 왜 진화는 부정적 감정 상태가 생기도록 허용했을까? 「나쁜 감정은 무슨 소용이 있는가」라는 제목의 논문이 그 답을 제안한다. 이 논문은 진화의학 분야의 창시자이자 의사인 랜돌프 네스가 쓴 것이다.[104] 그는 우울증은 시탈로프람citalopram(선택적 세로토닌 재흡수 억제제 유형의 항우울제다 — 옮긴이) 결핍 질병이 아니라고 설명했다. 즉, 우울증은 항우울제 부족으로 생기지 않는다. 우울증의 원인은 다양하며, 일부는 약물 없이도 치료할 수 있다. 우리가 우울증을 겪도록 진화한 이유는 우울증에 진화적 가치가 있기 때문일지도 모른다. 우울증은 심신에 문제가 있음을 알리는 경고 신호일 수 있다(앞에서 소개한 빅터 프랭클의 환자 사례가 그예다).

의료 전문가가 환자의 삶을 이해하는 능력은 매우 중요하다. 하지만 의사는 바쁜 편이기에, 환자의 우울증이 어디에서 비롯되었는지 깊이 들여다볼 시간이나 관심을 가지기 어렵다. 항우울제를 처방하는 데는 60초면 충분하지만, 환자의 정서적 측면을 이해하려면 60분 이상의 시간이 걸린다.

네스에 따르면, "부정적 감정을 신체적 이상이나 개인·가정·인간관계의 문제를 드러내는 증상이라고 가정하기보다는, 치료자는 어떤 고통이 자연선택에 의해 형성된 중요한 메커니즘의 일환으로, 사람들이 주위 환경 속에서 살아남도록 돕는 역할을 맡았을 가능성을 고려할 수 있다".[104] 우울증과 불안을 느끼는 우리의 역량이 진화한 이유는 이런 감정이 우리가 견딜 수 있도록 돕기 때문일지도 모른다. 마치 신체적 통증이 부상으로부터 우리를 보호해주는 것과 비슷한 방식으로 말이다. 우리가 신체적 통증을 긍정적 행동을 이끄는 안내자로 활용하듯, 우울증 역시 치료를 위한 행동이 필요하다는 신호로 이용해야 할지도 모른다.

우울을 다스리는 실천 방법

우울증은 아주 효과적인 다양한 약물로 치료할 수 있다. 하지만 콜린성 신경전달물질에 손상을 주는 항우울제, 예를 들어 노르트립틸린 nortriptyline이나 이미프라민 imipramine을 복용해서는 안 된다. 트리플루오페라진 trifluoperazine, 클로르프로마진 chlorpromazine 같은 주요 신경안정제도 피해야 한다(23장 참고). 오늘날에는 부작용이 적고 효능이 좋은 현대적인 항우울제가 나와 있다. 이 사안에는 정신과 의사, 임상 심리사, 사회복지사가 큰 도움이 될 수 있다.

질병을 앓는 중에는 휴식이 중요하지만, 삶은 열정적인 신체 활동으로 채워져야 한다. 인간의 자연스러운 상태는 신체적으로 활발한 상태다. 신체 활동 부족은 우울증을 촉진하고 악화시킬 수 있다. 반대로 신체 운동은 정서 상태를 좋게 만든다. 우리는 천성적으로 가만히 있을 수 없는 존재다.

대부분 운동은 누구나 감당할 수 있다. 따라서 우리는 생사가 달린 문제라는 태도로 운동을 해야 한다. 실제로 그렇기 때문이다. 달리기, 걷기, 수영 같은 신체 활동은 우울증을 예방할 뿐 아니라 노화 관련 인지 장애를 늦추고 경도 인지 장애가 있는 사람들의 신체 기능도 향상시킨다.[108] 운동 부족은 관상동맥성 심장 질환, 뇌졸중, 당뇨병, 조기 사망의 위험 인자이기도 하다.

노화가 불가피한 쇠퇴가 아님을 깨닫고, 그 안에서 새로운 기회를 발견한다면 삶에 감사하는 마음이 커질 것이다. 윌리엄 제임스의 말처럼 "스트레스를 물리치는 가장 강력한 무기는 긍정적인 생각을 선택하는 우리의 능력이다".

내가 가장 좋아하는 사고실험은 죽은 자들이 말을 할 수 있다면 무슨 말을 할지 상상해보는 것이다. 만약 우리가 비가 오거나 좋아하는 팀이 시합에 져서 속상하다고 투덜댄다면, 그들은 뭐라고 말할까? 아마 그들은 그런 사소한 일에 연연하지 말고, 인생의 진정한 가치를 깨우치라고 타이를 것이다.

11장

유전학은
만능이 아니다

"유전학은 총에 장전을 하지만…
방아쇠를 당기는 것은 환경이다."

프랜시스 콜린스(1950–)
유전학 연구자, 미국 국립보건원 전 원장

한 부부가 있었다. 두 사람은 모두 50대 대학교수로, 나이가 들면서 알츠하이머병에 걸릴까 봐 걱정했다. 두 사람 모두 치매 가족력이 없었고, 인지 장애의 신호도 딱히 없었다. 하지만 두 사람은 전문가의 안내도 받지 않은 채, 가장 중요한 알츠하이머병 위험 유전자인 아폴리포프로테인 E~APOE~가 있는지 없는지 검사했다. 검사 결과, 두 사람 모두 아폴리포프로테인 E ε4 유전자(대립유전자)를 하나씩 가지고 있었다. 부부의 28세 딸도 호기심이 생겨 검사를 받았다. 하지만 안타깝게도 딸은 APOE ε4 대립유전자를 두 개나 가지고 있었다. 이것은 그런 유전자가 없는 사람보다 알츠하이머병에 걸릴 위험이 10배 이상 높다는 의미였다. 현재로서는 그 정보로 할 수 있는 일이 걱정 말고는 없다. APOE ε4 대립유전자가 알츠하이머병 발생에 미치는 영향을 줄이는 구체적인 개입 방법은 아직 존재하지 않는다. 게다가 추산하기로, 80세에 APOE ε4 대립유전자의 두 복사본을 지닌 사람의 약 40~50퍼센트는 치매에 걸리지 않는다. 따라서 그 딸은 앞으로 52년 동안 알츠하이머병이 생길 높은 위험성 때문에 걱정하겠지만, 정작 80세가 되어서는 알츠하이머병이 전혀 나타나지 않을 수도 있다. 그렇다면 그 딸은 현재나 미래의 동반자에게 이 사실을 어떻게 설명해야 한단 말인가?

우려스러운 점은 많은 사람이 APOE ε4 검사를 받더라도 유전자 상담을 제대로 받지 못한다는 것이다. 각종 유전자 위험성과 관련된 데이터는 복잡하고, 의사를 포함한 많은 사람이 그 복잡성을 이해하지 못한다. 앞으로 APOE 유전자형에 기반한 의학적 개입이 가능해진다면 검사가 중요해지겠지만, 지금은 전혀 그렇지 않다. 따라서 검사를 고민하는 사람들은 식견 있는 의사와 상의해야 하며, 그 정보가 삶의 질을 높일지, 아니면 오히려 해칠지를 신중히 판단해야 한다.

치매에 걸릴 위험을 줄이기 위해 할 수 있는 것들이 있다(5장과 12장에서 다루는 내용). 누구나 실천할 수 있고, 반드시 해야만 하는 방법들이다. 노화 자체가 치매성 질환 위험을 높이기 때문에 APOE ε4 유전자가 없더라도 알츠하이머병에 걸릴 수 있다. 결국 예방 차원에서 유전자 검사가 반드시 필요한 것은 아니다.

우리 유전자가 삶에 미치는 영향

인간은 23쌍의 염색체와 2만~2만 5,000개의 유전자를 가지고 태어난다. 유전자는 단백질의 아미노산 염기 서열이 기록된 뉴클레오티드(핵산의 기본 구성 단위)의 배열이다. 생식선(정소와 난소)을 제외하면 우리 몸의 모든 세포는 DNA가 똑같다. 중요한 점은 염색체에 담긴 유전자 정보가 우리에게 무슨 일이 생길지를 직접 결정하지 않는다는 사실이다. 유전자는 무슨 일이 생길 수 있는지에 관한 정보를 제공한다. 실제로 생기는 일은 유전자와 환경의 상호작용에 달려 있다. 즉, 우리가 어떻게 사는지가 유전자의 행동에 영향을 미친다.

다르게 말하자면 맥락이 제일 중요하다는 뜻이다. 이란계 미국인 유방암 연구자인 미나 비셀Mina Bissel 박사는 이렇게 말했다.[109] "유전자의 서열은 피아노 건반과 같다. 음악을 만드는 것은 맥락이다." 예를 들어 털을 만드는 모낭 속 세포와 인슐린을 만드는 췌장 속 세포는 유전자가 똑같다. 세포의 활동은 유전자와 환경 자극 둘 다에 의해 결정된다.

이를 설명해주는 좋은 예가 있다. 팔이 골절되어 깁스를 하면, 여러 주 동안 억지로 휴식을 취하게 된 팔 근육은 점점 작아진다. 이 과정을 위축이라고 한다. 하지만 깁스를 제거하면 근육은 다시 작동할 수 있고, 원래의 크기로 다시 커진다. 근육 세포는 활동이 없을 때 새로운 단백질을 거의 만들지 않지만, 다시 사용하면 단백질을 만드는 유전자가 활동하게 된다. 결국 어떤 유전자가 세포 내에서 활동할지(즉, 어느 음표가 피아노로 연주될지)는 환경적 요구가 결정한다.

알코올 해독도 마찬가지다. 어떤 사람은 술을 반 잔만 마셔도 졸리지만, 어떤 사람은 반 병 이상을 마셔도 멀쩡하다. 이 차이는 미립체적microsomal 산화 효소라는 단백질의 생산 때문이다. 이 단백질은 간에서 만들어져 알코올을 해독해 혈중 알코올 농도를 낮춘다. 술을 많이 마실수록 이 효소를 만드는 유전자가 더 활성화되어, 효소가 더 많이 생산된다. 따라서 술에 약한 사람도 섭취량을 조금씩 늘리면 이 효소가 표현되는 정도가 커져 더 많은 술을 마셔도 졸리지 않을 수 있다 (이것은 유전자 표현이 환경과 관련이 있다는 개념을 설명하기 위한 예시일 뿐이다. 실제로 시도하지는 마시길!).

또 다른 예는 페닐케톤뇨증phenylketonuria, PKU이다. 이것은 유전되는 지적 장애의 가장 흔한 원인 중 하나다. 이 질환은 혈액 속에서 발견되는 아미노산의 일종인 페닐알라닌phenylalanine을 대사하는 능력에 유전적 결함이 생겨 발생한다. PKU 환자는 혈액 내 페닐알라닌 수치가 높아지는데, 이는 뇌에 독성으로 작용한다.

하지만 출생 시에 PKU 진단을 받으면, 식단을 조절해 페닐알라닌의 독성 수준이 나타나지 않도록 막을 수 있다. 이렇게 하면 신경학적 손상을 피할 수 있다. 즉, 유전자가 당장 수리되지는 못하지만, 환경적 변화를 통해 유전적 결함의 발현을 막을 수 있는 것이다. 마찬가지로 어떤 사람들은 조기 심장사의 가족력이 있는데, 이는 유전적 이상으로 인해 혈액 내 지질 농도가 높기 때문이다(고지혈증). 하지만 이들도 고혈압 관리, 금연, 체중 조절, 운동, 저지방 식단, 지질을 낮추는 스타틴 약물 복용 같은 생활 방식 요소들을 관리하면, 오래 건강하게 살 수 있다. 결함이 있는 유전자 코드를 적어도 현재로서는 수리할 수 없는데도 말이다.

인간은 21세기에 들어 이전 세대보다 평균 키가 훨씬 커졌다. 키가 유전적 영향을 크게 받기는 하지만, 키 유전자가 지난 100~200년 사이에 변했을 가능성은 거의 없다. 오늘날 사람들이 키가 큰 이유는 아동기의 영양 섭취가 향상되었기 때문이다. 그 결과, 더 많은 사람이 자신의 유전자로 가능한 키에 도달할 수 있게 되었다. 흥미롭게도 일본에서는 키와 치매 위험이 반비례한다고 한다. 이는 키가 작은 사람이 키 큰 사람보다 생애 후반에 치매에 걸릴 가능성이 더 높다는 뜻이다. 아마도 키가 작은 사람들은 어린 시절에 영양 결핍을 겪었을 가능성이 크기 때문일 수 있다. 이로 인해 자신의 유전자로 가능한 키에 도달하지 못했고, 영양 결핍 때문에 인지적 예비 역량이 약해졌을지도 모른다.

유전자와 알츠하이머병

조기 발병 알츠하이머병을 일으키는 유전자 돌연변이는 100가지가 넘는다. 이 돌연변이들은 염색체 1번, 14번, 21번에서 발견된다. 대체로 60세 이전에 치매를 일으키고, 때로는 40세 무렵에 시작되는 치매를 일으킨다. 이 돌연변이들은 상염색체 우성으로, 남녀 모두에게 똑같이 영향을 미친다. 즉, 어느 한쪽 부모에게라도 이 돌연변이 유전자가 있으면 자녀에게 유전된다는 뜻이다. 이 돌연변이들은 침투성이 높아서, 이 돌연변이를 가진 사람이 오래 살면 해당 질병에 걸릴 가능성이 매우 높다. 이 돌연변이들에 의해 드러난 분자 정보를 이용해 해당 질병들을 예방하고 치료하는 요법이 개발되어왔다. 하지만 이 실험적 치료법들이 질병을 줄이는 효과가 있는지는 아직 입증되지 못했다. 그런데 알츠하이머병 환자의 약 99퍼센트는 이런 유전자 중 어느 하나에도 돌연변이를 가지고 있지 않다.

앞서 언급했듯이, 알츠하이머병의 발생 위험성과 크게 관련된 또 다른 유전자가 있다. 19번 염색체에서 발견되는 APOE는 공동 우성 codominant이다. 즉, 모계와 부계의 19번 염색체 양쪽에 표현된다는 뜻이다. 이 유전자에는 세 가지 주요 형태(대립유전자)가 있으며, 각각 ε2, ε3, ε4이다.[10] 따라서 여섯 가지 조합이 가능하다(ε2/ε2, ε2/ε3, ε2/ε4, ε3/ε3, ε3/ε4, ε4/ε4). APOE ε4 유전자형의 한 사본을 지닌 사람은 알츠하이머병 발병 위험이 높으며, 이 위험성은 ε4 대립유전자를 가지지 않은 사람보다 약 세 배 증가한다(그림 6 참고).

ε4 대립유전자의 복사본을 두 개 가진 사람은 흔하지는 않지만, APOE ε4 대립유전자가 없는 사람보다 알츠하이머병에 걸릴 위험성이 약 12배 증가한다. 또 ε4 대립유전자를 가진 사람은 그렇지 않은 사람보다 알츠하이머병이 일찍 나타날 수 있다. APOE ε4 대립유전자와 관련해서 50세 때부터 위험성이 높아지기 시작하며, 남성보다 여성에게서 그 위험이 더 크다. ε4 대립유전자를 가진 사람들의 알츠하이머병 추가 위험은 80세 이후로는 감소한다. ε4 대립유전자의 두 복사본(동형접합체homozygote)을 가진 사람들은 평생 알츠하이머병에 걸릴 위험이 50퍼센트 이상이며, ε4 대립유전자의 한 복사본만 가진 사람들은 20~30퍼센트 정도다. ε4 대립유전자가 없는 사람들의 경우, 남성은 11퍼센트, 여성은 14퍼센트의 위험이 있다.[111]

하지만 낙담할 필요는 없다. 한 연구에 따르면, ε4/ε4 유전자형을 가진 85세 19명 중 13명이 치매에 걸리지 않았다.

이런 결과가 나오는 이유는 ε4 유전자가 알츠하이머병을 직접 일으키는 것이 아니라, 단지 발병 위험을 높일 뿐이기 때문이다. 또 알츠하이머병 환자 중에는 ε4 대립유전자를 가지고 있지 않은 경우도 흔하다 (그들은 위험 인자 유전자가 없다).

그렇다면 왜 APOE 유전자가 알츠하이머병의 위험을 높일까? 아직 아무도 모른다. APOE 단백질이 아밀로이드-베타 단백질을 결합시키거나 그것을 뇌에서 제거하기에 맡는 역할에 관한 이론이 여럿 나오기는 했다. 또 APOE 단백질은 혈액뇌장벽의 안전성에도 관여한다. 몸속 단백질의 주요 역할이 지질을 결합시키는 것과 마찬가지로, 이 유전자가 지질 대사에 미치는 영향이 알츠하이머병 위험 증가에 관여할 가능성이 있다.

APOE 유전자는 염증에도 중요한 영향을 미친다. 내가 연구하는 아이디어 가운데 하나는 APOE 유전자형이 알츠하이머병 위험을 높이는 이유가 장내 미생물군에 미치는 영향 때문이라는 발상이다. APOE 단백질은 지질 결합에 영향을 미치므로, 간에서 생성되는 담즙산뿐 아니라 장내 점액 생성에도 영향을 줄 수 있다. 2015년에 나는 다음과 같은 가설을 제시했다. 그 유전자가 알츠하이머병 위험 증가에 미치는 영향은 그 유전자의 ε4 형태가 건강하지 못한 장내 박테리아의 성장을 촉진시키기 때문일지도 모른다는 이론이다.[57] 유럽의 한 연구에서 나온 최근의 증거도 이 가설을 뒷받침한다.[112] 이 가설이 중요한 이유는 미생물군을 변화시켜 알츠하이머병 위험을 줄일 방법을 암시하기 때문이다.

APOE의 위험성에 관해 아직 풀리지 않은 질문이 있다. 왜 그것이 자연선택에서 살아남았을까? 그 유전자의 ε4 형태는 알츠하이머병, 뇌졸중, 뇌 부상 회복의 어려움 등 부정적 결과와 관련이 있기에,

진화 과정에서 제거되었을 법도 한데 말이다. 나와 동료 연구자들은 2013년에 발표한 논문에서 ε4 형태가 말라리아 기생충이 혈액 속에서 번식하는 능력을 손상시킨다는 사실을 밝혀냈다. 이는 ε4 대립유전자가 생애 후반의 질병과 관련된 부정적 압력에서도 살아남은 이유는 생애 초반에 생존에 이로운 잠재적 효과를 더 많이 제공하기 때문일 수 있음을 시사한다.

정리하자면, 알츠하이머병을 일으키는 상염색체 우성 유전자는 침투성이 매우 높다(해당 유전자를 가진 거의 모든 사람이 발병한다). 한편 APOE는 발병 원인이 아니라 위험성을 증가시키는 유전자다. 언젠가는 APOE ε4 대립유전자가 왜 알츠하이머병과 관련이 있는지 우리가 이해하게 되기를 바란다. 아울러 구체적인 치료법이 고안되어 그 병을 예방하거나 늦추거나 경감시킬 수 있게 되기를 희망한다. 그런 날이 오면, 자신의 APOE 유전자형을 확인하는 검사는 당연히 권장될 것이다. 하지만 지금으로서는 APOE 유전자형에 관한 정보가 치료에 전혀 도움이 되지 않는다.

유전자는 단독으로 작동하지 않는다

과학계에서는 모든 것이 유전자에 달렸다는 말이 종종 들린다. 1975년 데이비드 볼티모어David Baltimore는 종양 바이러스에 관한 연구로 노벨 생리의학상을 수상했다. 그리고 의사이자 생물학자인 싯다르타 무케르지Siddhartha Mukherjee가 『유전자의 내밀한 역사The Gene: An intimate history』(까치 역간)라는 책을 썼는데, 이를 바탕으로 제작된 TV

다큐멘터리에서 볼티모어는 이렇게 말했다. "우리가 발견한 것은 생물학의 모든 것이 유전자라는 사실입니다. 우리는 유전자로 생각합니다. 우리는 유전자로 병에 걸리는지라, 유전자와 싸워서 질병을 퇴치한다는 것은 맞는 말입니다."

이 좁은 시각은 옳지 않다. 유전자는 홀로 작동하지 않으며, 환경과 상호작용하면서 기능에 영향을 줄 수 있을 뿐이다. 물론 생명공학 기술로 비정상 유전자를 고칠 수 있다면 좋다. 하지만 우리는 치료의 다른 길을 잊어서는 안 된다. 즉, 유전자와 환경의 상호작용을 바꾸면 건강과 신체 적합성을 유지할 수 있다.

추산하자면, 유전적 요소가 알츠하이머병 발병 위험의 60~80퍼센트를 차지한다. 앞서 언급했듯이, APOE ε4 유전자형의 복사본을 두 개 가진 사람은 그렇지 않은 사람보다 알츠하이머병 발병 위험이 훨씬 높다. 하지만 변이 유전자를 가지고 있어도 병에 걸리지 않는 사람도 많고, 알츠하이머병 환자 중에 APOE ε4 대립유전자가 없는 경우도 흔하다. 환경적 요소의 중요성은 60세 이상, 인지 장애가 없는 96쌍의 일란성 쌍둥이를 대상으로 한 최근 연구에서도 확인된다. 이 중 14쌍에서는 한 명이 뇌에 알츠하이머병의 분자 상태 징후가 있었지만 다른 한 명은 없었다. 이 결과는 환경적 요소가 중요함을 시사한다.[113] 특히 우리에게 가장 중요한 환경적 노출 대상은 미생물군이며, 그것이 큰 의미를 지닌다.

APOE 외에도 알츠하이머병 위험을 높이는 여러 유전자가 있다. 이런 유전자들의 누적 효과는 APOE만큼 크지는 않다. 또 하나의 알츠하이머병 관련 유전자는 뇌의 면역 세포 표면에 존재하고, 수용체 단백질의 유전 정보를 담고 있는 TREM2라는 유전자다. 보통 이것은 뇌

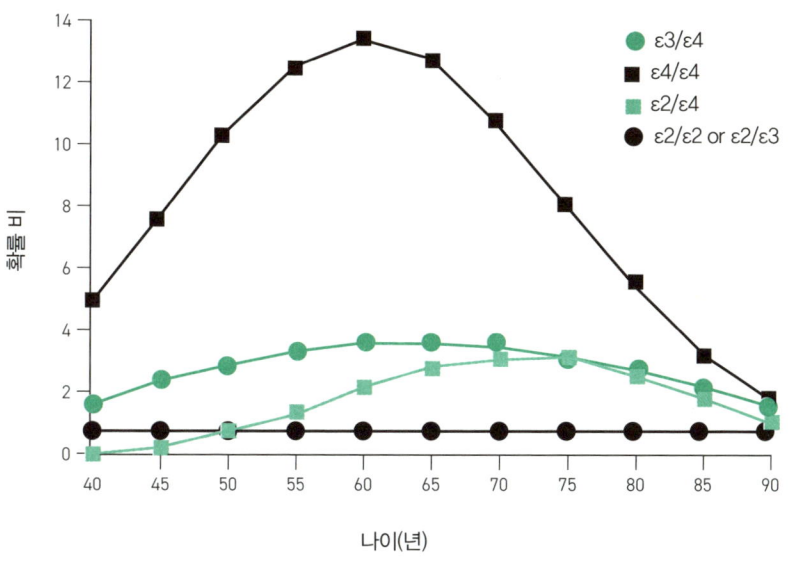

그림 6. 백인을 대상으로 한 APOE 유전자형과 나이에 따른 알츠하이머병 발병 위험성의 상대적 확률

- ε3/ε4
- ε4/ε4
- ε2/ε4
- ε2/ε2 or ε2/ε3

확률 비 (y축)

나이(년) (x축)

확률 비는 ε3/ε3 유전자형을 기준으로 비교한 값이다. (참고 문헌 110의 자료를 조정한 내용)

에서 염증을 억제하는 역할을 한다. 이 유전자의 기능을 떨어뜨리는 드문 변이가 존재하며, 이 경우 알츠하이머병 위험성이 증가한다. 이러한 발견은 알츠하이머병이 면역계와도 깊이 연결되어 있음을 보여준다.

파킨슨병에도 상염색체 우성 유전자가 관여하는데, 이는 발병 원인의 약 10퍼센트를 차지한다. 또 상염색체 우성 유전자는 전두측두엽 치매FTLD의 많은 사례와도 관련이 있으며, 특히 65세 이전 발병에서 두드러진다. FTLD의 한 형태는 9번 염색체의 돌연변이인

C9ORF72로 인해 발생할 수 있다. 이 돌연변이는 근위축성측삭경화증ALS도 일으킬 수 있으며, 한 사람에서 FTLD, ALS, 혹은 두 질환을 동시에 유발할 수도 있다(사례 연구 8 참고). 이 돌연변이가 있는 사람 중 누구는 ALS가 생기고, 누구는 FTLD가 생기며, 누구는 둘 다 생기는지 그 이유는 아직 밝혀지지 않았다. 이런 돌연변이에 대한 지식은 이 질환뿐 아니라 다른 질환들에 대한 실험적 치료법을 개발하는 데도 도움을 주었다. 이 돌연변이들은 미생물과 상호작용하는 면역계의 능력을 손상시킬지도 모른다.

사례 연구 8

내가 진료한 한 환자는 51세 남성이었는데, 1년 동안 인지 기능이 쇠퇴했다. 그는 이리저리 돌아다니고, 자주 넘어졌으며, 양손의 움직임에도 제약이 있었다. 단어를 찾기 어려워했고, 부적절하게 웃음을 지었으며, 간단한 산수조차 하지 못했다. 근육량이 줄어 근력이 약해지면서 몸을 씻는 것도 도움을 받아야 했고, 스스로를 돌보지 못했다. 내가 왜 입원해 있느냐고 묻자, 그는 "컴퓨터가 작동하지 않았다"라고 답했다. 그의 아버지는 42세에 뇌종양으로 사망했고, 아버지의 누이 역시 50세에 ALS를 동반한 조기 발생 치매에 걸려 62세에 사망했다. 그녀의 아들도 ALS를 동반한 조기 발생 치매에 걸렸고 51세에 사망했다. 친할아버지 역시 치매를 앓았다.

뇌 MRI 영상을 찍어보니, 피질 위축(축소) 부위가 흩어져 있었고 특히 전두엽에서 두드러졌다. 양전자방출단층촬영PET 영상에서는 앞쪽 전두엽과 측두엽이 소실된 것이 보였다. 유전자 검사 결과, 9번 염색체의 한 유전자에서 돌연변이가 드러났다. C9ORF72라는 이 돌연변이 유전자는 구아닌(G)과 시토신(C) 뉴클레오티드의 한 열[GGGGCC]이 비정상적으로 반복되면서 생긴다. 여섯 개의 뉴클레오티드로 구성된 이 열은 보통 적은 횟수로 반복되지만, 이 돌연변이에서는 수백 번 반복될 수 있다. 이 돌연변이는 2011년에 발견되었으며, 상염색체 우성 유전과 FTLD나 ALS 또는 그 둘 다의 조기 발병과 관련이 있다.

이 환자는 분명 두 질환에 모두 걸렸다. 이 사례는 유전자의 돌연변이가 확실한 발병 원인인 질병의 예다. 의사들의 관찰에 따르면, C9ORF72 유전자는 면역계의 기능에도 관여한다. 아마도 돌연변이 유전자가 면역계와 미생물군의 관계를 변화시켜 신경퇴행성 질환을 유발한 것으로 보인다. 이 하나의 유전자가 같은 가족 구성원에게서 두 가지 서로 다른 질환을 일으킬 수 있는 이유는 아직 밝혀지지 않았다. 또 여섯 개의 뉴클레오티드로 구성된 특정한 열의 추가 복사본이 매우 해로운 이유도 밝혀지지 않았다.

치료법 개발을 위해, 이 유전자 질환에 관여하는 분자 차원의 메커니즘을 찾으려는 과학적 연구가 계속되고 있다. 유전자로 인한 발병 사례는 모든 ALS와 FTLD의 약 10퍼센트를 차지한다.

결론: 유전적 위험을 관리하라

ε4의 복사본을 하나 또는 둘 가진 많은 사람이 알츠하이머병에 걸리지 않는다는 사실은, 이 병을 생기게 하는 추가적인 상호작용이 있다는 뜻이다. 이 상호작용은 APOE 유전자와 다른 유전자 간에 일어날 수도 있고, APOE 유전자와 환경적 요소 사이에서 생길 수도 있다. 혹은 여러 유전자와 여러 환경 요소 사이의 상호작용일 수도 있다. 따라서 ε4의 복사본을 하나 또는 둘 가진 사람이 알츠하이머병에 걸렸다고 해서, 그 병이 APOE 변화만으로 생겼다고 단정해서는 안 된다.

정리하자면, 알츠하이머병 발병에 책임이 있는 중요한 유전적 요소가 존재한다. 상염색체 우성 돌연변이는 전체 환자의 고작 1퍼센트 정도에만 해당한다. 나머지 99퍼센트 환자에게는 조기 발병을 일으키는 돌연변이 유전자가 없으며, 그 병이 특정 유전자 하나로 생기지도 않는다. 이 대다수의 경우, 다중 예비 요소를 관리해 인지 기능을 향상시키고 노화 관련 질환 위험을 줄임으로써 '방아쇠가 당겨지는 것'을 막을 수 있을지도 모른다. 앞으로 나올 여러 장에서 관련 내용을 더 자세히 살펴보겠다.

2부

노화의
기회를 잡는
실천 전략

12장

노화를
기회로 만드는 방법

나는 1990년대에 한 알츠하이머 학회에서 정신적·신체적 활동과 질병 위험성에 관한 연구를 주제로 강연했다. 나는 기자회견에서 알츠하이머병의 위험성을 낮추려면 사람들은 평생 신체적·정신적으로 활발해야 하며, 흡연과 비만을 줄이고, 식물성 위주로 포화지방이 적은 식사를 하고, 당뇨와 고혈압을 적절히 관리해야 한다고 제안했다. 또 이런 권고 사안들이 내 연구 팀뿐 아니라 전 세계 다른 연구 팀의 연구를 기반으로 한다는 점도 설명했다.

발표가 끝나자, 한 학회 관계자가 일어나 양팔을 넓게 벌리며 말했다. "잠깐만요. 프리들랜드 박사님의 제안은 대조군 설정 이중맹검 무작위 임상시험으로 검증되지 않았고, 내용이 미흡합니다."

나는 말문이 막혔다. 내 제안은 이미 사람들에게 어떤 식으로든 이롭다고 알려져 있으며, 최근 연구 결과에서도 실제로 도움이 된다는 점이 확인되었다고 반박했다. 또 그런 방식은 부작용 위험도 없다. 솔직히 앞으로 소개할 권고 사안들도 대조군 설정 이중맹검 무작위 임상시험으로 철저히 평가받은 것은 아니다. 그런 임상시험이 완료된다면 정말 멋지겠지만, 우리는 지금 무엇을 해야 하는지 알아야 한다. 모든 사람이 내 말에 동의하지 않더라도 말이다.

2010년 과학자들은 '최첨단 과학 회의 성명서: 알츠하이머병과 인지 기능 쇠퇴 예방하기'에서 중년기의 당뇨, 고지혈증, 흡연이 알츠하이머병 위험 증가와 관련이 있다고 주장했다.[114] 지중해식 식사, 엽산 섭취, 적정 알코올 섭취, 인지 및 신체 활동은 위험 감소와 관련이 있었다. 하지만 "증거의 질이 이 모든 관련성 전부에 대해서는 낮기" 때문에 과학자들은 그러한 경감 요소들과 알츠하이머병 위험 간의 연관성에 대해 확실한 결론을 내릴 수는 없었다.[114, 115]

2017년 미국 과학발전협회 명예 회장인 앨런 레쉬너Alan Leshner와 미국 국립신경질환뇌졸중연구소 명예 소장인 스토리 랜디스Story Landis가 이끄는 전미 과학공학의학한림원National Academies of Sciences, Engineering, and Medicine도 비슷한 주장을 내놓았다. 알츠하이머병 위험을 낮추기 위해 사람들이 무엇을 할 수 있는지에 대해 일반 대중에게 구체적인 지침을 제공하기에는 데이터가 너무 부족하다고 말이다.[116]

나는 이런 결론에 강하게 반대한다. 나는 1999년 남아프리카공화국 요하네스버그에서 열린 국제알츠하이머병회의에서 시바니 난디Shivani Nandi를 만났다. 우리는 사랑에 빠져 결혼했다. 우리는 사람들이 알츠하이머병에 걸리지 않도록 돕는 일에 전념해오다가, 2013년에 공동 논문 한 편을 발표했다. 『알츠하이머병 저널Journal of Alzheimer's Disease』에 실린 우리의 풍자적인 제목의 논문 「치매 예방의 종단적 연구를 위한 겸손한 제안(1729년에 비슷한 제목의 에세이를 발표한 조너선 스위프트에게 사과를 드리며)」은 알츠하이머병 예방 노력의 필요성에 주목해야 한다고 역설한다.[34] 우리는 1만 명을 대상으로 40년에 걸친 연구 계획을 제안했다. 이 1만 명은 높은 포화지방 식단과 낮은 포화지방 식단, 머리 부상 여부, 높은 수준이나 낮은 수준의 정신적·신체적 활동 또는 무활동, 흡연 여부 등 여러 집단에 무작위로 배정된다. 하지만 이런 연구는 현실적으로 실행 불가능하다. 우리의 요점은 이 이상적인 연구가 불가능하기에, 입수 가능한 증거에 기반한 권고를 추진해야 한다는 것이다. 권고안이 나오기 전까지 추가적인 정보를 마냥 기다려야 한다는 생각은 도저히 받아들일 수 없다. 우리의 '겸손한 제안'은 결정적인 증거가 나오지 않았다고 해서, 이미 확립된 증거를 토대로 합리적인 권고를 하는 데 제약을 받아서는 안 된다는 것이다. 미국의 천문학자이자 작가인 칼 세이건_{Carl Sagan}이 말했듯 "증거의 부재가 부재의 증거인 것은 아니다".

알다시피 고혈압과 흡연은 치매 위험 인자이자 심장병과 뇌졸중 및 다른 여러 질환의 위험 인자이기도 하다. 왜 전문가 패널들은 정부와 관련 조직체가 치매 위험을 낮추기 위해 고혈압 관리 개선과 흡연 방지를 권장해야 한다고 촉구하지 않았을까? 그런 권고 사항의 위험성이 무엇이란 말인가? 추산에 따르면, 내가 여러분에게 추천하는 권고안과 비슷한 위험 인자 감소 방안들은 전 세계 알츠하이머병 유병률을 약 10퍼센트, 미국에서는 약 25퍼센트 줄일 수 있을 것이다. 모든 알츠하이머병 사례의 절반가량은 잠재적으로 고혈압과 흡연 때문인 것으로 보인다.

153건의 무작위 임상시험에 대한 최근 분석에 따르면, 다음 요소들이 알츠하이머병 위험을 높일 수 있다.[117]

• 낮은 교육 수준

- 낮은 인지 활동 수준

- 낮은 신체 운동 수준

- 비타민 C 섭취 부족

- 높은 호모시스테인 혈중 농도

- 우울증

- 스트레스

- 당뇨

- 머리 부상

- 중년기의 고혈압

- 중년기의 비만

- 생애 후반의 상당한 체중 감소

- 흡연

- 수면 부족

- 뇌 혈관 질환

- 허약

- 심방세동

이런 위험 요소들에 대처하는 권고안을 실행하기 전에, 우리는 먼저 노화의 맥락을 꼼꼼히 살펴보아야 한다. 중요한 점은 이런 위험성·예방성 요소들이 알츠하이머병뿐 아니라 여러 다른 질환과도 관련이 있다는 사실이다. 고혈압, 중년기의 신체 활동 부족, 중년기의 비만, 흡연은 모두 알츠하이머병의 위험 인자이지만, 동시에 심혈관 질환과 뇌졸중의 위험 인자이기도 하다. 이런 질환들은 알츠하이머병 자체와도 연결되어 있다. 심장병과 뇌 혈관 장애가 있는 사람은 알츠하이머병에 걸릴 위험이 더 크다. 심장병과 뇌졸중이 신체적 예비 역량을 감소시켜 치매가 신경퇴행성 질환의 초기 단계에서 나타나기 쉽게 만들기 때문이다. 또 심장병과 뇌졸중은 알츠하이머병의 진행 속도를 가속화한다. 붉은 고기와 저식이섬유 식사는 대장암의 위험 요소다. 내가 제안하는 권고안을 따르면 건강에 분명 도움이 될 것이다. 이와 관련해 다음 네 가지 점이 매우 중요하다.

첫째, 위험과 예방 인자는 평생 작동한다.

케임브리지대학교의 캐럴 브레인Carole Brayne과 나는 이 사안을 「소아과 의사가 알츠하이머병에 관해 무엇을 알아야 하는가?」[118]라는 논문에서 다루었다. 생애 초기의 풍부한 인지 능력은 생애 후기의 우호적인 인지 건강과 관련이 있으며, 이는 예방적 조치가 가급적 일찍 시작되어야 함을 여실히 보여준다.[22] 생애 초기 요소들의 영향을 평가하기 위한 무작위 대조군 임상시험이 존재하지 않는 한 가지 중요한 이유는 그런 시험을 실시할 수 없기 때문이다. 임상시험은 40년에 걸쳐 실시하기가 어렵다. 또 3년 동안 이로운 점을 보여주지 않는 시험 결과라고 해서 예방 조치가 더 긴 기간 동안 시행될 때 효과가 없다는 의미는 아니다.

다음 장들에서 살펴볼 생활 방식 요소들은 아주 이른 시기를 포함해 생활 주기의 모든 국면에 적용된다. 몬트리올의 마이클 미니Michael Meaney와 동료들은 일련의 놀라운 실험을 통해 어미의 애정이 아기 설치류의 해마 속 유전자 구성을 변화시킨다는 사실을 밝혀냈다.* 어미

....

* 유전자 변화를 일으키는 이 메커니즘에는 후성유전epigenetics이 관여한다. 이는 DNA 염기 서열은 변화시키지 않으면서 유전자 발현이 유전을 통해 변화되는 것을 가리킨다.

의 사랑을 더 많이 받은 동물들은 기억과 학습에 중요한 역할을 하는 해마 속 뉴런에 수용체가 더 많았다.[119] 이 과학자들이 밝혀낸 바에 따르면, 어미의 사랑을 더 많이 받은 동물은 스트레스 반응이 더 빨리 해소되며, 노화가 진행되더라도 뉴런이 더 오래 살아남고, 기억력도 더 오래 유지되었다. 어미와 새끼의 상호작용이 주는 이로운 효과는 스트레스 반응에 대한 영향을 통해 생기는 것으로 보인다. 또 그것은 어미와 접촉하는 효과가 새끼의 미생물군 발달에 영향을 미친 결과일 수도 있다. 여러 문헌에 따르면, 인간 어미와 아기 사이의 친밀한 접촉은 신체적·심리적 발달에 이롭다.

아이들이 미생물군에 노출되는 것이 얼마나 중요한지는 미생물군 전문가인 잭 길버트Jack Gilbert와 롭 나이트Rob Knight의 저서에서 강조되었다. 그들은 『더러워도 괜찮아: 우리 아이 면역력을 키우는 미생물 프로젝트Dirt Is Good: The Advantage of Germs for Your Child's Developing Immune System』(RHK 역간)에서 강아지와 함께 자란 아이들은 그렇지 않은 아이들보다 면역계가 더 뛰어나다고 언급했다.[120]

둘째, 알츠하이머병은 수십 년에 걸쳐 생애 후반에 발생한다. 따라서 우리의 목표는 이 병이 발생하지 않도록 막는 것뿐 아니라, 그 시작을 지연시키는 데도 있다.

추산에 따르면, 알츠하이머병 발병 나이를 5년 늦출 수 있다면 유병률은 절반으로 줄어들 수 있다. 뇌 자체의 신체 적합성을 향상시키는 노력뿐 아니라 뇌와 상호작용하는 인체 기관들의 신체 적합성을 향상시키려는 노력을 기울이면, 질병의 진행 과정을 바꿔 평생 치매의 시작을 늦출 기회를 얻을 수 있다.[121]

셋째, 환경적 요소들이 중요하다.

최근 연구에 따르면, 알츠하이머병의 발생률과 유병률은 지난 20년 동안 약 20퍼센트 감소했다(노년 인구 증가를 반영한 조정 수치임). 이는 유럽, 아시아, 미국에서 진행된 여러 연구에서 확인된 결과다. 1,599명의 노년층을 대상으로 한 연구에 따르면, 30년 동안 뇌의 알츠하이머 병리 과정의 지표가 감소했다.[122] 이는 십중팔구 환경적 요인들 때문인데, 교육, 의료 서비스, 생활 조건, 영양의 향상과 함께 고혈압과 심장병 관리, 흡연 감소 등이 주요 원인이다.[123] 미국 인구조사국에 따르면, 1965년에는 65세 이상 인구 가운데 석사 학위 이상을 취득한 비율이 고작 5퍼센트였지만, 2018년에는 이 비율이 29퍼센트로 증가했다.[124] 알츠하이머병 위험이 낮아지고 있다는 관찰 결과는 예방적 요소의 중요성을 든든하게 뒷받침한다.

넷째, 나이는 우리의 선택을 제약하는 요소가 될 필요는 없다.

노년층에게 예방 조치를 권할 때는 몇 가지 구체적인 문제가 따른다. 많은 노년층과 가족 구성원이 '노년에는 더 이상 배우거나 신체적으로 활발하게 지낼 수 없다'라는 편견을 가지고 있기 때문이다. 교육은 젊은 세대만을 위한 것이라는 흔한 인식도 존재한다. 또 많은 노년층은 더 이상 달릴 수도 없고 운동을 할 수도 없다고 여긴다. 게다가 젊은이들보다 가진 돈이 적고, 시각·청각·평형감각 같은 감각 기능의 약화로 활동 기회를 놓치기도 한다. 대체로 교통수단을 이용하기도 쉽지 않다. 따라서 생활 방식 변화를 계획할 때는 이런 요소들을 고려해야 한다. 노년층은 달리기는 어렵더라도 여전히 운동을 할 수 있다. 더 이상 운전을 할 수 없는 사람들에게는 대체 교통수단이 필요할 수도 있다.

이 책의 13장부터 25장까지는 생활 방식 요소들을 폭넓게 다룬다.

목표는 신경퇴행성 질환의 발생 위험을 낮추고, 신체 회복력을 향상시켜 질병이 발생하더라도 기능을 유지할 수 있도록 돕는 것이다. 또 인지적·신체적·심리적·사회적 예비 요소의 역량을 강화하기 위함이다. 이 네 가지 예비 요소를 향상시킨다면, 여러분은 노화가 가져다주는 기회를 한껏 누릴 수 있을 것이다.

생활 방식 행동이나 약물, 건강보조제를 바꾸려면 반드시 의사와 상의해야 한다. 나는 운동량이나 건강보조제 복용량, 목표 식사량을 딱히 우려하지는 않는다. 이런 수치들은 사람마다 다르고, 의사와 상담한 내용에 따라 고려해야 하기 때문이다.

13장

신체 활동,
전신과 뇌를 살린다

"나이가 들어도 놀이를 멈춰서는 안 된다.
우리는 놀이를 멈추기 때문에 나이가 든다."

조지 버나드 쇼(1856-1950)
아일랜드의 극작가이자 비평가

내가 30세였을 때, 72세의 친척 한 분이 심장마비가 왔다. 그는 상당히 과체중이었고 운동을 거의 하지 않았다. 그는 이 사건 이후로 식단과 운동 프로그램을 시작했다. 나는 자신의 병에 적절하게 대응하는 그 모습을 보고 기뻤지만, 한편으로는 40년 전부터 체중과 운동 부족에 관심을 가졌더라면 얼마나 좋았을까 하는 생각이 들었다. 이 사건을 계기로 나 역시 신체 활동 부족을 돌아보게 되었다.

당시 나는 로렌스 버클리 연구소의 동료들과 소프트볼을 하고 있었다. 우리 팀 이름은 '중이온Heavy Ions'이었다. 상대 팀 이름은 '나드Nads'였는데, 그 단어 때문에 그 팀 팬들이 "Go…!"라고 부르는 효과를 낳았다('nad'는 고환이라는 뜻이고, 'gonad'는 생식선이라는 뜻이다 — 옮긴이). 나는 소프트볼 팀 활동이 내 건강에 부정적인 영향을 미친다고 느꼈다. 나는 수비 위치가 우익수였지만 공이 그쪽으로 잘 오지 않았기 때문이다. 또 매 경기 후 술을 마셨는데, 내 맥주 소비량이 상당했다.

친척의 심장마비 사건 직후 나는 소프트볼을 그만두고 테니스를 시작했다. 테니스를 해본 적은 있었지만 드물게 했고, 수업도 겨우 일곱 번 받았을 뿐이다. 서브 넣는 법도 몰랐다. 나는 테니스 동호회에 가입하고 새 라켓을 샀다. 그리고 취미로 하는 테니스 연간 비용은 한두 번의 스키 여행보다 적다고 스스로 합리화했다. 스키 사고로 무릎 수술을 받는 비용은 포함하지 않더라도 말이다. 친척은 그 후 곧 세상을 떠났다. 나는 지난 40년 넘게 일주일에 몇 차례 꾸준히 테니스를 쳤다. 여전히 서브와 백핸드에는 애를 먹지만, 테니스는 신체적·정신적으로 큰 도움이 되었다. 테니스는 집중력을 강화하고 스트레스를 완화하는 데 매우 유익했다.

유전적 관점에서도 우리는 가만히 있는 생활 방식과는 맞지 않는다. 여러 연구에서 밝혀진 바에 따르면, 평생 높은 수준의 신체 활동은 뇌졸중, 심혈관 질환, 우울증뿐 아니라 알츠하이머병에 이로운 영향을 미친다(인간이든 동물이든 마찬가지다). 놀랍게도 신체 활동은 학습을 활성화시키는 뇌의 새로운 뉴런 생산을 촉진한다.

게다가 신체 활동은 뇌와 간의 성장인자 생산을 향상시키며, 이는 뉴런 간 통신과 정신 기능 유지를 촉진한다. 이런 성장인자는 새로운 뉴런 생산과 기능 향상, 뇌 혈관 안정성에 도움을 준다. 또 운동은 면역계를 향상시켜 질병 예방 세포와 항체 생산을 늘리고 골격, 내분비 기능, 심장 건강에도 도움을 준다. 심장과 뇌를 포함한 전신 혈관 기능은 운동으로 향상된다. 신체 활동은 우울증 개선에도 효과적이다.

대다수 사람은 일정 수준의 신체 운동이 가능하다는 사실을 인식해야 한다. 달릴 수 없는 사람은 걸으면 되고, 안정적으로 걷기 어려운 사람은 수영장에서 걷는 아쿠아 운동을 고려하면 된다. 수영도 멋진 운동이다. 우리 연구 팀이 알아낸 바에 따르면, 중년부터 생애 후반기 동안 신체적·정신적으로 덜 활발한 사람들은 참여도가 이전 시기와 같거나 더 활발한 사람들보다 알츠하이머병에 걸릴 위험이 높았다.[17]

운동은 모든 기관계에 긍정적 효과를 낳는다. 보통 수준에서 활기 찬 수준까지의 운동은 정신적 처리 속도, 기억과 실행 기능, 수면 질을 향상시키고, 우울증을 감소시키거나 예방할 수 있다. 이는 나이 든 사람이든 젊은 사람이든 심지어 치매에 걸린 사람이든 마찬가지다. 2,000명 이상의 사람들을 대상으로 한 메이요 클리닉Mayo Clinic(학술 연구를 겸하는 것으로 유명한 미국의 한 종합병원 — 옮긴이)의 연구에 따르면, 가벼운 강도의 중년기 신체 활동만으로도 노년기의 기억 기능 감퇴가 줄어들었다.[125] 일주일에 150분 이상 신체 활동을 하는 사람은 가만히 있는 사람보다 사망 위험이 33퍼센트 낮다. 운동이 뇌에 미치는 효과는 인지 기능과 긴밀한 연관이 있는 부위인 해마와 전전두엽 피질에서 가장 두드러진다. 높은 수준의 신체 활동은 피질 두께 증가와도 관련이 있다. 1만 6,000명 이상의 유럽인을 대상으로 한 연구와 호주에서 나온 연구 결과에 따르면, 규칙적인 운동은 뇌 기능을 향상시키고 치매 위험을 줄인다.[7]

중요한 점은 신체 활동이 날씨에 좌우되어서는 안 된다는 것이다. 많은 사람이 날씨가 좋으면 나가서 걷지만, 비가 오거나 추우면 집에 머문다. 비가 와도 신체 활동의 필요성은 사라지지 않는다. 가정용 운동기구를 사용하거나, 피트니스 센터에 가거나, 대형 쇼핑몰에서라도 걸어야 한다. 실내 자전거를 집에 두기만 하고 사용하지 않는다면 그 것은 운동이 아니다.

신체 활동의 중요한 목표 중 하나는 다양성이다. 유산소운동은 심장과 폐, 순환계에, 근력 운동은 근육과 뼈, 관절 강화에, 스트레칭은 유연성에 도움을 준다. 이 모든 운동이 뇌에도 긍정적인 영향을 미친다. 운동과 관련된 심호흡은 폐와 심장에 이롭다.

미국 보건복지부 보고에 따르면, 미국 성인 중 5퍼센트 미만이 매일 30분 신체 활동을 하며, 그마저도 셋 중 한 명만이 운동량 권고 수준에 도달한다. 권장 운동은 주 3~5회 20~60분 유산소운동과 주 2~3회 근력 운동이다.

자연 속에서 운동하는 것도 중요하다. 자연을 접하는 기회가 부족한 것은 좋지 않은 건강과 우울증의 주요 인자다. 하버드대학교의 곤충학자 에드워드 윌슨Edward Wilson은 저서 『바이오필리아Biophilia』(사이언스북스 역간, 바이오필리아는 '생명에 대한 사랑'을 뜻한다)에서 인간 진화와 자연환경의 필요성을 설명했다.[126] 인류는 지난 10만 년 동안 자연환경과 긴밀히 접촉하며 살아왔다. 따라서 자연에 주의를 기울이는 능력은 생존에 필수적이었고, 우리의 뇌는 이를 파악하고 이해하는 능력을 진화시켰다. 이 능력은 우리 존재의 핵심 특징 중 하나다. 하지만 도시인들이 자연과 제한적으로 접촉하면서 지내기 시작한 것은 불과 지난 100년의 일이다. 생물계와의 상호작용이 지니는 중요성을 뒷받침하는 증거는 상당히 많다. 예를 들어 실외 활동은 치매 환자의 신체적 공격 행동을 조절하는 데 항정신성 약물보다 효과적이라는 사실이 밝혀졌다.[108] 또 보고된 연구 결과에 따르면, 녹색식물을 접하는 경험은 공해가 순환계에 미치는 부정적 영향을 상쇄할 수 있다.

평생 신체적으로 활발하게 사는 것이 좋다. 엘리베이터나 에스컬레이터를 타는 대신 계단을 오르고, 쇼핑할 때는 매장과 멀리 떨어진 곳에 주차해 활동량을 늘리기 바란다. 집에서 영화를 볼 때도 스트레칭이나 근력 운동에 사용할 운동 밴드를 준비하면 좋다. 운동에 쓰는 돈은 잘 쓰는 투자다. 병원비 대신 피트니스 센터에 지출하는 편이 훨씬 낫다. 다만 스스로 변명에 빠지지 않는지 살펴야 한다. 예를 들면 "내일 해야지", "피곤해", "어제 했잖아", "너무 추워", "너무 더워", "나는 잘 못해", "몸이 예전 같지 않아" 같은 말들이다.

통증 때문에 운동을 피하는 경우도 많다. 물론 아픈 동작은 피해야 하지만, 통증 없이 할 수 있는 운동을 찾는 것이 최선이다. 나는 15년 전 왼쪽 발목 수술을 받은 후 빨리 걷거나 테니스를 치거나 러닝머신을 이용하지도 못했다. 하지만 실내 자전거를 통해 꾸준히 운동을 이어 갈 수 있었다.

이미 논의했듯이, 운동은 인생의 모든 단계에서 중요하다. 아이들은 뼈와 관절, 근육이 제대로 발달하려면 신체 활동이 필요하다. 생애 초기에 평생 습관을 몸에 익힌 아이들이 앞으로 어떤 신체 활동을 해나가는지 살펴보자. 20세 이후에도 미식축구를 하는 사람은 거의 없고, 야구도 대체로 젊은 사람을 위한 운동이다. 나는 여러 차례 발목 부상을 겪으면서 30세에 농구를 그만둘 수밖에 없었다. 축구 역시 중년층이 하기에는 벅차다. 따라서 아이들이 부상 위험이 높지 않은 운동을 포함해 여러 스포츠를 경험해야 나이가 들어서도 계속할 수 있다. 테니스, 골프, 배드민턴, 달리기, 춤, 무술, 수영은 아이들이 일찍부터 스포츠의 매력을 느끼기에 안성맞춤인 운동이다.

실험 삼아 한 달 동안 매일 활기찬 신체 운동을 해보면 어떨까? 운동의 기간과 강도는 개인 조건에 따라 달라질 수 있으니, 의사와 상의해 선택하는 것이 좋다. 이 기간이 끝난 뒤 몸 상태가 어떻게 달라졌는지 확인해보자. 스스로 놀라게 될지도 모른다.

신체 활동에는 두 가지 주요 규칙이 있다. 첫 번째는 시작하기, 두 번째는 계속하기다.

운동은 네 가지 예비 요소를 전부 향상시킨다. 즉, 뇌와 신체 전반, 정신적 태도, 사회적 교류에 좋다.

전신 건강을
최적화하는 방법

'전신systemic'이란 말은 한 생명체 전체와 관련된 것을 뜻한다. 다중 예비 요소 이론의 핵심 개념은 몸의 건강이 뇌 건강에 이롭다는 것이다. 뇌는 기능을 유지하기 위해 다른 모든 인체 부위에 의존한다. 이런 의존성은 특히 예비 역량이 낮은 노년층에게서 두드러진다. 한 임상시험 연구에 따르면, 집중적인 혈압 관리(120/80mmHg 미만)는 표준적인 혈압 관리(140/90mmHg 미만)보다 인지 장애 위험을 낮추는 데 더 효과적이었다.[61] "심장에 좋은 것은 뇌에도 좋다"라는 말은 분명 옳다. 심장, 폐, 신장, 간, 내분비 기능을 가능한 한 최상의 상태로 유지하는 것도 중요하다. 당뇨는 크고 작은 뇌졸중뿐 아니라 알츠하이머병의 위험성도 높인다. 당뇨는 식단, 신체 활동, 비만과 관련이 있다. 고식이섬유 식단은 인슐린 반응성을 향상시키고 제2형 당뇨병 발생을 줄인다. 이 책의 많은 권고안은 신경계에 직접 이롭기도 하지만 전신 건강에도 유익하다. 다시 말하지만, '전신'은 한 생명체 전체와 연결된 개념이다.

　체중 증가는 반드시 피해야 한다. 비만은 네 가지 예비 요소의 상호작용을 잘 보여주는 예다. 분명히 비만은 달리기 같은 신체 활동을 방해할 수 있다. 하지만 비만이 신경퇴행성 질환, 뇌졸중, 심장병 등 여러 질환에 어떤 영향을 미치는지는 여전히 불분명하다. 다만 비만은 인슐린 반응성을 감소시키고, 당뇨를 일으키고, 신장과 심장 기능에 영향을 미치고, 면역계의 유효성을 감소시키고, 장내 박테리아를 손상시키며, 혈관 질환을 가속화하고, 대장암 위험을 높이고, 뇌졸중을 일으킬 수 있다. 비만은 섭취한 음식에서 영양소를 '수확하는' 데 유능한 장내 박테리아와 관련이 있는 것으로 알려져왔다. 고식이섬유 식단은 비만을 예방하는 데 도움이 될 수 있다(20장 참고).

훌륭한 신체적 예비 역량을 유지하려면, 가정과 직장에서 독소 노출을 피하는 것이 중요하다(25장 참고). 독성 인자는 여러분을 아프게 하지 않더라도 예비 역량을 손상시킬 수 있다는 사실에 유의하기 바란다. 즉, 여러분의 신체 적합성이 아무런 증상이나 신호 없이 감소될지도 모른다는 말이다. 앞서 설명했듯이, 노년을 건강하게 즐기려면 생길 수 있는 어려움에 잘 대처할 수 있도록 가능한 한 최상의 예비 역량을 갖추어야 한다.

결국 훌륭한 전신 건강은 훌륭한 신체적 예비 역량을 뜻한다. 이는 평생 건강한 뇌 기능을 유지하는 데 도움을 준다.

15장

정신적 활동으로 뇌를 단련하다

앞서 언급했듯이, 1980년대에 나온 일련의 연구는 알츠하이머병 유병률·발생률과 교육 기간의 밀접한 관련성을 보여주었다.[127] 이 연구에 따르면, 교육 기간이 길수록 알츠하이머병에 걸릴 위험이 낮았다.

텔레비전과 노화의 관계

미국인들은 텔레비전을 유난히 좋아한다. 2015년 기준, 미국인은 하루 평균 약 3시간 동안 텔레비전을 시청했는데, 이는 다른 어떤 나라보다 긴 시청 시간이었다. 텔레비전 시청은 매우 수동적인 경험이다. 참여를 허용하지도 않을 뿐 아니라 참여 의지마저 적극적으로 꺾어놓는다. 물론 교육 관련 방송도 존재하지만, 대체로 인기가 없다. 대부분 텔레비전 프로그램은 대단한 지적 활동을 요구하지 않는다.

책을 읽을 때는 어떤지 생각해보기 바란다. 만약 여러분이 잠들면 페이지는 넘어가지 않는다. 책을 읽으려면 독자가 반드시 참여해야 한다. 책 내용에 대해 의문이 생기면, 앞 페이지로 돌아가 확인할 수도 있다. 반면, 텔레비전 시청에서는 이러한 과정이 일반적으로 불가능하다. 증거에 따르면, 텔레비전 시청과 같은 정적인 활동은 심장병, 암, 사망 위험을 높이며, 시청 시간이 길수록 위험도 증가한다. 한편 여러 연구 결과에 따르면, 독서는 교육 수준과 관계없이 생애 후반에 인지 기능 쇠퇴의 위험을 줄여줄 수 있다.

한국에서 9,644명을 대상으로 실시된 연구에 따르면, 텔레비전 시청은 인지 기능 장애의 중대한 위험 인자일 뿐 아니라 신체 활동을 방해한다.[128] 아마도 텔레비전 시청은 정신적인 활동 부족 상태의 표지일 가능성이 크다. 또 긴 텔레비전 시청 시간은 심혈관 질환의 위험 인자와도 연관이 있었다.[129,130] 움직임이 부족한 생활 방식은 허약과도 관련이 있으며, 알려진 바에 따르면 독서와 신체 운동은 경도 인지 장애를 가진 노년층의 허약을 예방할 수 있다.[131]

평생 뇌 건강에 좋은 '학습'

늘 배우는 삶은 분명 권장할 만하다. 일정 수준의 인지적 복잡성을 갖춘 과제가 바람직하지만, 특정 형태의 학습이 다른 형태의 학습보다 낫다고 믿을 이유는 없다. 여기에서 관건은 활동이 일관적이고 지속적이어야 한다는 것이다. 직장에서 인지 활동에 참여하는 것이 중요하다. 심한 스트레스를 주거나 소극적으로 참여하거나 복잡성이 부족한 일은 생애 후반에 인지 장애 가능성을 높일 수 있다.

정신적 활동이 생애 초기에 제한될 수밖에 없다고 믿을 이유는 전혀 없다. 인간은 모든 연령대에 걸쳐 배울 수 있으며, 학습은 평생 뇌 건강에 유익하다. 나는 "어떤 유형의 정신적 활동이 뇌에 가장 좋은 가?"라는 질문을 자주 받는다. 이에 최고의 답을 낼 결정적 증거는 없 지만, 무언가를 배우는 과정이 포함된 활동이 최선이라는 점은 확실 하다.

나는 인지 자극 활동의 기회를 넓히는 데 관심이 많다. 그래서 체스 게임을 권장하는 조직인 체크메이팅 디멘시아 파운데이션Checkmating Dementia Foundation 설립을 도왔다. 체스 게임에서는 앞으로의 상황을 예상하면서 가능한 결과를 분석한다. 또 체스 게임 참가자는 적어도 한 명의 다른 참가자와 상호작용을 한다. 비용도 저렴하고 온라인에 서도 가능하다. 하지만 많은 사람이 체스 두는 법을 배운 적이 없어 재단의 발전은 느렸다. 나는 어렸을 때 체스를 두기는 했지만, 전략을 제대로 배운 적은 없었다. 내 아들이 어렸을 때 체스를 가르쳤는데, 처 음에는 아들을 이길 수 있었다. 아들이 11세쯤 되었을 무렵이었다. 하 지만 곧 아들은 나를 너무 쉽게 이긴다며 더 이상 나와 체스를 두지 않으려 했다(못난 아빠라 미안할 따름이었다). 체크메이팅 디멘시아 파 운데이션에서는 모든 연령대의 사람이 인지 향상 게임에 참여할 것을 권장한다.

음악 활동도 소중하다. 음악 공연에는 중요한 신체 활동이 따른다. 음악 듣기는 사회적 상호작용이 종종 관여해 스트레스를 풀어준다. 직업적 활동도 중요하다. 우리 연구 팀의 연구에 따르면, 알츠하이머 병 환자들은 건강한 대조군 집단에 비해 정신적 자극이 부족한 직업 을 가진 경우가 많았다.[132] 반대로 높은 수준의 정신적 활동을 요구하 는 직장에서 일하면, 생애 후반의 치매를 방지해줄지도 모른다. 물론 여기에 영향을 주는 다른 요인들도 있다. 독성 물질에의 노출, 스트레스, 가난, 열악한 의료 서비스, 낮은 교육 수준, 근무 중 상해 등은 모두 정신적 자극 수준이 낮은 직업군에서 더 두드러진다.

다양성의 개념은 학습과 정신 활동에도 해당된다. 새로운 것을 배우는 게 좋다. 직장과 가정에서 평생에 걸쳐 인지 활동에 참여하면, 인지적 예비 역량을 키울 수 있다. 게다가 인지 활동은 직접적으로 질병 과정 자체를 방해한다. 인지적으로 활발하게 생활하는 것은 뇌를 자유라디칼과 독소로부터 보호하고, 스트레스 관리에도 도움을 준다.

학습이 포함된 활동을 선택하는 것도 즐거워야 한다. 즐기지 못하는 활동은 오래 하기 어렵다. 당면한 과제에 주눅 들지 말기 바란다. 중요한 것은 뇌를 자극하는 일, 그리고 무언가를 배우고 익히는 즐거움이다. 작은 목표의 중요성을 알아차려야 한다. 예를 들어 수채화를 배우기로 했다면, 곧바로 지역 미술관에 전시할 작품을 만들겠다고 기대하지 않는 편이 좋다. 적어도 더 많은 경험을 쌓을 때까지는 말이다.

주의 집중, 잊기, 그리고 기분 전환

윌리엄 제임스는 1890년에 발간한 저서 『심리학의 원리Principles of Psychology』(아카넷 역간)에서 다음과 같이 썼다. 강조 부분은 내가 표시한 것이다.

- 외부 세계에서 내 감각으로 들어오는 수많은 것은 내 경험 속으로

적절하게 유입되지 않는다. 왜 그럴까? 그것들은 나의 관심사가 아니기 때문이다. **나의 경험은 내가 주의를 기울이기로 한 것이다.** 내가 주목한 것만이 내 마음을 이룬다. 선별적인 관심이 없다면, 경험은 완전한 혼돈일 뿐이다. 관심이야말로 억양과 강조, 빛과 그늘, 배경과 전경, 즉 알아볼 수 있는 원근법을 제공한다. 그것은 생명체마다 다르지만, 그것이 없다면 모든 생명체의 의식은 상상조차 할 수 없는 회색의 혼란스러운 구분 불가능 상태가 되고 말 것이다.

윌리엄 제임스의 말은 '경험(여러분에게 생기는 일)'과 '주의 집중(그 일에 대한 여러분의 반응)' 사이의 중요한 차이를 잘 보여준다.

기억의 세 가지 구성 요소인 부호화, 저장, 인출은 어떤 사건에 대한 기억이 발생하려면 모두 필요하다. 하지만 기억은 주의 집중이 적절한 처리를 허용하지 않으면 실패할 수 있다. 만약 기억이 제대로 저장되지 않으면 떠올리기가 어렵다. 또 인출은 부호화와 기억 저장이 잘 되었더라도 기억을 찾아내지 못하면 실패할 수 있다. 종종 노년층은 흔한 단어를 떠올리지 못할 때 기억 인출에 실패한다. 흔히 '설단 현상 舌端現象, Tip-of-the-tongue Phenomenon'이라고 불리는 이 상황은 인출 기능 약화의 신호다. 기억력 향상을 위한 핵심 전략은 어떤 사건에 더 많이 주의를 기울이는 것이다. 그러면 해당 사건을 기억 속에 심어두는 데 도움이 된다. 또 사건에 대한 적절한 분석은 저장을 더욱 든든하게 해준다. 이렇게 부호화와 저장이 잘 완료되었을 때 인출 역시 더 잘 이루어진다.

주의 집중은 기억력에 큰 차이를 가져온다. 나이가 들수록 두 가지

일을 동시에 처리하는 능력이 줄어든다. 뇌가 아무리 복잡하다 해도, 심지어 젊은 나이일 때도 우리는 두 가지 인지 과제를 동시에 맡으면 따로 할 때만큼 잘해내지 못한다. 나이 든 사람의 청력은 주변 소음이 만드는 방해에 더욱 민감하다. 그러므로 가급적 편안하고 조용한 환경을 찾는 것이 좋다. 많은 식당과 사교 공간은 시끄러운 음악을 틀고 음향 설계도 좋지 않아, 대화를 알아듣기 어렵고 적절한 주의를 기울이기도 힘들다. 이런 곳에서는 사람들과 나눈 대화 내용도 금세 잊어버리기 쉽다. 가능하다면 이런 장소는 피하는 편이 좋다.

인간은 이야기를 이해하고 처리하는 특별한 능력을 진화시켰다. 이야기를 활용하는 것은 기억력 향상을 위한 효과적인 방법이다. 인류 역사 대부분 동안 이야기는 정보를 전달하는 가장 중요한 수단이었다. 20세기에 들어서야 많은 사람이 글을 읽고 쓰게 되었지만, 그전에는 오직 말로써 이야기가 세대에서 세대로 전해졌다. 역사를 살아 있게 만들려면, 인류가 들은 이야기를 기억해 다음 세대에 전해주는 일이 대단히 중요했다. 우리 뇌는 이야기가 소중하게 여겨지는 환경에서 진화했으며, 때로는 이야기에 집중하는 태도가 생사를 가르기도 했다. 일상에서 일어나는 일에 주의를 기울이는 자세는 사건을 하나의 이야기로 만드는 데 도움이 되고, 그렇게 하면 기억력도 향상된다.

사회와 기술은 과거와 크게 달라졌지만, 우리의 신경학적 능력은 조상들과 다르지 않다. 우리는 여전히 이야기를 선천적으로 중시한다. 따라서 기억을 이야기로 부호화할 수 있을 때마다 기억력이 향상된다. 무언가를 배울 때, 새로운 정보를 맥락 속에 담기 바란다. 예를 들어 16세기 잉글랜드의 여왕 메리 1세('피의 메리Blood Mary'라고도 알려진 인물)에 관한 영상을 보았다면, 시간을 내서 그와 그의 아버지 헨리

8세의 이야기도 읽어보기 바란다. 동네 공원을 산책한다면 그곳의 역사도 찾아보기 바란다. 새로운 사람을 만나게 된다면, 그 사람의 삶에 어떤 이야기가 담겨 있는지 알아보기 바란다. 이런 태도에는 상대를 향한 관심과 이해가 필요하다.

16장

마음 회복력을 키우는
심리적 습관들

"아주 오래 낙담하거나 걱정하면서 과거나 미래의 사건이
달라질 것이라고 믿는다면, 당신은 지구와는 다른 현실 체계를 지닌
또 하나의 행성에 거주하는 셈이다."

윌리엄 제임스(1842-1910)
미국의 철학자이자 심리학자

심리적 예비 요소 관리하기

노화와 관련된 스트레스와 기능 쇠퇴에 건강하고 생산적으로 대응하는 태도가 필요하다. 핵심 요소는 태도의 선택이다. 잔이 절반 비었는가, 아니면 절반 차 있는가? 아니면 잔이 잘못된 것인가? 노화와 함께 찾아오는 성장의 기회를 포착하는 자세가 매우 중요하다. 기회는 잡으라고 있는 것이다.

3장에서 이미 논의했듯이, 노화에는 학습 속도, 작업기억, 기억 용량의 쇠퇴가 동반된다. 이런 변화는 거의 모든 사람에게 나타난다. 이 사안을 다루기 위해 많은 조치를 고려해볼 수 있다. 첫 번째 접근법은 이런 쇠퇴가 질병으로 생기지 않으며 모든 사람에게 거의 보편적으로 나타나는 현상임을 인식하는 것이다. 나이 든 사람은 19세기 러시아 소설의 복잡한 구성을 파악하는 데 시간이 더 걸릴 수 있다. 하지만 그런 작품을 읽는 일은 속도를 겨루는 경쟁이 아니므로 권장되어야 한다. 대체로 인지 기능의 작은 변화들은 직업적·사회적 활동에 큰 영향을 끼치지 않는다.

물론 한계도 있다. 80세에 항공관제를 새로운 도전 과제로 택하는 것은 현명하지 않다. 짧은 시간에 생사를 좌우하는 결정을 내려야 하고, 고도의 멀티태스킹이 요구되기 때문이다. 이런 일은 젊은 사람에게 맡기는 편이 낫다. 하지만 80세에도 새로운 언어를 배울 수 있고, 피아노 레슨을 시작할 수 있고, 직접 또는 온라인으로 크로아티아의 폭포를 탐험할 수 있고, 가족의 족보를 연구할 수 있고, 다른 수많은 유익한 일에 착수할 수 있다.

나이 든 사람의 인지와 기억 능력이 젊은 사람만큼 좋지 않음을 인정하는 것이 중요하다. 따라서 기억 자원을 중요한 것에 집중시키고, 덜 중요한 것은 무시하는 전략이 필요하다. 목록 작성도 해야 할 일을 기억할 필요성을 줄이는 데 도움이 될 수 있다.

기억 전략은 실제로 큰 도움이 된다. 예를 들어 집에 들어올 때 열쇠를 아무 데나 두지 말고 늘 같은 장소에 두기 바란다. 그러면 필요할 때 어디에 있는지 기억하기 더 쉽다. 만약 이튿날 우산이 필요하다는 사실을 전날 저녁에 알게 되었다면, 다음 날 집을 나갈 때 확실히 알아보도록 우산을 현관문 옆에 두는 것을 고려하기 바란다. 랄프 왈도 에머슨이 언급했듯이, 건망증은 부주의와 관련이 있을 때가 많다. 그는 "알려진 바에 따르면 머리가 맑을 때, 즉 완전히 깨어 있을 때 우리의 기억력은 최상이다"라고 말했다.

이 주제와 관련한 책 한 권을 소개한다. 앤드루 버드슨과 모린 오코너Maureen K. O'Connor가 쓴 『기억 관리의 일곱 단계: 정상인 것과 비정상적인 것, 그리고 우리의 대응법Seven Steps to Managing Your Aging Memory: What's Normal, What's Not, and What to Do About It』이다. 이 책에는 기억력 향상에 도움이 되는 소중한 조언이 담겨 있다.[133]

건강한 생활의 목표는 살면서 겪는 온갖 일을 받아들이고 매일매일에 감사하는 것이다. 만약 화, 분노, 후회, 실망이 달에서 달로, 해에서 해로 이어진다면 노화와 함께 삶의 질에 미치는 부정적 영향이 심각할 수 있다. 붓다는 이렇게 말했다. "화를 계속 품고 있는 것은 누군가에게 던질 생각으로 뜨거운 숯을 쥐고 있는 것과 같다. 정작 불타는 쪽은 그대 자신이다."

세상에는 더 이상 바꿀 수 없고 받아들여야만 하는 것이 있음을 이해하는 마음가짐이 건강하게 나이 드는 길이다. 그렇다고 스트레스를 주는 사건을 억지로 잊어야 한다는 뜻은 아니다. 다행히 그런 사건들을 덜 고통스럽게 기억하는 방법이 있다. 과거의 사건과 경험이 일으키는 부정적 감정을 피하는 가장 좋은 방법은 현재 순간에 몰입하고 미래를 계획하는 일에 적극적으로 참여하는 것이다. 명상은 마음을 내려놓고 지금 붙잡을 수 있는 기회를 알아차리는 능력을 키우는 데 매우 좋은 방법이다.[134]

또 노화는 자기 자신에게 온정을 베풀 기회를 준다. 불교 명상 교육자인 셰리 휴버Cheri Huber는 이렇게 말했다. "기쁨은 내면으로 향하는 온정이다." 사람들은 평생에 걸쳐 사랑과 이타적인 행동으로 타인에게 온정을 베풀지만, 정작 자신에게 베푸는 온정이 얼마나 소중한지는 종종 알아차리지 못한다.

삶의 의미를 찾는 여정

윌리엄 제임스는 이렇게 추론했다. "인간 본성의 가장 심오한 원리는 가치를 인정받고 싶은 갈망이다."[135] 자신의 삶에 의미를 주는 것이 무엇인지 스스로 정하는 것은 지혜로운 처사다. 정신과 의사인 빅터 프랭클은 의미 찾기야말로 인간 활동의 핵심 요소임을 몸소 보여주었다. 그는 이렇게 말했다. "'왜' 사는지를 아는 사람은 거의 모든 상황도 견뎌낼 수 있다."

친구나 가족이 죽거나 직장을 잃거나 질병과 장애, 경제적 어려움으로 활동이 제한될 때 우리는 종종 삶의 의미를 잃어버린다. 자신의 정체성을 지키면서 직업, 취미, 관계, 활동을 통해 삶의 의미를 찾는 것은 매우 중요하다. 의미 찾기에는 정답이 없다. 그것은 누구나 스스로 해야 하는 일이다. 빅터 프랭클의 책 『죽음의 수용소에서man's search for meaning』(청아출판사 역간)는 의미 찾기를 시작하는 훌륭한 출발점이 된다.[1]

몇 해 전, 나는 뮤직 캠프에서 82세의 여성 한 명을 만났다. 그는 수백 년 전에 유행했던, 첼로와 비슷한 비올라 다 감바를 연주하고 있었다. 그 여성은 불과 몇 년 전에 비올라 다 감바를 배우기 시작했는데, 벌써 오케스트라 무대에 서 있었다. 인지 기능을 자극하는 활동에 관심이 많았던 나는 그에게 사진을 찍어도 되는지 물었다.

그는 "그럼요"라고 대답한 뒤 "사진을 찍어 저한테 보내주세요. 손주에게 보여주고 싶어서요. 제가 진짜 오케스트라에서 연주한다는 걸 알려주고 싶거든요"라고 덧붙였다.

그 여성은 리허설이 끝나자 악기를 특수 제작한 배낭에 넣었다. 다음 수업으로 곧장 달려갈 수 있도록 만든 배낭이었다. 오케스트라에서 악기를 연주하는 것은 그가 늘 바라왔던 꿈이다. 70대, 80대에 그 꿈을 이룰 수 있었던 그는 자신이 정말 자랑스러웠다고 했다. 그는 악기를 배우며 인지 기능을 높였을 뿐 아니라 자기 확신과 자존감을 향상시켰고, 새로운 사람들과 인연을 맺었으며, 신체 활동도 늘었다.

은퇴 시점까지 기다렸다가 어디에서 의미를 찾을지 결정하는 것은 현명하지 않다. 우리는 인생의 모든 단계에서 자신의 관심사와 능력을 찾아 추구해야 한다. 많은 사람이 경제적 문제나 가족의 뒷받침 부족 때문에 어릴 적에 자신의 관심사를 추구하지 못한다. 하지만 중년기와 노년기는 이전의 관심사를 새롭게 발견할 기회를 제공한다. 내 부모님은 예전에 피아노를 치셨지만, 노화와 관련된 가벼운 변화 때문에 요즘은 거의 치지 않으신다. 그래서 나는 두 분에게 의사의 서명이 들어간 처방을 내렸다. 바로 "피아노를 치세요!"라는 처방이었다.

노벨문학상 수상자인 라빈드라나트 타고르Rabindranath Tagore는 이렇게 썼다. "자면서 꿈꿀 땐 인생은 기쁨이었다. 깨어나 보니 인생은 봉사였다. 나는 행동했다. 그랬더니 봉사는 기쁨이었다." 인도 벵골 출신인 시인의 이 말은 의미야말로 행복과 만족의 열쇠라는 이 책의 관점을 고스란히 담고 있다.

명상, 마음을 풀어놓는 연습

명상은 스트레스, 불안, 우울을 다스리는 데 매우 유용하다. 노르웨이의 최신 연구에 따르면, 마음챙김mindfulness 수행은 자신에 대한 부정적 견해를 물리치고 자기 긍정을 향상시키는 데 도움이 된다.[136] 많은 사람이 바쁘게 사느라 침묵의 시간을 거의 갖지 못한다. 하지만 뇌는 변화하는 상황에 적응하고 스스로를 가다듬을 시간이 필요하다. 매일 일정 시간을 침묵과 명상에 쓰는 일은 매우 가치가 있다. 명상에 반드시 침묵이 필요한 것은 아니다. 명상은 걷거나 식물을 가꾸거나 다른 활동 중에도 가능하다. 부정적인 생각을 완전히 없애지는 못해도, 명상은 우리 마음을 그런 생각에서 떨어뜨려준다. 명상에는 불교의 마음챙김, 선 수행부터 힌두교, 이슬람교, 기독교, 유대교 전통에서 나온 것들을 포함해 다양한 방식이 있다. 불교적 방법은 편안하게 앉아 침묵 속에서 몸의 변화와 마음속에 떠오르는 생각을 관찰한다. 중요한 점은 생각을 멈추는 것이 아니라 자신의 의식을 관찰하는 것이다. 가급적 움직임을 줄이고 근육의 긴장을 푼 채로 편안하게 앉는 것이 좋다. 이때 유일하게 움직이고 있는 부분은 호흡이다. 움직이기를 멈추면 몸의 감각은 습관 때문에 차분해진다. 예를 들어 양말을 신을 때는 양말이 발 위로 덮이는 것을 느낀다. 하지만 양말을 신고 나면 감각이 변하지 않기에 더 이상 양말을 느끼지 못한다. 마찬가지로 가만히 명상할 때 알아차리는 것은 오직 움직이는 것, 즉 숨과 마음이다. 이런 수행은 '마음을 풀어놓는' 연습이며, 매일 하는 것이 가장 좋다. 또 명상은 혈압과 심장박동을 낮추고 스트레스 반응을 개선한다. 명상을 안내하는 책들도 많이 나와 있다.[134]

많은 사람이 낚시, 숲속 산책, 새 관찰, 수영 같은 여러 활동이 긴장을 풀어준다고 생각한다. 나는 여러분이 마음을 안정시키는 데 도움이 되는 장소를 찾기를 권한다. 여기에서 윌리엄 제임스의 말을 다시 한번 인용해보겠다. "대다수 사람은 자기 존재의 매우 제한적인 부분만 사용한다. 의식과 정신의 전체 자원 중 아주 일부만을 사용한다. 마치 전체 신체 기관 중에서 오직 새끼손가락만을 쓰는 습관을 지닌 사람과 같다."

부정, 가장 위험한 착각

아프고 싶은 사람은 아무도 없다. 하지만 병을 부정하는 것은 위험할 수 있다. 나는 노년층 환자 한 명의 상태를 확인하기 위해 올해가 몇 년도인지 물어본 적이 있다. 그 여성 환자는 방향감각 상실을 동반한 심각한 치매에 걸려 있었다. 그는 "1942년"이라고 대답했다.

곁에 있던 그의 딸은 웃으며 "아, 어머니는 요즘 일엔 관심이 없으세요"라고 말했다. 그런 큰 실수가 별일 아니라는 듯한 말투였다. 우리 모두가 지닌 인지 편향이 어떤 문제의 잠재적 중요성을 헤아리지 못하게 만들 수 있다는 것을 꼭 알아야 한다. 즉, 우리는 병에 걸리고 싶지 않다는 이유로 우리 자신이나 타인의 손상 증거를 알아차리지 못할 수 있다. 이런 상황은 몸소 어려움을 겪는 환자 본인뿐 아니라 가족과 이웃에게까지 확장될 수 있다. 널리 퍼진 부정의 극단적 사례는 로널드 레이건 대통령의 첫 임기 동안 나타났다. 그는 이미 인지 기능에 어려움을 보였으나, 레이건의 측근들, 의사들, 심지어 일반 대중도 이를 제대로 알아차리지 못했다. 그의 알츠하이머병 진단은 대통령직에서 물러난 지 5년이 지난 1994년에야 공개되었다.

뇌 질환 환자의 장애는 잘 인식되지 않거나 아예 부정되기도 한다. 알츠하이머병으로 기억 손상을 겪는 사람은 자신의 기억에 전혀 문제가 없다고 주장할 수 있다. 자신이 잊었다는 사실을 기억하지 못하거나, 장애의 존재 여부에 대한 통찰력을 잃었기 때문일 수도 있다. 부정은 비신경 질환에서도 나타난다. 진단이 늦거나 관리가 부적절할 때 자주 발생한다.

부정은 명시적일 수도 암묵적일 수도 있다. 어떤 사람은 명백한 증거 앞에서도 아무런 이상이 없다고 말하면서 병에 걸렸을 가능성 자체를 고려하지 않는다. 또 어떤 사람은 문제를 인식한다고 말하면서도 실제로는 그것을 알아내기 위한 합리적 노력을 하지 않는다(암묵적 거부). 두 유형의 부정 모두 질환을 알아차리기 어렵게 만들고 치료를 지연시킨다.

인지 장애가 특별히 문제인 이유는 사람이 자신이 잊었다는 사실 자체를 잊어버릴 수 있기 때문이다. 인지 장애는 상황을 이해하는 능력 자체도 떨어뜨린다. 이런 유형의 부정은 가족도 마찬가지일 때가 많다. 그래서 곧잘 이렇게 말하곤 한다. "아, 어머니는 82세니까 그러실 수 있죠." "글쎄요, 뭐 이제 손쓸 방법이 없잖아요." 이런 접근은 위험하고 부적절하다.

치매 여부와 상관없이 심각한 인지 장애는 어떤 나이에서도 정상이 아니다. 95세라 하더라도 심각한 기억상실이 나타난다면 검진을 받아야 한다. 그 질환은 치료 가능하고 되돌릴 수 있기 때문이다(7장 참고). 이런 상황을 잘 관리하면 삶의 질이 크게 향상될 수 있다(사례 연구 9

참고). 실제로 노년층을 포함해 알츠하이머병에 걸린 것으로 짐작되는 사람 중 상당수는 제때 진단만 받으면 해결할 수 있는 다른 문제를 가진 경우가 많다.

물론 위험 인자에 대한 부정도 있다. 알코올중독자는 자신의 문제를 부정할 수 있다. 비만한 사람 역시 자신의 상태를 인정하지 않을 수 있다. 흡연, 고지방 식사, 운동 부족, 의료 서비스 거부 등도 비슷하게 볼 수 있다. 병을 부정하는 사람은 약을 복용하지 못하거나 의료적 조언을 따르지 못하게 된다.

부정은 생활 방식 행동을 변화시키기 위한 거부감이나 무능력과도 관련된다(변화의 능력을 부정하기). "운동을 하기엔 너무 늙었어요", "40년 넘게 볼링 한번 쳐본 적이 없어요" 같은 말이 대표적이다. 위험과 이익 비율을 꼭 고려해보아야 한다. 매일 적어도 30분 이상, 한 달 동안 운동을 하고 긍정적인 효과가 있는지 확인해보기를 권한다. 손해 볼 게 없지 않은가?

사례 연구 9

71세 남성이 아내와 함께 진료실을 찾았다. 아내는 남편의 기억 손상을 걱정했다. 하지만 MRI 영상에서 보인 뇌 위축 정도는 통상적인 수준이었다. 정신적 상태를 검사해보았더니, 그의 기억력과 단어 회상 능력은 이상이 없었고 인지 검사 점수도 좋았다. 그는 골프를 열심히 치는 사람이었고, 규칙은 물론 최근 행사까지 잘 알고 있었다.

문제는 심한 과체중이었다. 키 176센티미터에 체중이 97킬로그램으로, 체질량지수(BMI)는 34였다(미국의 경우 BMI 20~24는 정상, 24~29는 과체중, 30 이상은 비만이다). 그는 보통 수준의 고혈압이 있었고, 운동을 하지 않았으며, 포화지방이 많은 식사를 했다. 여러 해 동안 치과에 가지 않았고, 매일 밤 맥주 두 잔과 칵테일 한 잔을 마셨다. 기억력은 아직 정상이었지만, 나는 운동을 시작하고 술을 적게 마시라고 권했다. 하지만 그는 자신에게 아무런 문제가 없다고 생각했다. 오히려 예전에는 체중이 110킬로그램 남짓이었고 하루에 맥주를 네 잔에서 여섯 잔까지 마셨다고 말했다. 그는 자신의 인생철학을 "가야 할 때라면 가야 하는 거죠"라고 요약했다.

나는 정중하게 "횡단보도를 건널 때 차가 오는지 살피십니까?"라고 물었다. 만약 살핀다면, 그의 생각처럼 아직 진짜로 가야 할 준비는 되어 있지 않았을 것이다. 나는 그가 자신의 선택과 마주하도록 도전하게 만들고 싶었다.

그가 꺼려 하기는 했지만, 나는 식단 개선과 운동의 중요성을 강조했다. 71세 사람 중 다수가 90세까지 살지 못하지만, 생활 방식을 바꾸면 더 오래 살 확률이 크다고 말해주었다. 그는 죽는 것이 두렵지 않다고 말했다. 나는 상황이 그렇게 단순하지 않다고 설명했다. 대부분 사람은 자신이 언제, 어떻게 죽을지 선택하지 못하기 때문이다. 그는 뇌졸중에 걸려 나머지 20년을 언어를 잃고 전신이 마비된 채 살아갈 수도 있다.

또 나는 치아 관리를 강조하면서, 구강 건강은 치아뿐 아니라 뇌와 심장에 이롭다고 알려주었다. 71년이나 작동해온 그의 간은 이제 그가 마시는 술의 양을 더는 대사시킬 수 없을지 모른다는 점도 이야기했다. 이는 그의 건강에 심각한 결과를 초래할 수 있는 사안이다. 생활 방식을 바꾸면 80세에도 골프를 칠 확률이 크게 높아진다는 사실도 설명해주었다. 그는 12세인 손녀를 무척 아꼈다. 나는 그에게 손녀의 고등학교 졸업식에 가고 싶은지 물었다. 할아버지가 없는 졸업식이어서 손녀가 슬퍼하는 상황을 바라느냐고도 물었다. 또 심장병이나 당뇨 때문에 더는 골프를 칠 수 없는 상황이 코앞에 다가올지도 모른다고 설명해주었다.

개인적 책임에 대한 이런 부정은 심각한 문제다. 만약 그런 부정을 적절하게 측정할 수 있다면, 사망의 다섯 가지 주요 원인 중 하나가 될지도 모른다. 우리가 살아가는 방식이 큰 차이를 만든다는 사실을 제대로 이해하기란 쉽지 않다. 바라건대, 이 책에서 소개한 '노화의 기회'라는 관점이 도움이 되면 좋겠다.

17장

사회적 교류가
뇌를 지킨다

인간은 사회적 존재다. 가족, 친구, 동료와의 관계는 인생의 모든 단계에서 건강에 매우 중요하다. 여러 연구 결과에 따르면, 사회적 상호작용이 부족한 사람들은 생애 후반기에 치매 위험이 더 높다. 따라서 인생의 모든 단계에서 타인과 건강한 관계를 맺는 것이 바람직하다. 특히 생애 후반기에 사회적으로 활발한 생활 방식을 유지하면 인지적 예비 요소가 향상되고 인지 기능에도 이롭다.[25] 사회적 상호작용의 신체적 요소도 소중하다. 사람과 어울리며 얻는 경험은 생애 초기든 후기든 뇌의 구조와 기능에 영향을 미칠 수 있다.[127] 타인과 상호작용할 기회는 사회적 예비 요소를 향상시킬 뿐 아니라 인지적·신체적·심리적 예비 요소도 강화한다.

사회적 접촉이 노화에 따른 인지 기능 상실에 미치는 영향을 연구한 자료에 따르면, 중년 이후 사회적 참여가 줄어든 사람에게서 치매가 더 흔하게 나타난다. 이는 사회적 참여 감소가 인지 기능 저하로 이어지기 때문일 수 있다. 어쨌든 사회적 접촉이 많을수록 노화 관련 질환에서 중대한 문제인 인지 기능 손상을 확실히 예방할 수 있다.

사회적 상호작용은 인간에게 늘 중요한 문제였다. 심지어 21세기에도 우리는 타인과의 긴밀한 접촉이 필요하다. 우리는 타인에게 관심을 가져야 하며, 동시에 관심을 받아야 한다. 포옹과 같은 신체적 접촉은 감정 상태뿐 아니라 내분비계, 스트레스 반응, 혈압에도 이로운 영향을 미친다. 장기적인 인간관계를 맺고 있는 사람들은 치매에 걸릴 위험이 낮다. 또 사회적 접촉은 스트레스 반응을 개선하고, 심장 건강을 증진시키는 신체 활동을 촉진한다. 예를 들어보자. 내가 피곤해서 집에서 쉬려는 날, 친구가 전화를 걸어 테니스를 치러 가자고 하면 나는 기꺼이 나설 수 있다. 테니스 치는 것을 좋아하기도 하지만, 친구는 나 없이는 테니스를 치기 어렵다는 것을 잘 알기 때문이다. 이처럼 사회적 요소는 나의 신체 활동을 증가시킨다.

평생 든든하고 오래 지속되는 관계를 만드는 일은 매우 중요하다. 노년기에 들어서도 타인과 연결될 기회를 찾는 것이 필요하다. 인간관계와 노화 분야 전문가인 어맨다 버루시Amanda Barusch의 저서 『생애 후반기의 러브스토리Love Stories of Later Life』는 이를 잘 보여준다.[137] 가족이나 친구의 죽음, 감각·신체 장애, 경제적 문제 등으로 인간관계를 잃는 것은 전 세계 노년층에게 굉장히 중대한 문제다.

반려동물도 사회적 상호작용을 확장시켜줄 수 있다. 특히 개를 키우면 혈압과 콜레스테롤 수치가 낮아지고 스트레스 반응이 개선된다.

1950년부터 2019년까지 이루어진 연구들을 체계적으로 검토한 결과, 개를 키우는 사람들은 키우지 않는 사람들보다 사망률이 25퍼센트 낮았고, 특히 심장병으로 인한 사망률이 30퍼센트 낮았다. 개를 키우는 것은 신체적·인지적 기능 향상과도 관련이 있다. 개를 키우는 사람은 골든 리트리버나 큰 프렌치 불도그를 산책시켜야 하기 때문이다. 내가 사는 동네 사람들은 좀처럼 서로에게 말을 걸지 않는 편이다. 그런데 개는 낯선 사람들 사이에서 대화를 시작하게 만드는 훌륭한 연결고리가 된다.

80세인 내 숙모님은 혼자 영국으로 여행을 갔다. 런던의 게스트하우스에 숙소를 잡았는데, 어느 날 아침 식사를 하러 숙소 아래층으로 내려갔다. 정원 옆에 있는 멋진 식탁에 앉자, 직원이 와서 한 신사분과 합석해도 괜찮겠느냐고 물었다고 한다. 그날 자리가 다 차서 더 이상 앉을 곳이 없다면서 말이다. 숙모님은 흔쾌히 좋다고 하셨는데, 놀랍게도 합석한 남자는 맨해튼에 있는 숙모님 아파트의 주민이었다. 두 사람은 엘리베이터에서 10년 넘게 얼굴을 보아왔지만, 안타깝게도 대화를 나눈 적은 없었다. 런던의 게스트하우스에서 같은 식탁에 앉고 나니, 두 사람은 공통점이 많다는 사실을 알게 되었고 이후 친구가 되었다. 그 남자는 10년 만에 숙모님을 저녁 식사 자리에 모시고 나갔다. 내 경험으로 볼 때, 여행을 하다 보면 우리는 새롭고 불가사의한 방식으로 사람들을 만나게 된다.

사회적 상호작용은 공동체 조직, 사회적 활동 집단, 종교 활동, 여행 등을 통해 노년기에도 향상될 수 있다. 또 의미를 찾는 데 도움이 되는 활동은 인간관계를 넓히는 데도 유익하다.

18장

스트레스를
내 편으로 만드는 기술

인간의 진화 관점에서 보면, 중요한 것들을 기억하는 능력은 중요하다. 만약 1만 년 전 조상 한 명이 물을 길러 강에 갔다가 아름다운 새를 보았다면, 그 사건은 기억에 남을 수도 있고 잊힐 수도 있다. 하지만 만약 조상이 악어에게 공격을 당했다가 가까스로 살아났다면, 그 사건은 확실히 기억했을 것이다. 이런 사건을 기억하는 것은 적응적 가치를 지닌다. 즉, 조상은 기억 덕분에 다시는 공격 지점에 가지 않거나, 가더라도 악어에 더 주의를 기울였을 것이다. 또 그 이야기를 다른 사람들에게 말했을지도 모른다. 이처럼 사건을 기억하는 것은 매우 중요하다. 조상으로서는 이 사건을 기억하는 편이 새를 기억하는 것보다 진화적으로 이롭다.

스트레스를 받는 동안, 내분비계와 뇌에서는 기억의 현저성(능력)을 향상시키는 독특한 신경화학적 과정이 일어난다. 외상 후 스트레스 장애PTSD가 장기간 오래 지속되는 이유는 심리학적 요소뿐 아니라 신경화학적·진화론적 요소 때문이기도 하다. 스트레스를 주는 사건을 경험한 사람들은 그 기억의 힘이 전적으로 심리적인 것이 아님을 인식할 필요가 있다. 오히려 그런 기억은 뇌에서 만들어지고 유지되는 신경학적 과정으로서 되살아나는 방식으로 작동한다. 따라서 문제는 '극복하기'가 아니라 '함께 사는 법을 배우기'일 수 있다.

스트레스는 뇌와 몸에 많은 영향을 미친다. 하지만 신체 활동, 적절한 수면, 건강한 식습관으로 신체적 예비 요소를 강화하면 스트레스 해소 능력이 향상된다. 스트레스 반응에는 뇌뿐 아니라 심혈관계를 비롯한 다른 부위도 관여한다.

사람들이 받는 스트레스를 측정하기는 어렵다. 스트레스에 대한 반응이 사람마다 다르기 때문이다. 어떤 사람에게 스트레스를 주는 요인이 다른 사람에게는 즐거움이 될 수도 있다. 스트레스 반응에서는, 위기 상황에서 사람들의 대처 능력을 향상시키는 신경계와 내분비계의 경로가 존재한다. 부신 호르몬(코르티솔과 같은 글루코코티코이드 glucocorticoid)은 뇌뿐 아니라 심장에도 영향을 미친다. 이런 반응은 스트레스 상황에서는 적응에 이롭지만, 일상적인 상황에서는 정상이 아니다. 다수의 연구가 시사하는 바에 따르면, 스트레스 해소의 관건은 스트레스 반응이 얼마나 빨리 복구되느냐는 것이다. 동물과 인간을 대상으로 한 연구에 따르면, 어미로부터 더 많은 사랑을 받은 아기들은 생애 후반기에 더 나은 스트레스 반응을 보였고, 노년기에도 뉴런이 더 오래 살아남았다. 이런 효과는 스트레스 반응의 적응성이 두 실험 집단 사이에 다른 점, 그리고 어미의 미생물군 노출 정도가 다른 것과 관련 있을 수 있다. 스트레스는 복잡한 인지 과제의 중요한 요소가 되기도 한다. 어떤 사람은 그런 과제를 즐기지만, 다른 사람은 스트레스로 다가와 불쾌할지도 모른다. 만약 특정 활동이 참여를 가로막을 정도로 큰 스트레스를 준다면, 그것은 분명 건강에 이롭지 않다.

여러 연구 결과에 따르면, 스트레스 관련 질환의 이력은 혈관성 인지 장애나 알츠하이머병의 위험을 높인다. 여기에는 PTSD, 급성 스트레스 반응, 적응 장애가 포함된다. 많은 연구 결과에 대한 최근 분석에 따르면, PTSD는 건강에 특히 위협적이어서, 생애 후반기에 원인을 불문하고 모든 유형의 치매 위험을 약 두 배로 높인다.[138] 스트레스를 주는 사건을 겪는 사람은 생애 후반기에 스트레스에 대한 적응을 유지하는 뇌의 역량 감소로 행동 및 기능 문제가 생길 수 있다. 따라서 노년기에 이르기 전, 스트레스를 주는 요소를 최대한 빠르게 해소하는 것이 좋다.

스트레스 해소에는 여러 전략이 도움을 줄 수 있다. 편안한 잠, 명상, 건강한 식사, 인지·신체 운동, 사회적 상호작용, 상담 및 심리요법 등이 있다. 또 알코올, 담배 같은 독소나 여러 약물을 잘못 사용하는 다중 약물 복용을 피하는 것도 중요하다. 마지막으로 스트레스 자체가 문제가 아닐 때가 종종 있다는 사실을 기억해야 한다. 진짜 문제는 스트레스에 대한 우리의 반응이다.

19장

수면,
뇌를 회복시키는 시간

잠은 기억의 생성과 유지에 매우 중요하다. 잠은 뇌가 관리하는 활동적인 과정으로, 그 덕분에 몸은 휴식을 취하고 손상된 부위를 복구하며 항상성을 유지할 수 있다. 좋은 잠은 생명과 건강을 위해 필요하며, 깨어 있는 동안 만들어진 기억을 부호화하고 저장하는 데 필수적이다. 반대로 나쁜 잠은 인지 기능 전반을 방해할 수 있는데, 특히 주의 집중과 기억력을 떨어뜨린다. 또 나쁜 잠은 우울증, 면역 기능 손상과도 관련이 있을 수 있다. 잠에서 중요한 것은 단순히 시간(양)만이 아니라 질이다. 동물을 대상으로 한 연구에 따르면, 잠을 박탈당하면 장내 박테리아가 손상되고 산화 스트레스 물질인 해로운 자유라디칼이 생성된다.

잠은 인지적 예비 요소와도 밀접한 관련이 있다. 하지만 많은 사람이 잠을 대수롭지 않게 여기거나, 편안한 잠을 꼭 필요한 것이 아닌 일종의 사치처럼 여긴다. 최근 연구에 따르면, 신경 발화 패턴은 잠자는 동안에도 재생되며, 이는 기억 형성을 향상시킨다.

수면 장애는 나이가 들수록 더욱 빈번해져 삶의 질을 해칠 수 있다.

수면 방해는 여러 신경퇴행성 질환에서 나타나며, 알츠하이머병의 가장 초기 징후이기도 하다. 총 수면 시간, 느린 뇌파 수면 시간, REM(급속 안구 운동) 수면 시간이 감소하는 것이 그런 예다. 이런 증세가 우려스럽고 위험할 수 있는 이유는 수면 방해가 뇌의 알츠하이머 병리 과정을 가속화하고 알츠하이머병, 치매, 뇌졸중 위험을 높이기 때문이다.[139] 연구에 따르면, 수면 박탈은 인간과 설치류에서 알츠하이머병 관련 단백질을 증가시킨다.

파킨슨병이나 루이소체병에 걸린 사람들은 잠자는 동안 격한 움직임 같은 과도한 행동을 보이기도 한다. 이를 '급속 안구 운동 수면행동장애Rapid eye movement sleep behavior disorder'라고 한다. 이 증상은 이 장애의 운동적·인지적 징후가 나타나기 이전에 이미 발생할 수 있다. 이 수면 문제는 약물로 잘 관리되는 경우가 많다.

최근에 발견된 사실에 따르면, 잠은 알츠하이머병 관련 신경 단백질의 제거에 영향을 미친다. 잠자는 동안, 혈관 주위를 따라 신경 경로들의 네트워크가 잠재적으로 독성이 있는 물질을 뇌에서 활발히 제거한다. 이 경로는 특히 잠자는 동안에 활발하다. 따라서 수면 부족으로 인한 단기간·장기간의 부정적 영향은 독성 분자들을 뇌에서 제거하는 과정이 손상된 것과 관련이 있을 수 있다. 한 연구 결과에 따르면, 10~20분 정도의 짧은 낮잠은 노년층이 보이는 5년 치의 인지 능력 쇠퇴 위험을 감소시킨다.

수면의 질을 향상시키기 위해 실천할 수 있는 방법은 많다.

- 매일 밤 같은 시간에 잠들기 위해 노력한다.
- 침대와 침실은 잠과 사랑의 행위용으로만 사용한다. 텔레비전 시

청, 친구에게 문자 보내기, SNS 확인, 청구 요금 결제와 같은 다른 용도로 사용해서는 안 된다.

- 휴대폰을 켜놓고 자거나 침대 근처에 두지 않는다. 다른 방에 두거나 소리를 꺼놓는 것이 좋다.

- 잠들기 직전 뉴스를 시청하면 불안과 걱정이 커져 불면으로 이어질 수 있다. "오늘 밤 기쁜 소식을 전합니다. 파키스탄과 인도가 적대 행위를 멈추고 국경을 개방하기로 했습니다" 같은 뉴스가 나온다면 정말 좋겠지만, 실제로 그럴 가능성은 별로 없다. 대신 재난이나 범죄 소식이 더 자주 전해지고, 그것이 여러분의 잠을 의식적·무의식적으로 방해할 수 있다.

- 오후 4시 이후에는 카페인이 함유된 음료를 마시지 않는다.

- 일부 연구에 따르면, 잠자리에 들 시간에 섭취한 멜라토닌은 수면 유도와 기억력 향상에 도움이 된다고 한다(게다가 멜라토닌은 항산화제다).

- 밤중에 자주 화장실을 가는 문제가 있다면 저녁에 물을 적게 마신다.

- 침실은 서늘하고 어둡고 조용하게 유지한다.

- 20분 내에 잠들지 못하면 다른 방으로 가서 의자에 앉는다. 잠 못드는 불안을 침대와 연관시키려고 해서는 안 된다.

- 수면 무호흡이나 코골이를 겪는다면, 수면다원검사polysomnogram를 받아본다.

- 불안이나 우울이 수면을 방해한다면, 상담사나 정신과 의사, 정신분석의에게 도움을 구하고, 필요하다면 항우울제 복용을 고려한다.

- 65세 이상은 수면을 위한 항히스타민제 사용을 피한다(23장에서 열거한 타이레놀 PM 및 광범위한 다른 약물들이 여기에 해당된다).
- 낮잠이 밤잠을 방해한다면, 낮잠을 줄이거나 피한다.
- 억지로 잠을 자려고 애쓰지 않는다. 애쓴다고 잠이 오는 것이 아니기 때문이다. 잠은 저절로 일어나는 자연스러운 과정이다.
- 잠들기 전 세 시간 이내에는 신체 운동을 하지 않는다.
- 밤 10시에 잠자리에 들었는데 새벽까지 잠들지 못한다면, 잠자리에 드는 시간을 밤 11시나 자정으로 늦추는 것도 고려해본다.
- 잠을 잘 때 뇌 속 독성 분자는 혈관 주위 통로를 통해 제거된다. 이 과정은 반듯하게 누워 있지 않을 때 더 잘 이루어질지도 모르므로, 잠자는 자세를 바꿔본다.

20장

식단이
건강 수명을 결정한다

"모든 것을 적당히,
적당함도 적당히."

오스카 와일드(1854–1900)
아일랜드의 극작가

식단 선택은 우리의 건강과 신체 적합성에 두 가지 측면에서 영향을
준다. 첫째, 식단은 뇌와 다른 신체 부위에 직접적인 영향을 미친다.
예를 들어 포화지방산이 많이 함유된 식단은 혈관 기능을 약화시켜
관상동맥 질환과 뇌졸중의 위험을 높인다. 둘째, 식단은 장내 미생물
군의 속성에 영향을 미친다. 이 두 메커니즘은 종종 함께 작동한다. 따
라서 염분 함량이 높은 식단은 고혈압을 악화시키고, 장내 미생물군
의 속성에 영향을 주어 염증을 증가시킨다. 결국 이 두 과정은 심장병
과 뇌졸중 위험을 높인다.

　요점은 이렇다. 식단 선택은 어떤 음식이 미생물군에 이용될지를

결정하고, 그 결과 어떤 유기체가 장내에 존재할지를 좌우한다. 그리고 미생물군의 속성은 건강과 신체 적합성에 지대한 영향을 미친다. 이렇듯 식단 선택은 인체의 여러 기관계에 직접적인 영향을 미쳐 우리의 건강을 좌우한다.

인류 조상들의 식단은 오늘날과 크게 달랐다. 전 세계 수렵 채집 공동체에 대한 연구에 따르면, 그들의 식단은 지금보다 포화지방이 적고, 식이섬유가 풍부했으며, 훨씬 다양했다. 우리를 건강하게 해주는 유전자들이 과거에 자연선택을 거쳐 형성된 이유는 우리 조상들이 먹었던 음식이 적응에 이로웠기 때문이다. 우리 유전자들은 현재의 음식 소비 패턴에 반응해 발달한 것이 아니다.

예를 들어, 오늘날 소고기는 조상들이 먹었을 사슴 고기 등보다 지방 함량이 다섯 배나 높다. 미국에서 소비되는 대부분의 소고기는 사료를 먹여 기르는 공장식 축산에서 나오는데, 이 소고기에는 해로운 포화지방산이 많이 들어 있다. 사료 사육 소고기는 방목 소고기보다 오메가3 지방산과 단일불포화지방산monounsaturated fatty acid이 적다.

또 우리는 조상들보다 해산물을 적게 먹는다. 추정에 따르면, 근대 초기 인류는 에너지 섭취의 최대 50퍼센트를 해산물에서 얻었다. 해산물은 뇌막의 중요한 성분인 도코사헥사엔산Docosahexaenoic Acid, DHA을 제공했고, 이는 면역계와 신경계 진화에도 기여했을 것이다. 반대로 붉은 고기는 닭고기, 생선, 콩 같은 식물성 단백질원보다 포화지방이 더 많고, 조리 과정에서 발암물질과 산화제가 더 많이 생성된다. 영국 성인 45만 명 이상을 대상으로 한 연구에 따르면, 붉은 고기 섭취는 폐렴, 당뇨, 관상동맥 질환의 위험 증가와 관련이 있었다.[140] 붉은 가공육은 대장암, 심장병, 당뇨 위험 증가와도 관련이 있다. 그러니 제발 햄버거를 먹지 마시길 바란다. 조상들의 식단은 계절, 날씨, 동물과 인간의 이동에 따라 다양했다. 소금 절임이나 훈제 같은 저장 기술이 생기기 전에는 음식 보존 방법이 제한적이었다. 반면 오늘날 많은 사람이 1년 내내 아침, 점심, 저녁으로 비슷한 음식을 먹는다. 이는 과거에는 불가능했던 일이다. 건강한 음식의 다양성은 '좋은' 미생물군의 다양성을 유지하는 데 중요하며, 이는 곧 건강과 신체 적합성에 직결된다. 결과적으로 신체적 예비 요소에도 중요한 역할을 한다.

다양성이 건강을 만든다

건강을 유지하려면 우리 몸에는 다양한 박테리아 공동체가 필요하다. 만약 박테리아 집단이 다양하지 않으면 장내 박테리아의 균형이 무너져 복부팽만감, 변비, 위경련 같은 기능 이상과 질병이 생긴다. 따라서 여러 종류의 박테리아가 필요로 하는 다양한 영양소를 제공하는 식단이 중요하다.

식이섬유의 놀라운 힘

식이섬유는 인간이 직접 소화하지 못하지만 장내 박테리아에 의해 대사되는 복합 탄수화물의 한 성분이다. 이것은 건강에 중요한 분자를 만들고 질병을 예방하는 역할을 한다. 고식이섬유 음식으로는 통곡물, 과일, 채소, 콩과식물, 현미, 콩 등이 있다. 고기에는 식이섬유가 들어 있지 않다. 콩에는 단백질, 식이섬유, 미네랄, 비타민, 항산화제가 많이 들어 있다. 통곡물에도 비타민, 미네랄 및 다른 유용한 화합물이 들어 있다.

장내의 다양한 미생물군을 유지하려면, 식이섬유가 풍부한 음식을 다양하게 먹어야 한다. 예를 들어 요리한 강낭콩 한 컵에는 식이섬유가 약 10그램 들어 있는데, 이는 상당히 많은 양이다. 또 그린 빈green bean, 병아리콩, 렌틸콩 같은 콩과식물도 지방이 적고 단백질, 식이섬유, 비타민 B, 미네랄이 풍부해 훌륭한 식품이다. 콩과식물은 콜레스테롤과 혈압을 낮추고, 체중 조절과 당뇨 예방에도 도움이 된다.

흰 빵을 먹어야 할 마땅한 이유는 없다. 통밀빵에 비해 식이섬유가 절반밖에 되지 않으며 단백질도 적다. 45건의 연구 분석 결과에 따르면, 통곡물 섭취는 사망률과 함께 심장병과 뇌졸중의 위험을 낮춘다.[141]

현재 권장되는 식이섬유의 하루 섭취량은 35그램이다. 하지만 과학자들이 현존하는 수렵 채집 공동체의 식단을 연구한 결과, 그들은 이보다 훨씬 더 많은 양을 섭취하고 있었다. 우리의 목표 권장량을 더 높여야 할 듯하다. 우리 조상들은 지난 10만 년 중 대부분을 수렵 채집인으로 살아왔으며, 그 시기에 우리의 유전자가 선택되었다. 이 점을 고려하면, 우리가 물려받은 유전자는 고식이섬유 식단에 가장 잘 맞춰져 있다고 볼 수 있다.

식이섬유는 항염증 작용이 뛰어난 조절 면역세포의 생성을 증가시킨다.[142] 또 장 내벽을 튼튼하게 유지해 박테리아 침입을 막고, 대사 과정을 향상시키는 데 도움을 준다.[143, 144] 21개국 13만 3,700명 이상의 사람들을 대상으로 진행한 연구에 따르면, 고도로 처리(정제)된 곡물을 많이 섭취하는 것은 통곡물을 섭취하는 경우보다 심장병과 사망 위험 증가와 관련이 있었다.[145] 정제된 곡물은 제분 과정에서 겨와 싹 같은 식물의 중요한 부분이 제거되어 통곡물보다 비타민과 미네랄이 적다. 흰 밀가루, 흰 쌀, 옥수수 가루, 흰 빵 등이 대표적이다. 여러 연구에 따르면, 통곡물을 충분히 섭취하는 것은 심혈관 질환과 사망 위험 감소와 관련이 있다.

만약 셀리악병celiac disease(만성 소화 장애 또는 글루텐 민감성 장 질환)이 의심된다면, 먼저 의사의 진료를 받은 뒤 부정적 영향을 주었을지도 모를 식단을 조정하는 것이 좋다. 글루텐 프리 식단이라고 해서 반드시 건강에 좋은 것은 아니다. 많은 글루텐 프리 식품은 열량만 높고 영양가는 낮다. 또 모든 탄수화물을 피하는 것은 현명하지 않다. 탄수화물에는 좋은 것도 있고 해로운 것도 있다. 고식이섬유의 통곡물은 아주 좋은 탄수화물이다. 혈당 지수(특정 음식이 혈당 수치를 얼마만큼 증가시키는지를 측정한 값)가 음식의 질을 나타내는 유일한 지표는 아니다. 그것 외에도 식이섬유, 미네랄, 항산화제, 식물에 들어 있는 다른 분자도 고려해야 한다. 주스보다는 생과일을 직접 먹는 편이 낫다. 주스는 식이섬유가 적고 당이 지나치게 많을 수도 있기 때문이다. 가공식품도 피하는 것이 좋다.

식이섬유의 좋은 공급원은 과일, 견과류, 콩과식물, 채소, 현미, 정제하지 않은 통곡물, 통밀빵, 콩, 씨앗류 등이다.

동물성 단백질 vs 식물성 단백질

식단 선택의 역학은 저녁 식사로 감자와 그린 빈을 곁들인 비프스테이크를 먹기로 한 결정에서 잘 드러난다. 그린 빈이 포함되었으니 건강한 식사라고 생각할 수도 있다. 어쨌든 식물성 음식이 두 가지 포함된 것은 단 한 가지뿐인 것보다는 낫다. 그래도 스테이크를 고식이섬유의 식물성 음식으로 바꾼다면 더 나을 것이다. 스테이크가 접시 대부분을 차지하면서 건강에 좋은 다른 음식이 들어가지 못하고 말았다. 스테이크는 식이섬유가 없어 박테리아에 아무런 도움이 되지 않으며, 포화지방이 많이 들어 있다.

두부는 단백질과 다중불포화지방polyunsaturated fat의 좋은 공급원이며, 콜레스테롤이 없다. 두부에는 필수아미노산, 칼슘, 미네랄, 소이 이소플라본soy isoflavone, 그리고 심장병 위험을 낮추고 혈관 염증을 줄이는 다른 성분이 들어 있다. 아몬드, 호두, 피칸, 잣, 헤이즐넛, 땅콩은 단백질의 우수한 공급원이다. 견과류와 콩과식물에도 비타민, 식이섬유, 미네랄이 들어 있다. 이런 식단 권고안은 암 위험을 낮추는 데도 도움이 된다. 정리하자면, 포화지방이 적고 식물성 식품이 중심이 되는 식단, 즉 고기 비중이 적은 식단이 바람직하다.

12만 3,330명의 여성을 대상으로 한 연구에 따르면, 식물성 단백질 섭취가 많을수록 심혈관 질환과 뇌졸중으로 인한 사망 위험이 낮았다.[146] 통째로 먹는 식물성 음식이 정제하거나 가공한 음식보다 낫다. 식물성 기반 식단은 다른 만성질환 위험 감소와도 관련이 있다. 여러분도 아는 사실이겠지만, 나는 다시 한번 강조하고 싶다. 설탕과 소금이 지나치게 많은 가공식품을 선택하는 것은 매우 좋지 않다. 그런 식단은 장내 박테리아에 해로운 영향을 주어 비만, 심장병, 당뇨로 이어진다.

다양한 연구에 따르면, 녹색 잎채소, 베리류, 견과류, 통곡물, 생선이 풍부한 식단은 치매 위험을 낮춘다. 이는 조금도 부정적인 면이 없는 굉장한 소식이다. 고기가 든 샌드위치 대신 샐러드를, 단맛 나는 과자 대신 견과류가 들어간 그래놀라 시리얼을, 돼지고기 반미bánh mì(채소와 돼지고기 등으로 속을 채운 베트남식 샌드위치 — 옮긴이) 대신 연어를 선택해보자.

고기를 적게 먹어야 하는 또 다른 이유가 있다. 동물을 대상으로 한 여러 연구에 따르면, 오리 간(푸아그라)을 섭취하면 아밀로이드라는 비정상적인 단백질 구성으로 인한 전신 질환이 전염될 수 있다. 또 소해면상뇌증(광우병)에 감염된 소고기는 치료가 불가능하고 급속도로 진행되는 치매성 질환인 크로이츠펠트-야코프병을 일으킬 수 있다(7장 참고).

지중해식 식단의 비밀

유력한 증거에 따르면, 지중해식 식단은 인간의 건강에 매우 이롭다. 이 식단은 과일, 채소, 단일불포화지방산, 생선, 통곡물, 콩과식물, 견과류가 풍부하고, 고기, 유제품, 포화지방, 정제된 곡물, 알코올 섭취는 적다. 내가 과학 문헌을 꾸준히 검토한 결과, 지중해식 식단은 알츠하이머병과 파킨슨병을 예방하는 효과가 있을 수도 있다.

게다가 지중해식 식단은 대사 산물인 트리메틸아민TMA의 전구체가 적어서, 혈중 트리메틸아민 산화물trimethylamine oxide, TMAO 수치를 낮춘다. TMAO 수치가 높을수록 혈관 손상이 커진다. 9장에서 설명했듯이, TMA는 간에서 산화되어 TMAO가 된다. 두 물질 모두 심장과 뇌

혈관 손상을 가속화해 심장병, 뇌졸중, 알츠하이머병으로 이어질 수 있다.

녹색 지중해식 식단이 붉은 고기와 가공육이 많은 지중해식 식단보다 훨씬 더 나을지도 모른다.[147] 조사 결과에 따르면, 치매 환자들에게서 흔히 나타나는 식습관은 소시지, 소금에 절인 고기, 파테pâté(고기나 생선을 다지고 양념해 만든 음식으로, 빵 등에 발라 먹거나 파이 속에 넣어 구워 먹는다 — 옮긴이), 감자처럼 전분이 많은 음식, 과도한 음주, 쿠키나 케이크와 같은 간식 섭취였다.[148] 반면, 지중해식 식단을 가장 충실히 지킨 연구 참가자들은 인지 장애 위험이 가장 낮았다. 특히 생선, 채소, 올리브유를 많이 먹는 식습관은 예방 효과가 있는 것으로 나타났다. 생선 섭취는 아폴리포프로테인 E와 관련된 알츠하이머병의 위험을 감소시킨다는 보고가 있다.

생선의 역할

생선은 소고기나 돼지고기보다 훨씬 낫다. 지방이 풍부한 생선에는 건강과 기억력에 이로운 오메가3 다중불포화지방산PUFA이 많이 들어 있다. 오메가3 PUFA는 항염증 작용을 하고, 우울증을 완화하는 데도 도움을 줄 수 있다. 생선에 든 불포화지방은 건강에 이롭다. 생선은 포화지방 함량이 낮고 단백질 함량이 높다. 또 비타민과 미네랄의 훌륭한 공급원이다.

그렇다면 어떤 생선이 가장 좋을까? 연어, 청어, 호수송어lake trout, 민물 화이트피시freshwater whitefish가 오메가3 PUFA가 풍부하다. 반대로 메기와 새우는 PUFA가 적다. 현명한 독자는 내가 다음에 무슨 말을 할지 이미 짐작했을 것이다. 튀기고, 빵가루를 입히고, 지방이 과다하고, 입에 착착 달라붙는 피시앤칩스 섭취를 최소화하기 바란다. 이는 금요일마다 먹는 게 아니라, 달이나 해 단위로 한 번 정도 먹는 것을 뜻한다.

또 황새치, 상어, 고등어, 옥돔 같은 대형 생선은 수은 중독 위험 때문에 정기적인 섭취는 피하는 것이 좋다. 양식 생선은 자연산 생선보다 살충제가 더 많을 가능성이 있다.

설탕은 '현대의 담배'다

콜라 대기업과 사탕 제조업체들이 마케팅에 쏟아붓는 막대한 비용, 그리고 과자와 파이를 구워 우리에게 사랑을 표현하고 싶었던 어머니와 할머니 때문에 우리는 설탕에 중독되어왔다. 이제 부디 내 말을 명심하기를 바란다. 여러분이 먹고 마시는 설탕의 양을 줄이는 것이 최선이다.

전 세계적으로 설탕 섭취가 증가하면서 당뇨병과 비만 유병률이 크게 높아졌다. 설탕을 지나치게 섭취하면 당뇨병을 초래할 수 있고, 인지 기능 쇠퇴의 위험 인자이기도 하다.

일부 영양학 전문가는 설탕을 '현대의 담배'라고 넌지시 말해왔다. 역사학자인 유발 하라리Yuval Noah Harari는 설탕이 화약보다 더 위험하다고 주장하는데, 그 이유는 설탕이 더 많은 사람을 죽이기 때문이라고 한다. 그의 말에 따르면, 콜라 회사들이 알카에다보다 훨씬 더 치명적인 위협을 가한다.[149] 당뇨병과 비만은 생명을 단축시키고 죽음으로 이어진다. 불 보듯 뻔한 사실이다.

과도한 설탕 섭취의 부정적 효과는 다음과 같다.

- 염증과 자유라디칼 생성
- 비만
- 당뇨(인슐린 반응성 손상)
- 신장병과 심장병
- 통풍
- 비알코올성 지방간
- 충치
- 뼈 건강 악화
- 장 누수(장 혈관 벽의 온전성 악화)

설탕이 든 탄산음료는 신장으로 가는 혈류를 방해하고, 심혈관 질환과 비만의 위험 인자라는 사실이 밝혀졌다. 10만 명 이상의 여성을 대상으로 한 연구에 따르면, 매일 한 병 이상의 설탕 음료를 마시는 것은 심혈관 질환 발병 확률을 42퍼센트 높였다.[150] 말레이시아의 노년층 1,209명을 대상으로 한 또 다른 연구에 따르면, 출처와 관계없이 설탕 섭취는 인지 기능 손상과 관련이 있었다.[151] 이 외에도 증거는 많다. 매일 탄산음료를 마시는 사람은 거의 또는 전혀 마시지 않는 사람보다 심혈관 질환 발병률이 23퍼센트 더 높다.[152] 더군다나 탄산음료는 뼈 건강에 필요한 미네랄 흡수를 방해할 수 있다.

미국 심장학회가 권장하는 하루 설탕 섭취량은 매우 적다. 여성은 찻숟가락으로 여섯 숟가락, 남성은 아홉 숟가락이다. 하지만 평균적인 미국인은 이 권장량을 훨씬 초과해, 하루에 설탕을 20숟가락 넘게 먹고 마신다.

혹시 이렇게 생각할 수도 있다. '그냥 다이어트 콜라나 다이어트 펩시로 바꾸면 괜찮지 않을까?' 나라면 그렇게 하지 않겠다. 다이어트 음료에 함유된 인공감미료는 장내 박테리아 집단에 영향을 미치므로 피해야 한다. 인공감미료는 혈중 인슐린 수치를 변화시키고 혈중 포도당 수준의 조절 기능을 손상시킬 수 있다. 인공감미료로 인해 숙주(인간)와 미생물군 사이의 상호작용이 달라져서 당뇨와 체중 증가 위험이 커질 수 있다. 인공감미료는 심장병 위험 증가와도 관련이 있다.

텔레비전에 방송되는 스포츠 행사에는 종종 게토레이 같은 스포츠음료 광고가 나온다. 이는 우연이 아니다. 스포츠 음료 기업들은 자사제품이 건강하게 보이기를 원한다. 하지만 실제로는 그렇지 않은 경우가 많다. 스포츠 음료에는 과도한 설탕이 들어 있을 수도 있다. 그안의 전해질은 대부분의 운동선수에게 필요하지 않다. 전해질은 음식에서 얻는 것이 최선이다. 많은 스포츠 음료에는 인공감미료, 색소, 향미료가 들어 있다. 이 첨가물 중 상당수는 미국 식품의약청으로부터 GRAS generally recognized as safe(일반적으로 안전하다고 인정받은) 인증을 받았다. 하지만 이 인증이 ADTBS actually demonstrated to be safe(실제로 안전하다고 증명된)는 아니다. 이런 첨가물 중 다수는 발암물질이거나 다른 방식으로 인체에 해로울 수 있다. 가장 현명한 접근법은 이렇다. 화학물질은 사람이 아니다. 무슨 뜻이냐면, 유죄가 입증되기 전까지 무죄로 간주할 것이 아니라는 말이다.

우리는 진화를 거치면서 단것을 유별나게 좋아하게 되었다. 단것은 에너지를 빠르게 제공하는 훌륭한 공급원이기 때문이다. 타당한 이유가 있다면 단것을 먹어도 괜찮다. 여기에서 무엇이 음식이나 음료 섭취를 즐겁게 만들어주는지 살펴보면 도움이 된다. 이 질문을 많은 사람에게 했더니, 가장 흔한 대답은 음식이나 음료의 질이었다. 예를 들어 좋은 와인이나 매콤한 치킨 티카 마살라chicken tikka masala 같은 요리를 떠올린다. 하지만 이는 잘못된 시각이며, 신경계의 기능을 고려하지 않고 있다. 실제로 먹거나 마시는 경험의 질을 좌우하는 가장 중요한 요인은 재료가 아니라 그런 음식 섭취를 둘러싼 맥락이다. 예를 들어 벨기에 초콜릿 한 조각은 맛있게 느껴지겠지만, 이미 10조각을 먹었다면 11번째 조각은 속을 메스껍게 할 수도 있다.

나는 예전에 여름 하이킹 중 사막 협곡에서 길을 잃은 적이 있다. 물을 빨리 마셔버린 바람에 남은 물이 거의 없었다. 협곡에서 벗어나는 길을 찾는 데 다섯 시간이 걸렸다. 샘을 찾았을 때 나는 무척 목이 마른 상태여서 샘물이 굉장히 맛있었다. 당시로서는 1976년산 코트 뒤 론Côtes du Rhône 와인이 있었더라도 더 좋았을 것 같지 않았다. 마시기 경험의 질은 몸속으로 들어온 물질만이 아니라, 당시의 욕구가 결정한다.

내가 이런 점을 강조하는 이유는 먹고 마시는 경험의 특성을 우리에게 이롭게 만들 수 있기 때문이다. 열량 섭취를 줄이는 것이 바람직하다면, 아침이나 점심을 건너뛰는 편이 다음 식사의 경험을 더 만족스럽게 해줄 수 있다. 또 설탕 섭취를 점진적으로 줄이면, 여러분의 감각 기능이 달라지고 과일의 단맛을 더 잘 느낄 것이다. 아침에 시리얼에 설탕을 타는 대신 건포도를 넣어보기 바란다. 건포도는 천연의 단맛이 있고, 항산화제도 들어 있으며, 식이섬유까지 풍부하다.

간식 선택은 현명하게

건강한 음식을 먹는 것만으로는 충분하지 않다. 다양한 종류의 건강한 음식을 먹는 것이 중요하다. 간식을 먹고 싶다면, 건포도, 말린 무화과, 대추, 말린 살구 같은 고식이섬유 간식을 선택하는 편이 현명하다. 소금과 설탕 함량이 높은 가공식품은 피하는 것이 좋다. 또 인공색소, 인공감미료, 보존제, 화학조미료 같은 첨가물도 피해야 한다. 이중 상당수는 암을 일으킨다고 알려져 있다.

항산화제의 예방 효과

자유라디칼은 우리 몸속을 돌아다니며 인체에 손상을 일으키는 불안정한 원자다. 항산화제는 이런 자유라디칼을 퇴치할 수 있다. 이처럼 자유라디칼을 사냥하는 데 아주 능하기에, 일부에서는 항산화제를 '자유라디칼 청소부free radical scavenger'라고 부르기도 한다.

베리, 자두, 아보카도, 오렌지, 포도, 체리, 케일, 시금치, 그리고 다른 녹색 잎채소를 먹으면 항산화제가 자연스럽게 몸속으로 흡수된다. 게다가 이런 음식을 먹으면 체내 염증도 줄어들 수 있다.[153]

항산화제는 다른 방식으로도 우리에게 이롭다. 과일에 들어 있는 항산화 성분은 종종 과일의 색과도 관련된다. 과일의 색은 플라보노이드flavonoid라는 물질에 의해 생기는데, 이는 식물이 햇빛에 의한 산화성 손상을 이겨내고 꽃가루 매개체를 유혹하는 데도 도움을 준다. 딸기나 산딸기의 빨간색을 예로 들 수 있다. 이런 과일을 먹으면 대사 과정에서 발생하는 산화성 손상이 예방된다. 또 미생물군 덕분에 섭취한 플라보노이드가 체내로 흡수될 수 있다. 과일과 채소 속의 플라보노이드는 항염증 속성뿐 아니라 항아밀로이드 속성도 있다.[154] 알려진 바에 따르면, 플라보노이드 섭취는 알츠하이머병 예방과 관련이 있다. 생강, 고추, 강황 같은 식물에도 항염증 속성이 있다. 포화지방산은 염증을 유발하지만, 오메가3 PUFA는 염증 수치를 낮춘다. 따라서 과일과 채소를 먹으면 염증 억제에 도움이 될 수 있다. 과일에는 식이섬유와 비타민 C도 많이 들어 있다.

천연 제품은 다 안전하다?

장을 볼 때 식품 포장지에 적힌 '천연natural' 표시에 주의하기 바란다. 미국 식품의약청은 식품을 마케팅할 때 '천연'이라는 용어 사용을 규제하지 않는다. 하지만 천연 제품이라고 해서 반드시 안전한 것은 아니다. 예를 들어 코브라 독은 완전히 천연이지만 안전하지 않다. 누구도 그것을 커피에 타지는 않을 것이다. 건강식품으로 팔리는 많은 제품은 천연이면서도 잠재적으로 위험하다. 주치의가 천연 제품과 보조제를 포함해 여러분이 복용하는 모든 알약을 알고 있는 것이 중요하다. 코코넛 오일은 건강에 해로울 수 있는 천연 제품의 한 예다. 이것은 포화지방 함량이 높으며, 저밀도 지단백low-density lipoprotein, LDL 콜레스테롤('나쁜' 콜레스테롤)을 증가시키고, 심혈관 질환 위험을 높이는 것으로 밝혀졌다. 코코넛 오일이 알츠하이머병, 치매 또는 다른 질환을 예방한다는 확실한 증거는 없다.[155] 미국 심장학회 역시 코코넛 오일 섭취를 권장하지 않는다.

'적당히'의 지혜

"모든 것을 적당히"라는 말을 흔히 듣는다. 하지만 이 표현은 상당히 위험할 수 있다. 특히 거부를 수반할 때 그렇다. 예를 들어 흡연, 납 중독, 수은 노출에는 안전한 수준이 존재하지 않는다. 모든 것이 누적되어 뇌 손상이나 사망으로 이어질 수 있다.

따라서 '적당'이라는 단어를 제대로 정의하는 것이 중요하다. 누군가는 일주일에 한 번 지방이 많은 음식을 먹는 것을 적당이라고 정의할 수 있고, 다른 누군가는 한 달에 한 번을 적당이라고 정의할 수도 있다. 예를 들어 파스트라미pastrami(양념해 훈제한 소고기 — 옮긴이) 샌드위치 하나에 열량 1,000칼로리, 지방 21그램, 소금 3그램이 들어 있다고 치자. 만약 여러분이 비만이거나 콜레스테롤 수치가 높고, 심장병으로 인한 조기 사망의 가족력이 있다면 파스트라미 샌드위치는 반드시 피해야 한다.

건강에 특별한 문제가 없는 식품이더라도, 지나친 탐닉은 고통을 초래할 수 있다는 점을 명심해야 한다.

비타민과 미네랄 섭취는 '음식'으로

비타민은 뇌와 신경계 기능에 매우 중요하다. 비타민을 얻는 가장 좋은 방법은 음식을 통해 섭취하는 것이다.

비타민 B부터 시작하자. 비타민 B1인 티아민_{thiamine}은 뇌 건강에 중요한 필수 비타민이다. 보통 이 비타민이 결핍된 경우는 알코올중독자, 영양실조에 걸린 사람, 다른 심각한 영양 결핍 상태의 사람들에게서 나타난다. 비타민 B1은 영양 성분을 추가한 시리얼, 생선, 렌틸콩, 완두콩, 요구르트 등에 들어 있으며, 면역을 강화하고 뼈 건강을 도우며 심장병 위험을 낮출 수 있다.

비타민 B6인 피리독신과 비타민 B9인 엽산도 뇌 기능에 중요하다. 비타민 B6은 생선, 가금류, 고기, 견과류, 콩과식물, 감자, 통곡물에 들어 있다. 엽산은 동물성 식품, 짙은 잎채소, 통곡물 시리얼, 영양소가 추가된 곡물(미국)에 들어 있다.

비타민 A, 비타민 K, 마그네슘, 아연, 구리를 음식으로 섭취하면 심장병 발생 위험이 감소하는 것으로 나타났다. 비타민 A는 오렌지, 노란색 과일, 당근, 짙은 녹색 채소, 달걀에 들어 있다. 비타민 K는 녹색 잎채소, 케일, 시금치, 조개, 씨앗, 견과류에 풍부하다. 아연은 굴, 게, 랍스터, 가금류, 콩, 견과류에 들어 있다. 비타민 K2는 발효 식품과 닭고기에 들어 있다.

비타민 B12는 중추·말초 신경계에 매우 중요하다. 신경 조직의 적절한 기능에 필수적이지만, 인체가 합성하지 못할 뿐 아니라 외부에서 흡수하기도 쉽지 않다. 이 비타민을 흡수하려면 위에서 특정 분자를 방출해야 하기 때문이다. 많은 사람은 자신도 모르는 위장관 문제 때문에 비타민 B12가 결핍되어 있다.

채식인은 특히 비타민 B12 결핍 위험이 높다. 비타민 B12는 간, 고기, 우유, 가금류, 생선, 달걀에 들어 있다. 종합비타민 보충제에도 들어 있기는 하지만, 이 비타민 흡수에 어려움을 겪는 사람들에게는 종종 충분한 양이 아니다. 최근 알려진 바에 따르면, 음식을 통해 비타민 B12를 많이 섭취하면 유방암과 폐암 발생이 줄어들 수 있다. 따라서 혈중 비타민 B12 수치를 확인해 보충제가 필요한지 알아보는 것이 바람직하다.

비타민 B12, 비타민 B6, 엽산의 혈중 수준은 혈액 속에 있는 호모시스테인homocysteine이라는 정상적인 아미노산과 관련이 있다.[156] 일부 연구는 낮은 비타민 B12 수치가 알츠하이머병과 연관이 있음을 보여준다. 높은 수준의 호모시스테인은 심장병, 산화성 스트레스, 뇌졸중, 알츠하이머병과 관련이 있다. 다행히도 음식을 통해 비타민 B12, 비타민 B6, 엽산을 보충해주면 호모시스테인 수치를 낮출 수 있을 때가 많다. 아직 증거는 완전하지 않지만, 비타민 보충제를 통해 호모시스테인 수치를 낮추면 노화에 따른 인지 손상 위험이 낮아질지도 모른다고 한다. 따라서 누구든 자신의 비타민 D, 비타민 B6, 비타민 B12, 그리고 호모시스테인 수치를 정기적으로 확인하기 바란다.

한 예비적 연구에 따르면, ALS에 걸린 생쥐 실험체와 인간에게서 비타민 B12 결핍이 드러났다.[157] 비타민 B3는 가금류, 달걀, 낙농 제품, 생선, 견과류, 씨앗, 콩과식물, 아보카도, 통곡물에 함유되어 있다.

비타민 D는 면역계와 칼슘 흡수, 골밀도에 중요한 역할을 한다. 여러 연구에 따르면, 북아메리카에 사는 사람들의 70퍼센트 이상이 비타민 D 부족 상태다. 뼈 건강과 면역계에 중요하므로 누구나 자신의 혈청 비타민 D 수치를 확인하는 것이 필요하다. 5장에서 논의했듯이, 면역계는 심장병, 뇌졸중, 노화로 인한 뇌 장애와 밀접히 연관된다. 마그네슘은 비타민 D 흡수를 도울 수 있다. 비타민 D는 햇빛을 쬐면 체내에서 합성되지만, 지방이 많은 생선, 간, 소고기, 달걀노른자, 버섯에서도 얻을 수 있다.

비타민 E는 자유라디칼을 퇴치하는 강력한 능력을 가지고 있으며, 현미, 견과류, 씨앗, 식물성 기름, 녹색 잎채소, 영양소가 추가된 시리얼 등에 들어 있다. 최근 알려진 바에 따르면, 비타민 E와 비타민 C 섭취는 파킨슨병 예방에 도움이 될 수 있다.

종합비타민은 대부분 사람에게 건강 증진 효과가 입증되지 않았다.[160] 실제로 종합비타민을 복용하는 사람들은 이미 건강한 식습관을 가진 경우가 많다. 하지만 종합비타민은 식단 결핍, 알코올중독, 영양흡수 부족 상태인 경우에는 도움이 될 수 있다. 보충제도 때로는 해로울 수 있다. 예를 들어 베타카로틴 보충제는 흡연자의 폐암 위험을 높일 수 있고, 비타민 E와 항산화제 보충제 역시 일부 암의 위험성을 증가시킬 수 있다. 하지만 음식을 통해 섭취하면 괜찮다.

미네랄은 대사 작용은 물론 뼈, 심장, 근육, 뇌 건강에 중요하다. 칼슘, 인, 나트륨, 칼륨, 마그네슘, 망간, 황, 염소, 철, 요오드, 불소, 아연, 구리, 셀레늄, 크로뮴, 코발트 등이 주요 미네랄이다. 미네랄은 견과류, 씨앗, 조개, 채소, 달걀, 콩, 아보카도, 베리, 요구르트 등에 들어 있다. 육류 내장에도 들어 있지만, 적절한 미네랄을 얻기 위해 반드시 고기를 먹을 필요는 없다.

마그네슘 결핍은 흔하며, 면역 기능을 손상시킬 수도 있다. 마그네슘은 심해 어류, 씨앗, 견과류, 통곡물, 짙은 녹색 채소, 과일, 다크초콜릿에 들어 있다. 마그네슘 보충제는 과다 복용하면 독성이 나타날 수 있다. 칼슘 섭취는 뼈와 근육 건강, 혈액 응고, 골다공증 예방에 중요하다.

폴리페놀과 바이오플라보노이드

폴리페놀은 다수의 페놀 그룹이 들어 있는 분자들의 집합이다. 조지프 리스터Joseph Lister는 19세기 후반에 석탄산이라는 한 화학물질의 위력을 입증했다. 페놀이라고도 알려진 석탄산은 최초로 널리 사용된 효과적인 소독제였다. 이 물질 덕분에 외과 수술의 사망률이 크게 줄었다. 리스터와 석탄산 이야기는 린지 피츠해리스Lindsey Fitzharris의 『수술의 탄생: 끔찍했던 외과 수술을 뒤바꾼 의사 조지프 리스터 The Butchering Art: Joseph Lister's Quest to Transform the Grisly World of Victorian Medicine』(열린책들 역간)에 잘 나와 있다. 석탄산은 하나의 페놀 그룹을 가지며, 생리 작용 면에서 강력하다.

바이오플라보노이드는 식물에서 발견되는 폴리페놀로, 미생물과 인간에 강력한 영향을 미친다. 플라보노이드는 항아밀로이드 작용과 혈압 낮추기를 포함해 바람직한 건강 효과가 많으며, 질병과 관련된 뇌 단백질의 응집과 확산을 억제할 수도 있다. 플라보노이드는 과일, 채소, 시리얼, 차와 커피, 향신료, 베리, 콩, 견과류, 대두, 레드 와인에 들어 있다.

플라보노이드는 식물에 색깔을 부여하는 데 도움을 주고, 햇빛으로부터 보호하며, 곤충이나 새 같은 꽃가루 매개자를 유혹한다. 우리가 이런 폴리페놀 화합물을 섭취할 때는 항산화 효과를 누릴 수 있다.

커큐민curcumin은 아시아의 향신료인 강황에서 추출되는 천연 폴리페놀이자 바이오플라보노이드로, 염증을 줄일 수 있다.[161] 또 신경퇴행성 장애에 관여하는 독성 단백질을 뇌에서 제거하는 선천적 면역력을 향상시킬 수도 있다.[162, 163] 강황은 향미가 풍부해 식사를 화사하게 해주기도 한다.

폴리페놀의 또 다른 공급원은 녹차다. 녹차는 홍차나 우롱차와 같은 식물로 만들지만, 그런 차들을 만드는 데 쓰이는 위조萎凋(채취한 찻잎을 시들게 하는 과정 — 옮긴이)나 산화 과정 없이 만든다. 녹차에 든 폴리페놀 성분은 항염증 작용을 하고, 산화 독소와 혈압을 낮춘다. 또 녹차 섭취는 저밀도 지단백 콜레스테롤 수치를 낮추고, 치주 질환 발생을 감소시키며, 체중 감량에도 도움이 될 수 있다. 녹차 속 폴리페놀은 장내 박테리아와 대사 산물(박테리아가 만드는 분자들)에도 긍정적인 영향을 줄 수 있다는 주장이 제기된 적 있다. 일본의 한 연구에 따르면, 녹차 마시기가 알츠하이머병 위험을 낮출 수도 있다고 한다.[164] 녹차의 카페인은 커피의 카페인 함량의 약 30퍼센트에 불과해 비교적 안전하다. 하지만 과다 섭취하면 간 독성을 일으킬 수 있으므로 주의해야 한다. 하루 두 잔 정도의 녹차는 괜찮지만, 보충제 형태의 녹차 추출물 섭취는 권장하지 않는다.

마지막으로 파이토에스트로겐phytoestrogen은 식물에서 얻은 에스트로겐(phyto는 '식물'을 뜻함)으로, 대두, 석류, 시금치 등에 들어 있다. 이 성분은 지질 수치를 낮추고, DNA 구성을 변화시키며, 혈액 응고와 혈관 질환에 긍정적인 효과를 내고, 알츠하이머병 위험을 낮춘다.[161,165]

소금의 과잉 섭취는 금물

패스트푸드가 해로운 이유 중 하나는 바로 소금이다. 예를 들어 맥도날드의 쿼터파운더 치즈버거에는 나트륨이 1,140밀리그램 들어 있다.

여기에 감자튀김(나트륨 350밀리그램)을 곁들이면, 한 끼에 섭취하는 나트륨이 1,490밀리그램에 이른다.

미국 심장학회는 하루 나트륨 섭취 권장량을 최대 2,300밀리그램으로 정했지만, 이상적으로는 1,500밀리그램 정도여야 한다고 권고한다(맥도날드의 한 끼 식사만 해도 이 수치에 이른다). 하지만 대다수 미국인은 하루 3,400밀리그램 이상의 나트륨을 섭취한다. 소금을 많이 섭취하면 고혈압을 악화시킨다고 알려져 있다. 최근에는 소금이 미생물군과 면역계에도 영향을 미친다는 사실이 밝혀졌다. 나트륨 과잉 섭취는 뇌와 혈관의 염증을 촉진하고, 박테리아를 죽이는 백혈구의 능력을 약화시키며, 미생물군이 만드는 유익한 짧은 사슬 지방산 생성을 감소시킨다.

간헐적 단식의 장점

건강을 위한 식단 선택 중 하나는 간헐적 단식이다. 하지만 이것은 의사의 도움을 받아 이루어져야 하며, 당뇨나 신장·간 질환이 있는 사람에게는 좋지 않을 수도 있다.

우리의 수렵 채집인 조상들은 음식 공급이 일정하지 않았기 때문에 하루 세 끼를 규칙적으로 먹을 수 없었다(조상들은 상점, 냉장고, 식품 창고도 없었다). 연구 결과에 따르면, 낮 동안 또는 하루 걸러 하루씩 음식을 먹지 않는 방식은 대사와 질병에 유익한 영향을 준다. 간헐적 단식은 간 기능을 향상시키고, 낙산염酪酸塩(장내 박테리아가 생성하는 짧은 사슬 지방산으로 건강에 유익함) 생성을 늘린다. 또 장내 박테리아의 다양성을 높이고, 체내 지방 저장량을 줄이며, 혈중 지질 농도와 혈압을 낮추고, DNA 복구를 향상시킬 수 있다. 이와 더불어 암, 정신 건강, 혈당 조절, 신경퇴행성 질환, 심장병, 뇌졸중에 긍정적인 효과가 있을지도 모른다.[166] 그리고 단식은 혈액 속 케톤ketone 생산을 증가시켜 신경 보호, 인슐린 민감성 개선, 인지 기능 향상에 기여할 수 있다. 또 뇌에서 나오는 신경 영양 인자를 증가시키고, 스트레스 저항성과 기능 균형의 유지(항상성)에도 도움이 될 수 있다.

가장 실천하기 쉬운 방법은 하루에 약 16시간 동안 열량 섭취를 하지 않는 방식이다. 예를 들어 저녁 8시부터 다음 날 정오까지 단식하는 식이다. 하지만 단식은 당뇨병 환자나 섭식 장애가 있는 사람에게는 문제가 있을지도 모르며, 단식 후 폭식하지 않는 것도 중요하다.

수분 균형과 노년 건강

수분은 건강에서 매우 중요한 요소지만, 종종 무시되곤 한다. 미국 국립보건원에서 나와 내 동료들이 알아낸 바에 따르면, 노년층은 필요한 만큼 물을 마시지 않는다. 이를 '수분 박탈에 대한 반응 감소'라고 한다. 우리 연구에 참여한 사람들은 연구용 병동에서 밤 시간을 보냈다. 우리는 그들에게 밤 9시부터 아침 8시까지 물을 마시지 말라고 했다. 아침 8시가 되면 얼음을 넣은 물을 제공하고, 각자 마신 물의 양을 기록했다. 조사 결과, 연구에 참여한 노년층은 혈액검사로 확인된 적정량의 수분보다 물을 적게 마셨다. 이 문제는 알츠하이머병 환자에게서 더 두드러졌다.

수분 섭취 부족으로 인한 탈수는 심혈관·뇌 혈관 질환, 변비를 악화시킬 수 있으며, 인지 장애를 초래할 수도 있다. 노년층은 갈증 정도가 몸이 필요로 하는 수분량을 알려주는 믿을 만한 지표가 아닐지도 모른다는 사실을 알아야 한다. 실제로 갈증이 느껴지는 정도보다 더 많은 물을 마셔야 할지도 모른다.

필요한 물의 양은 개인마다 다르다. 신장 기능, 당뇨, 심장병 등 건강 상태에 따라 달라지므로 의사와 관련 상황을 논의하기 바란다. 또 수분 적정량은 신체 환경, 활동 수준, 기본 건강 상태에 따라서도 달라진다.

식습관을 바꾸는 실천 전략

먹는 방식을 바꾸는 일은 쉽지 않다. 나는 실천하기 쉬운 작은 변화를 제안한다. 일주일에 적어도 한 번은 다음과 같이 바꿔보자.

- 주스를 과일로 대체
- 흰쌀을 현미나 잡곡으로 대체
- 시리얼에 넣는 설탕을 건포도로 대체
- 간식으로 먹는 초콜릿 바를 무화과와 아몬드로 대체
- 햄버거를 채식 버거로 대체
- 패스트푸드 체인점의 페퍼로니 피자를 통밀빵과 신선한 채소로 만든 가정식 피자로 대체

다음 음식은 가급적 피하는 것이 좋다.

- 붉은 고기(소고기, 돼지고기)
- 정제된 곡물(흰쌀, 흰 빵)
- 소금이 많이 든 음식
- 다양성이 부족한 식단
- 식이섬유가 적은 음식
- 가공식품
- 포화지방이 많은 음식
- 과도한 알코올(25장 참고)
- 과도한 설탕(천연 또는 인공감미료)
- 인공 색소, 향미료, 보존제
- 탄산음료
- 패스트푸드

대신, 다음 음식을 충분히 섭취하는 것이 좋다.

- 통곡물(현미, 통밀빵)
- 닭고기(소고기나 돼지고기보다 나음)
- 다양성이 풍부한 식단
- 식이섬유가 풍부한 음식(콩, 통곡물, 과일, 베리, 채소, 콩과식물, 견과류)
- 식물성 음식
- 가공하지 않은 음식

- 두부
- 포화지방이 적은 음식
- 녹색 잎채소
- 향신료

노화 과정을 기회로 바라보는 개념은, 음식 선택이 나이 들면서 삶의 질에 미치는 영향을 이해하는 데 도움이 된다. 이 기회를 잘 활용하자.

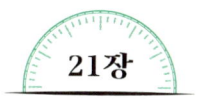

21장

미생물에 관해
알아야 할 사실

"이 사안에 지식이 별로 없는 독자라면
다량의 미생물을 흡수하라는 내 권고에 놀랄지 모른다.
미생물은 모두 해롭다는 일반적인 믿음이 있으니 말이다.
하지만 그 믿음은 틀렸다. 유용한 미생물도 많으며,
특히 유산균이 대표적이다. 게다가 박테리아 배양균을 주입해
특정 질병을 치료하려는 시도가 이미 이루어졌다."

일리야 메치니코프(1845-1916)
러시아의 과학자

장내 박테리아가 건강과 관련이 있을지 모른다고 처음 주장한 사람
은 일리야 메치니코프Ilya Metchnikoff였다. 루이 파스퇴르의 동료였던 그
는 코카서스산맥의 불가리아 주민들이 장수하는 이유가 요구르트 섭
취 때문이라고 보았다. 그는 연구를 통해 프로바이오틱 박테리아의
첫 번째 유형인 유산균을 장수의 원인으로 밝혀냈다. 메치니코프는
1908년 면역 연구 업적을 인정받아 독일의 과학자 파울 에를리히Paul
Ehrlich와 함께 노벨 생리의학상을 받았다.

메치니코프는 노인학_{gerontology}(노화의 과학)이라는 신조어를 만든 인물로도 알려져 있다. 그는 시대를 앞서서 이런 말을 했다. "인간과 고등동물에서 나타나는 염증은 거의 언제나 병원성 미생물의 간섭으로 발생한다."[167] 분명 그는 이 책에서 강조하는 개념, 즉 미생물은 질병뿐만 아니라 건강에도 관여한다는 점을 간파했다.

생애 초기에 미생물에 노출되는 것은 건강한 면역계 발달에 필요하다. 과도한 청결은 아동기에 천식과 알레르기성 질환의 위험 증가와 관련이 있다. 앞서 소개했듯이, 미생물 연구자인 잭 길버트와 롭 나이트는『더러워도 괜찮아』라는 책에서 아동 발달에 미생물 노출의 중요성을 설명했다.[120]

현재로서는 미생물 노출에 관해 구체적인 권고를 하기는 어렵다. 어떤 박테리아가 프로바이오틱으로 섭취하기 가장 좋은지에 관한 연구가 전 세계적으로 진행 중이다. 살아 있는 박테리아는 건강에 도움을 주고 장내 박테리아 집단을 증가시킨다고 여겨진다. 그럼에도 나는 다음 단계들을 권한다.

- 아이들은 청결에 너무 신경 쓰지 말고 자연환경에서 놀 수 있어야 한다. 개와 함께 자란 아동의 면역계가 그런 경험이 없는 아동보다 낫다는 연구 결과가 있다.
- 프로바이오틱스가 유용할 수 있으나, 어느 것이 최고인지는 불확실하다. 프로바이오틱스는 파킨슨병 환자의 변비 완화에 도움이 된다고 알려져 있다.
- 살아 있는 박테리아가 든 요구르트를 섭취하는 것이 바람직하다.
- 설탕이 많이 든 요구르트는 피한다. 과일과 설탕이 첨가된 제품

보다는 플레인 요구르트를 먹으면서 직접 과일을 곁들이는 편이 낫다.

- 살아 있는 박테리아가 들어 있어 건강에 이로울 수 있는 다른 음식으로는 김치와 나토(콩을 발효시킨 일본 음식)가 있다. 두 음식 모두 비타민과 미네랄의 훌륭한 공급원이다.

- 프리바이오틱스는 사람이 소화할 수 없는 식이섬유로, 바람직한 장내 박테리아에 의해 대사되는 작용 때문에 고안되었다. 어느 프리바이오틱스가 가장 좋은지는 명확하지 않다. 질경이 씨앗 껍질(차전자피)은 식이성 섬유로, 변비 해소와 섬유질 섭취를 향상시킨다. 적절한 양의 물과 함께 먹지 않으면 속이 더부룩할 수 있다. 고식이섬유 음식 섭취도 프리바이오틱스와 비슷한 효과를 미생물군에 미친다.

- 콤부차, 발효시킨 단맛의 차 음료에는 프로바이오틱스와 항산화제가 들어 있지만, 칼로리가 높아 속이 더부룩할 수 있다. 콤부차 속의 박테리아가 건강에 이로운지는 불분명하다.

22장

구강 관리, 작은 습관이
큰 차이를 만든다

우리 입은 1,000종이 넘는 미생물들의 집이나 마찬가지다. 이 미생물들은 코, 입, 목구멍에 살면서, 우리 몸속에 침입해 병을 일으키는 유기체로부터 우리를 보호하는 데 도움을 준다. 우리는 이 미생물들이 몸에 거주하는 데 대해 선택권이 없다. 미생물들을 완전히 제거하려면 불꽃을 내는 토치가 필요할지도 모른다. 그들을 완전히 제거할 수 없다는 말이다. 질병에 관여하기 때문에 우리는 이 집단을 가능한 한 감시하고 관리해야 한다. 즉, 우리는 미생물들이 필요하고 미생물들 역시 우리가 필요하다.

그런데 미생물들이 우리 입안에서 파티를 열고 있는 것은 아니다. 건강에 해로운 미생물 집단을 피하는 최선의 방법은 구강 위생을 잘 실천하는 것이다. 잠에서 깬 직후와 식사 후에는 꼭 칫솔질을 하고, 잠들기 전에는 치실을 사용해 구강 관리를 하기 바란다. 그리고 1년에 두 번 정도는 치과에 가서 치아 상태를 확인하고 스케일링 등 청소를 하는 것이 좋다.

구강 건강에 신경 써야 하는 이유는 단순히 치아뿐만 아니라 뇌와 심장 건강에도 좋기 때문이다. 구강 건강이 뇌와 심장 질환 예방과 어떤 관련이 있는지 살펴보면, 구강 건강이 우리의 전반적인 건강과 신체 적합성에 얼마나 중요한지 이해할 수 있다.

23장

의사와 약을
현명하게 대하는 법

네 가지 예비 요소를 최고 수준으로 유지하려면, 의료 전문가와 그들이 처방하는 약물을 다루는 법을 알아야 한다. 이는 임상 연구의 관점을 이해하고 그 가치를 인정하는 데도 중요하다.

환자는 이야기할 권리가 있다

몇 년 전, 나는 걷다가 왼쪽 발목에 통증을 느꼈다. 몇 주가 지나도 나아지기는 고사하고 통증이 더 심해져 테니스조차 칠 수 없게 되었다.

나는 근무하는 대학병원에서 다리와 발을 전문적으로 보는 유명한 정형외과 의사를 찾아갔다. 안내를 받아 진료실에 들어갔고, 한 시간을 기다린 후 의사가 왔다. 그는 내게 인사를 건넸다. 내가 왼쪽 발목 통증으로 왔다는 사실을 이미 간호사에게서 들은 상태였다. 그는 내가 몇 마디 하기도 전에 내 발목을 꽉 쥐더니 MRI를 찍어야 한다고 말했다. 그가 겨우 3분 동안 진찰하고 진료실을 나가려 할 때, 나는 화가 단단히 나 있었다. 의사가 내 발목 통증에 관한 이야기에 전혀 관심을 보이지 않았기 때문이다. 그가 문밖으로 반쯤 나갔을 때, 나는 단호하게 다시 와서 내 발목 이야기를 들어달라고 부탁했다. 그는 우리 모두가 자기 이야기를 할 자격이 있음을 존중하기는커녕 그것을 알지도 못했다. 그 정형외과 의사에게 나는 그저 수천 개 발목 중 하나에 불과했다. 하지만 내게 그 발목은 걷기 능력을 위한 중요한 한 요소였다.

또 한번은 내가 큰 수술을 고려하고 있을 때였다. 다섯 가지 치료 방법 중 하나와 여러 외과 의사 중 한 명을 선택해야 하는 상황이었다. 내가 선택한 외과 의사는 진찰할 때 컴퓨터 화면에 눈을 고정하지 않고, 인간 대 인간으로 내게 말을 걸어준 사람이었다. 후보 의사 중 한 명은 나를 전혀 쳐다보지 않았고, 오직 자신의 왼쪽 귀만 내게 보여주었다. 그는 컴퓨터만 쳐다보고 있었기 때문이다. 나를 한 인간으로 상대해주지 않는 모습에 너무나도 분통이 터졌다.

이 두 일화는 의료 전문가를 대할 때의 중요한 문제를 잘 보여준다. 환자는 자신의 이야기와 목소리가 경청 받을 권리가 있다. 누구든 인간으로서 대우를 받아야 한다. 환자의 이야기는 그 사람이 누구인지에 관한 중요한 일부다. 우리는 수리가 필요한 기계가 아니다. 하지만 많은 사람이 의료 서비스를 받을 때 매우 수동적이며, 자신들이 어떠한 무시나 소홀한 대접, 거부나 불친절을 받더라도 감내한다. 결국 우리 자신의 건강을 적극적으로 표명하고, 의료 전문가가 우리의 이야기에 귀 기울이며 우리의 요구에 주목하게 만드는 것은 우리에게 달려 있다. 우리는 우리가 받는 의료 서비스의 능동적 참여자가 되어야 한다. 그러기 위해서는 필요할 때 단호히 목소리를 내야 한다.

좋은 의사를 선택하는 기준

좋은 의사를 선택하는 일은 쉽지 않다. 아래 내용들은 의사를 선택할 때 고려할 만한 기준이다.

- 우리는 다정하고 사려 깊으며 친절한 의사에게 자연스럽게 끌린다. 하지만 매너가 좋다고 해서 반드시 적합한 의사라는 뜻은 아니다. 매너가 다소 좋지 않은 의사도 특정 상황에서는 최고의 선택이 될 수 있다. 여기에서 중요한 결정 요소는 여러분이 직면한 문제가 얼마나 심각하고 중요한가다.
- 가르치는 일에 참여하는 의사는 그렇지 않은 의사보다 일반적으로 지식이 풍부하다. 가르치려면 최신 정보에 밝아야 하고, 배우는 데 시간을 더 쓰는 경향이 있기 때문이다. 또 논문을 발표하는 의사가 그렇지 않은 의사보다 더 잘 배운 경우가 많다. 솔직히 학구적인 의사를 선호하는 나의 태도는 다소 편향되어 있기는 하다. 가르치지 않고 논문을 발표하지 않는 의사 중에도 뛰어난 의사는 분명히 많다.

- 학문적인 의료센터에 있는 의사는 대다수 의사보다 더 높은 기준을 적용받는다. 의사는 대학에서 진급하려면 환자 진료, 강의, 연구, 논문 발표까지 두루 수행해야 한다. 이들은 대하는 환자 수가 아닌 봉급으로 보수를 받을 때가 많다. 반면, 지역사회에서 일하는 의사는 수행한 임상 근무량이나 다른 병원에 위탁한 진찰 횟수에 따라 보수를 받는다. 예를 들어 학회 참석으로 일주일을 쉬면, 그 주에는 수입이 없다.

- 가능하다면, 의사와 함께 일하는 사람들의 평가를 참고하자. 다른 의사, 간호사, 의료 보조원, 기술자, 행정 직원, 관리자 등 주변인의 의견이 도움이 된다.

- 다른 도시의 의사가 우리 지역 의사보다 반드시 뛰어나다고 볼 수는 없다. 지역 의사가 별로일 것이라는 편견이나, 먼 곳에 있는 의사가 일하는 지역 때문에 틀림없이 훌륭할 것이라는 믿음은 주의해야 한다. 이것은 좋은 전략이 아닐 때가 많다.

- 반드시 면허가 있는 의사에게 진찰을 받아야 한다. 면허는 최소한의 자격이다. 뛰어난 실력을 요구하지 않고, 최소한의 기준만 충족하면 받을 수 있다. 개업의가 면허를 갖추지 않았다면 변명의 여지가 없다. '면허 적격자'라는 것은 면허 시험을 볼 준비가 되었다는 뜻일 뿐, 아직 면허를 받지 않았거나 시험을 통과하지 못했음을 의미한다.

- 당연한 말이지만, 의사 가운데 약 절반은 평균 이하의 실력을 지닌다. 어떤 의과대학에서 150명의 의사를 배출한다면, 그중 최하위인 학생도 분명 일자리를 얻는다. 물론 아무도 그런 정보를 확인할 방법은 없지만, 이 사실은 중요한 경고가 된다. 따라서 우리 모두

는 자신의 건강과 신체 적합성을 지키는 일에 능동적으로 참여해야 한다.

- 가능하다면, 이해관계 충돌에 주의해야 한다. 외과 의사는 경제적 성과 기준으로 평가받을 수 있다. 그들은 얼마나 많은 수술을 하고 있는가? 심장 전문의는 수술을 더 많이 권해서 돈을 더 많이 벌지도 모른다. 만약 어떤 의사가 수술이나 시술을 충분히 권하지 않는다면, 재고용이나 승진에서 불이익을 당할 수도 있다. 이 문제를 다룬 책으로는 J. 샤J. Shah 박사의 『심장 건강Heart Health』이 있다.[168]

- 환자로서 매번 진료를 받을 때마다 질문하기 바란다. 여러분 모르게 의사가 진료실을 나가고, 간호사로부터 "가셔도 됩니다"라는 말을 듣지 않도록 하기 바란다.

- 온라인 리뷰는 의심의 눈초리로 해석하기 바란다. 친절하다는 이유만으로 좋은 평가를 받았지만, 실제 실력은 부족할지도 모른다.

- 전문의, 세부분과전문의, 초세부분과전문의를 조심하기 바란다. 어떤 전문의가 계속 분야를 좁히며 그 안에서 많은 것을 배우다 보면, 결국에는 존재하지도 않는 분야에서 무한히 많은 지식을 쌓게 된다는 우스갯소리가 있다. 전문의를 찾을지 여부는 사안이 얼마나 심각하고 중요한지와 관련이 있다. 예를 들어 목이 조금 아프다고 해서 굳이 이비인후과 전문의를 찾을 필요는 없다. 하지만 희귀병 환자라면 최고의 의사는 메릴랜드주 베데스다에 있는 미국 국립보건원의 의사나, 영국 런던에 있는 영국 국립신경과신경외과병원National Hospital for Neurology and Neurosurgery 혹은 다른 최정상급의 학문적인 연구센터 의사일 수 있다. 전문의가 중요한 의료 서비스를 제공할 수는 있겠지만, 그들의 좁은 시각이 오히려 전체 상황을

이해하는 데 방해가 될지도 모른다.

인간은 복잡한 생명체이고, 질병도 복잡하다. 질병에 관해 아는 것이 도움이 될 수 있지만, 다음 사실을 꼭 유념해야 한다. 질병을 진단하려면 결국 단순화시켜야 한다. 그렇게 얻어진 정보는 오해의 소지가 있거나 틀릴 수도 있다.

의사는 병을 다루기 위해 복잡하고 상호 관련된 세부 내용을 이해해야 한다. 과학은 매우 빠르게 발전하고 있다. 예를 들어 2021년 봄 미국 국립의학도서관National Library of Medicine에 소장된 코로나19 관련 논문은 무려 11만 9,201편이었다. 불과 2년 전까지만 해도 존재하는 지조차 몰랐던 바이러스였는데도 말이다. 어떤 경우에는 교재에 적힌 내용이 그 교재가 출간되는 시점에는 틀린 사실이 되기도 한다. 따라서 혼자 자료를 읽는 것만으로는 충분하지 않다. 심각한 질병의 경우에는 의사와 상담하며 전문적인 안내를 받는 것은 충분히 그럴 만한 일이다.

약 복용, 제대로 알고 관리하기

의사와 약에 관해 의논할 때는 다음 제안들을 고려하면 도움이 될 수 있다.

- 진료를 받을 때마다 여러분이 복용하는 모든 약, 보충제, 비타민을 지참하기 바란다. 약, 보충제, 비타민, 천연 약제, 민간요법, 위장관

보조제 등 복용하는 것을 의사에게 반드시 알려야 한다. 의사는 진료 때마다 이 목록을 철저히 살펴야 한다(사례 연구 10 참고).

- 약을 처방받았다면 지시 사항, 부작용, 복용법, 다른 약물과의 상호작용, 공복에 먹는지 음식과 함께 먹는지 등을 반드시 이해하기 바란다.

- 의사가 새로운 약을 권한다면, 가능한 한 빨리 집에서 관련 내용을 읽어보고 부작용을 확인하기 바란다.

- 질문할 내용을 미리 적어놓고, 상담 중 메모할 수 있도록 종이와 펜도 가져가기 바란다.

- 질환이 심각한 장애나 사망을 초래할 가능성이 있다면, 전문 의료센터 의뢰 등 두 번째나 세 번째 대비책을 고려하기 바란다.

- 의사의 말이 이해되지 않으면, 설명을 부탁하기 바란다. 진료가 부담스러워 빨리 진료실을 나가고 싶은 유혹이 들 수도 있다. 하지만 무엇을 알아야 하고 무엇을 해야 하는지를 분명히 파악하는 것이 좋다.

- 병을 부정하려는 강력한 회피 수단을 조심하기 바란다. 누구도 아프고 싶지 않지만, 아픈 것은 인간의 숙명이다. 병을 부정하기보다는 문제에 정면으로 맞부딪치는 편이 낫다.

- 진료실을 나오기 전에는 반드시 의사의 소견을 받아두기 바란다. 이 소견에는 여러분의 상태에 대한 의사의 평가와 필요한 조치가 포함되어야 한다. 이는 타당해야 한다. 예를 들어 여러분이 기억 문제가 있는 76세 부모를 진료실에 데려갔는데 의사가 '노인성 치매'라고 진단한다면, 여러분에게는 다른 의사가 필요하다. 앞서 말했듯이 '노인성 치매'라는 용어는 쓸모가 없으며, 이는 진단이라고

할 수 없다. 단지 나이가 들었다는 사실(이미 아는 내용)과 치매를 시사하는 증상이 있다는 사실(역시 뻔히 아는 내용)을 말해줄 뿐이다. 정작 필요한 것은 문제의 원인을 알아내는 일이다.

• 가족력은 의료 상담에서 중요한 요소다. 여러분의 부모, 형제자매, 자녀, 숙모, 숙부, 조부모의 건강 이력을 미리 알아두어야 한다.

사례 연구 10

고혈압과 당뇨가 있는 74세 남성이 1년 동안 편집증적 행동과 기억상실 증상 때문에 나를 찾아왔다. 그는 사람들이 무언가를 숨기며 사실이 아닌 일을 믿으라고 떠민다고 생각했다. 또 후각과 미각이 달라졌다고 불평하기도 했다. 그는 2년 전에 대장암으로 결장창냄술colostomy(대장의 종양 등으로 정상적인 배변이 어려운 경우, 복부 표면에 장을 노출시켜 인공 항문을 만드는 수술 — 옮긴이)을 받았다. 그는 경구용 항당뇨병약만 복용 중이었다.

진단 결과, 그는 판단력, 추상적 사고, 단어 회상, 의사 결정 능력 등이 저하되어 있었다. 혈액검사 결과는 정상이었고, 뇌 MRI에서는 작은 뇌졸중이 한 번 나타났다. 그는 볼베어링 공장의 관리자였다. 중금속 노출의 가능성 때문에 일련의 중금속 오염 검사를 실시했다. 그 결과 혈액에서 비스무트라는 중금속이 검출되었다. 비스무트는 인지 손상의 드문 원인으로 알려져 있다.

이후에 알고 보니, 그는 차갈산비스무트bismuth subgallate를 인공항문 탈취제로 사용하고 있었다. 그는 이에 관해 들은 바가 없었다. 그것은 약물이 아니기 때문이다. 이 물질은 탈취제였고, 우리 의료진은 그가 구체적으로 어떤 약을 복용하는지만 물었기 때문에 처음에는 이런 사실이 드러나지 않았던 것이다. 중금속 노출 사실을 알게 된 그는 비스무트 제품 사용을 중단했다. 그러자 6개월 후 상태가 뚜렷이 호전되었다. 편집증적 행동, 기억상실,

실행 기능의 어려움이 모두 사라졌다. 후각과 미각도 정상으로 돌아왔다. 이런 치료 사례를 통해 잠재적 독성 노출에 대한 인식을 높이고자 우리는 이 사례를 『임상 신경약리학』 저널에 실었다.[169]

의료 종사자들은 반드시 약, 보충제, 비타민, 약초, 민간요법 및 기타 제품을 포함해 환자가 복용하는 모든 것을 알아야 한다.

의료 과실과 그 예방법

의사도 때로는 실수한다. 모든 활동에는 실수가 따르기 마련이다. 1999년 나사에서 보낸 한 우주선에는 낙하산 스위치가 위아래가 뒤바뀌어 설치되었다. 나사에는 세계 최고 수준의 우주선 엔지니어들이 많지만, 그들도 심각한 실수를 저질렀다. 미국의 한 신경외과 의사는 적어도 두 차례나 환자의 머리를 엉뚱한 쪽에서 수술했다(그 의사는 다른 환자의 MRI 영상을 보고, 그것을 이 환자에게 적용하고 말았다). 2021년에는 82세 오스트리아 남성이 오른쪽 다리의 무릎 윗부분을 절단했다. 정작 그에게 필요한 조치는 왼쪽 다리 절단이었는데 말이다. 이는 인간의 판단 착오로 인한 실수였다.

여기에서 얻을 수 있는 교훈은, 여러분이 찾는 의사나 여러분이 읽은 논문의 저자가 유명하더라도 그들이 틀릴 가능성이 있다는 점이다. 따라서 늘 살피고 질문하는 태도가 아주 중요하다. 가능하면 질문을 더 많이 하기 바란다. 요약하자면, 여러분은 자신이 받는 의료 서비스에 능동적으로 참여해야 한다. 최상의 의료 서비스를 받는 일에 매우 적극적이어야 한다(사례 연구 11 참고).

사람 전체를 보는 진료의 의미

조화가 필요하다는 점에 유념해야 한다. 많은 사람이 인체의 각 부위를 전문으로 다루는 세부분과전문의를 알고 있지만, 그 부위들 사이의 상호작용이나 세부분과전문의들 간의 관계를 잘 파악하는 의사는 알지 못한다. 한 사람 전체를 책임지는 의사가 모든 사람에게 필요하다. 이런 의사가 모든 세부분과전문의를 다루고, 복잡한 상황 속에서 한 사람 전체의 상태를 파악하는 책임을 맡아야 한다. 상호 의존적인 인체 부분들은 사람 전체를 이해하지 못하면 제대로 살펴볼 수 없다.

사례 연구 11

아주 오래전, 나는 어머니의 86세 된 사촌인 엘시의 전화를 받았다. 그는 두통과 함께 오른쪽 눈이 보이지 않는다고 했다. 며칠 전부터 갑자기 그런 증상이 나타났다고 했다. 나는 즉시, 노년기에 눈을 담당하는 혈관에 일종의 염증이 발생했을 가능성을 떠올렸다. 이 염증(측두동맥염temporal arteritis)이 심각한 시각 장애와 잠재적으로 실명을 초래할 수 있는 위험한 상황이었다.

나는 엘시의 주치의에게 전화를 걸어 내가 신경과 레지던트임을 설명했다. 그리고 엘시에게 측두동맥염 검사를 했는지, 다른 쪽 눈의 실명 위험을 줄이기 위해 스테로이드제를 처방했는지 물었다. 주치의는 그가 이미 오른쪽 눈이 멀었으므로 스테로이드제를 처방해도 소용이 없을 것이라고 답했다. 이미 너무 늦었다면서 말이다. 나는 내가 아는 가장 숙련된 신경과 의사에게 전화를 걸어 다음 날 진료 예약을 잡았다. 그리고 엘시에게 전화로, 다른 쪽 눈의 시력에도 영향을 미칠 수 있는 심각한 혈관 문제이므로 치료를 받아야 하며, 저명한 의사와 다음 날 진료 예약을 잡아놓았다고 말했다. 그는 40년 동안이나 주치의가 자신을 진료했기 때문에 다른 의사를 만날 수는 없을 것 같다고 했다. 나는 내 조언을 따르지 않으면 두 눈 모두 실명할 심각한 위기 상황이라고 말했다. 또 주치의는 상황을 크게 오판하고 있으며, 자기가 무엇을 하고 있는지 모른다고도 말해주었다. 하지만 엘시는 내가 예약해놓은 신경과 의사를 만나러 가지 않았고, 자신에게 필요한 스테로이드제를 처방받지 않았다. 2주 후, 엘시는 다른 쪽 눈의 시력을 잃었다. 이후 1년 만에 넘어지면서 골반 골절을 입었고 결국 세상을 떠났다.

의사에 대한 평가는 종종 의사의 유쾌한 태도, 밝은 분위기, 말재주, 사람을 상대하는 능력 등에 따라 결정된다. 하지만 이런 자질은 의사로서 갖추어야 할 풍부한 지식과 훌륭한 의사 결정 능력과는 별개의 문제다.

약물 간 상호작용 이해하기

약은 병을 치료할 수도 있지만, 때로는 병을 일으킬 수도 있다. 처방약은 되돌릴 수 있는 손상의 가장 흔한 원인 중 하나다. 약이 뇌에 미치는 부정적 영향은 약 자체뿐 아니라 다른 약과의 상호작용, 섭취한 음식, 신장 기능 이상, 흡연, 알코올, 수분 부족, 약물의 유효 기간, 미생물군 때문에 생길 수도 있다. 약은 단독으로 복용하면 효과가 잘 나타나다가도 두 번째 약이 추가되면 효능이 감소할 수 있다. 두 번째 약이 원래 약의 흡수와 대사를 방해하기 때문이다. 비항생제 약물의 약 25퍼센트는 장내 박테리아에 영향을 준다.

노년층은 여러 약을 동시에 복용하는 경우가 많아, 약물 간 상호작용으로 인해 뇌에 부정적 영향을 미치고 인지 장애를 초래할 수 있다. 다중 약물 복용은 한 가지 이상의 질환을 치료하기 위해 다섯 가지 이상의 약물을 동시에 복용하는 것을 의미한다.[170] 다중 약물을 동시에 사용하는 경향은 전 세계적으로 증가하고 있으며, 노년층 인구의 절반 이상이 이런 상황에 노출되어 있다.[171] 특히 이것은 많은 질환을 한꺼번에 가지고 있는 노년층에서 중요한 문제다. 다섯 가지 이상의 약물을 복용하는 사람이 다섯 가지 미만으로 복용하는 사람보다 인지장애 위험이 높다.[170] 또 노년층의 약 절반이 의료상 필요하지 않은 약을 한 가지 이상 복용하고 있다.[171]

많은 의사는 노년층에게 약을 처방할 때 특별히 유의해야 할 점을 잘 모른다. 특히 건강한 노년층의 기억 기능을 손상시킬 수 있는 약을 흔히 처방한다. 신경전달물질인 아세틸콜린을 사용하는 뇌의 뉴런 개수는 나이가 들수록 감소한다. 콜린성cholinergic이라고 불리는 이 신경들은 기억과 학습에 매우 중요하다. 그 결과, 젊은 사람들은 그런 약을 복용해도 문제가 없지만, 많은 노년층은 뇌의 아세틸콜린 기능을 방해하는 약을 복용하는 바람에 인지 기능이 악화될 수 있다.[172]

항콜린성 약물과 벤조디아제핀benzodiazepine 약물의 사용은 치매 위험을 높일 수 있다. 디아제팜diazepam과 알프라졸람alprazolam 등 향정신성 약물인 벤조디아제핀은 특히 노년층에서 인지 장애 위험을 높인다. 벤조디아제핀은 약물 의존성을 초래하고, 기억, 주의 집중, 운동 능력을 손상시키며, 사고율과 사망률을 증가시킨다. 일부 벤조디아제핀 약물은 반감기가 길어, 매일 복용 시 독성 수준의 혈중 농도에 쉽게 이를 수 있다(사례 연구 4 참고).

약을 한 가지만 복용할 때는 해당 약을 적절하게 복용하지 않을 위험이 약 30퍼센트다. 하지만 10가지 약을 복용할 때는 적절하게 복용하지 않을 위험이 90퍼센트를 훌쩍 넘는다(약물 순응도medication compliance 저하). 이것은 전 세계적으로 질환, 장애, 사망의 중요한 원인 중 하나다.

환자는 특정 약물과 다른 약물의 상호작용에 관해 의사와 논의해야 한다. 약은 처방대로 복용해야 한다. 음식과 함께 복용하도록 되어 있다면, 빈속에 먹었다가는 부작용이 생기거나 효과가 감소할 수 있다. 사람들은 자신이 복용하는 약에 관한 지식을 갖추어야 하며, 잘 모르겠다면 의사에게 질문해야 한다.

노년기에 인체 기관들 간 상호작용의 중요성은 약물과 관련해 잘 드러난다. 노년층은 근육량, 혈관 부피, 혈장 단백질, 간 기능, 콜린성 뉴런, 뇌 혈류량, 폐활량, 뇌 대사 작용, 장내 박테리아 다양성, 신장 기능 등 모든 영역에서 감소를 경험한다. 동시에 약물의 분포와 대사에도 변화가 생긴다. 장내 박테리아는 약물 대사와 흡수에 중요한 역할을 하며, 알코올 섭취도 약물 대사와 흡수에 영향을 미칠 수 있다.

노년층은 약물로 인한 심장박동 변화의 위험이 높아지며, 중추신경계 합병증과 약물 상호작용 위험도 증가한다. 혈액 내에서 약물 결합이 지장을 받을 수 있으며, 간, 신장, 미생물군에 의한 약물의 분해 작용이 약화될 수도 있다. 또 노년층은 흡수, 대사, 활동 메커니즘이 서로 상충되는 약들을 동시에 복용하는 경우가 많다.

모든 약을 정기적으로 살펴보는 것이 중요하다. 많은 사람이 더 이상 필요하지 않은 약을 복용하고 있다. 의사는 진료할 때마다 환자의 모든 약을 살펴볼 책임이 있다. 하지만 안타깝게도 일부 의사는 약물 목록을 살펴보지 않을 수 있으며, 다른 분야의 전문의가 처방한 약을 제대로 검토할 수 없다고 여길지도 모른다.

약은 갑자기 끊어서는 안 되고, 천천히 복용량을 줄여야 한다. 또 약의 유통기한에 주의해야 한다. 시간이 지날수록 약효가 떨어지거나 이전에 없던 독성이 생길 수 있기 때문이다.

신약에 대한 평가는 어려울 수 있다. 제약회사는 규제 기관 및 그곳의 위원회와 복잡하고 상충되는 관계를 맺고 있다. 또 신약 연구자, 제약회사 및 의학 저널 사이에서도 갈등이 종종 생긴다. 이런 상황 때문에 의사라도 신약의 안전성, 효능, 비용 효과를 제대로 평가하기 어려울 수 있다. 따라서 환자는 자신이 복용하는 약에 관한 내용을 읽고, 필요하면 의사나 제약회사에 질문해 답을 확인하는 것이 바람직하다. 만약 여러분이 복용 중인 약에 관한 질문을 불편해하는 의사가 있다면, 다른 의사를 찾기 바란다.

비용도 중요한 고려 사항이다. 일반적으로 복제약generic drug(특허가 만료된 의약품을 복제한 약 — 옮긴이)은 특허 보호를 받는 약보다 저렴하면서도 안전성이나 효과가 같다. 신약이라도 복제약이나 저비용 약보다 월등히 낫지 않으면서 훨씬 비싼 경우가 적지 않다. 많은 문제를 해결해준다고 떠벌리는 신약은 주의하는 것이 좋다. 흔히 말하듯, 악마는 디테일(세부 내용)에 숨어 있다. 제약회사들은 약에 관한 세부 내용을 종종 이해하기 어렵게 만들어놓는다.

신약 사용을 고려할 때는 또 하나의 편향에 유의해야 한다. 환자는 절박함과 통증 때문에 장밋빛 기대 편향에 빠져 판단이 흐려질 수 있다. 이 편향을 완전히 없애기는 어렵지만, 우리의 판단이 이런 편향에 영향을 받을 수 있다는 사실을 알아차리면 해소될 수 있다.

많은 약과 보조제는 기억에 이로운 효과가 있다는 거짓 주장 덕분에 팔린다. 인지 능력, 주의 집중, 기억을 향상시킨다고 주장하는 이른바 누트로픽nootropic 약물은 검사해 보니 효과가 없었다. 은행나무가 알츠하이머병에 도움이 되는지 검사해본 결과, 역시 인지 능력을 향상시키지 못하는 것으로 드러났다. 생선 기름 보충제도 인지 기능 향상에 뚜렷한 효과가 없는 것으로 확인되었다.

프리바겐Prevagen은 기억력을 향상시킨다고 광고되는 식이 보충제지만, 임상시험에서 효과가 입증되지는 않았다. 많은 비슷한 물질들도 뇌에 잘 도달하거나 위장에 흡수될 것 같지 않다. 프리바겐의 '활성 성분'은 해파리에서 추출한 아포에쿼린poaequorin이다. 이 화학물질이 실제로 뇌에 도달하는지는 밝혀지지 않았다. 광고에서는 프리바겐이 해파리에서 나온 물질이라는 점을 강조했는데, 마치 우리 모두가 건강에 좋은 해파리 관련 제품의 긴 목록을 알고 있기라도 하다는 듯한 표현이었다(나는 그런 제품을 알지 못한다). 프리바겐은 약사가 권장하는 기억력 개선에 좋은 1등 제품이라고 주장한다. 나는 프리바겐 제조업체에 여러 번 전화를 걸었지만, 다음과 같은 질문에 답해주는 사람은 없었다. 혈액 속 아포에쿼린의 반감기는 얼마인가? 이 물질이 뇌로 들어가는가? 몇 명의 약사가 1등 제품이라고 추천했는가?

2020년 한 법률 문서에 따르면, 프리바겐 제조사인 퀸시 바이오사이언스Quincy Bioscience는 "자사가 프리바겐 제품이 뇌 건강을 북돋우고 기억력 상실을 개선하는 데 일조한다고 잘못 표현했다는 주장을 발표하기로" 합의했다.

백신, 예방의 첫걸음

감염병을 예방하려면 적절한 백신 접종이 무엇보다 중요하다. 많은 백신은 정기적으로 업데이트되어야 한다. 감염병 위험은 노년층에서 훨씬 높다. 백신은 면역 메커니즘을 통해 우리의 신체적 예비 요소를 향상시키는 훌륭한 방법이다.

코로나19는 노년층에서 중증 질환과 사망 위험을 크게 높인다. 현재 전 세계적으로 접종되는 코로나19 백신은 매우 효과적이고 안전하다. 대상포진은 심신을 쇠약하게 하고 극심한 고통을 유발하는 질병으로, 만성화될 수 있다. 이 병을 예방하거나 통증을 줄일 기회를 놓쳐서는 안 된다. 따라서 50~60세 이상은 누구든 새로운 대상포진 백신인 싱그릭스Shingrix를 맞아야 한다. 이 백신은 대상포진 발생률과 증상의 심각성을 크게 감소시킨다. 단, 면역 반응이 억제되어 있거나, HIV/AIDS에 걸렸거나, 방사능 치료를 받고 있거나, 화학요법을 받고 있거나, 혈액 질환이 있는 사람은 대상포진 백신 접종이 적절하지 않을 수 있다.

백신으로 예방 가능한 감염 질환은 코로나19, A형·B형 간염, 대상포진, 계절성 독감, 홍역, 수막구균성 수막염, 볼거리, 폐렴구균성 폐렴 그리고 주로 백신을 함께 접종하는 파상풍, 디프테리아, 백일해 등이 있다.

의학 연구를 읽는 법

프랑스의 화학자인 루이 파스퇴르Louis Pasteur는 이렇게 말했다.[173]

미리 품고 있는 생각은 실험자의 길을 비추는 전조등이자, 그가 자연을 조사하는 데 안내인 역할을 한다. 그런 생각은 실험자가 고정관념으로 변환시킬 때만 위험해진다. 그런 이유로 과학의 모든 전당 입구에 다음과 같은 심오한 문구를 새겨 넣고 싶다. "가장 큰 정신착란은 무언가를 자신이 원하는 대로 믿는 것이다."

우리는 원하는 정보를 공짜로 즉시 얻을 수 있는 놀라운 시대에 살고 있다. 하지만 이 정보는 틀린 것이 많다. 여기에는 트위터나 페이스북 게시물, 유튜브 영상뿐만 아니라 동료의 검토를 거쳐 과학 문헌으로 발간된 논문도 포함된다. 이는 특히 알츠하이머병 분야에서 중요한 문제다. 이 병은 대중의 관심이 매우 큰 분야이기 때문이다. 그래서 기자들은 이 병에 대한 새로운 접근법을 적극적으로 보도한다. 많은 기자가 새로운 연구의 중요성을 찬양한다. 심지어 그 연구가 공식적인 기록으로 정리되거나 재현되지 않아도 그렇다. 과학자들도 잘못을 저지른다. 어떤 과학자들은 경쟁에서 앞서기 위해 압박감을 느끼고, 그 때문에 미완성의 결과를 섣불리 발표하기도 한다. 이런 연구는 종종 재현되지 않는다. 재현 여부가 해당 발견이 참인지를 보여주는 열쇠인데도 말이다.

이 문제에는 단순한 답이 없다. 물론 동료의 검토를 거쳐 과학 저널에 발표된 논문은 신문이나 잡지에 발표된 자료, 그리고 소셜미디어에서 공유된 내용보다는 신뢰성이 높다. 하지만 중요한 점은 항상 의심하는 태도를 유지하고, 정황이 아니라 증거를 토대로 판단해야 한다는 것이다. 해법을 간절히 찾고자 하는 마음 때문에 증거를 판단하는 일이 더 어려워질 수 있다는 점은 충분히 수긍된다. 하지만 이런 편향의 가능성을 알고 있어야만 합리적 판단을 내릴 수 있다. 언론 보도를 접할 때는 그 연구가 어디에서 나왔는지, 증거가 무엇인지 확인해야 한다. 만약 새로운 치료법이 가려움, 통증, 발기부전, 탈모 등 모든 질환에 적용 가능하다고 한다면, 그것은 엉터리일 가능성이 높다. 또 부작용이 전혀 없고 100퍼센트 안전하다고 주장한다면, 효과가 없을 확률이 100퍼센트라고 봐야 한다.

임상시험과 연구 참여의 의미

연구 등록과 임상시험에 참여하는 일은 환자들에게 매우 소중할 수 있다. 가장 대표적인 사례는 지도부딘zidovudine이다. 이것은 HIV/AIDS의 치료를 위한 최초의 효과적인 항레트로바이러스antiretroviral 약물이다. 1964년에 처음 처방되었지만, 1987년까지는 미국 식품의약청의 승인을 받지 못했다. 승인이 나기 전, 이 약을 받을 수 있는 사람들은 임상시험 참가자뿐이었다. 환자들은 임상시험에 참가함으로써 일반에게 공개되기 여러 해 전에도 효과적인 약을 접할 기회를 얻을 수 있다.

알츠하이머병 환자의 상태를 개선하거나 질병 진행을 조절하는 약의 효과를 평가하는 임상시험이 수십 년간 진행되고 있다. 안타깝게도 지난 10여 년 동안 거의 모든 시험은 효과적인 치료 결과를 내놓는 데 도움이 되지 못했다. 많은 시험이 면역 메커니즘을 통해 뇌 속의 아밀로이드 플라크를 제거하는 데 집중했다. 이런 연구들은 목표 분자 조절에는 성공했지만, 환자의 삶을 실질적으로 개선하지는 못했다. 일부 사례의 경우, 연구에 참여한 알츠하이머병 환자가 심각한 합병증을 경험하기도 했다.

아직은 희망 사항이지만, 신경퇴행성 질환의 발생과 진행을 완화할 수 있는 약물이 새로운 연구를 통해 발견될 것이다. 현재 알츠하이머병 치료를 위해 광범위한 새로운 접근법이 연구되고 있다. 예를 들어 미생물군을 변화시켜 질병 메커니즘을 공격하는 약물, 항생제, 항체, 백신, 프리바이오틱스, 프로바이오틱스 및 의료용 식품에 대한 상당한 연구가 진행 중이다.

연구 등록 참가자가 정부 승인을 받기 전에도 실제로 효과가 있는 약물을 접할 기회를 제공하는 것이 중요하다. 효과가 있는 약이 개발되면, 임상시험 참가자가 그 약을 가장 먼저 접하게 된다. 다른 사람들은 그 약이 승인되어 일반에 보급될 때까지 수년을 기다려야 할 수 있다(물론 그 약이 효과가 있다고 가정했을 경우). 실제로 효과가 있는 약이 발견되기까지는 여러 해가 걸릴 수 있으며, 언제 발견될지도 예측할 수 없다. 임상시험 참가 결정은 완전히 자율적이며, 비용도 들지 않는다. 참가자는 언제든 시험을 그만둘 수 있다. 다만 명심해야 할 점은, 임상시험 참가자는 치료 효과가 입증되지 않은 약을 사용할 수도 있다는 사실이다.

알츠하이머병 같은 나이 관련 질환 연구는 대체로 동물을 이용한 실험에 크게 의존해왔다. 하지만 실험실 생쥐에게 효과적인 조치가 인간에게는 잘 듣지 않는 경우가 많다. 몸을 시원하게 해주고 약을 제공하는 여러 치료법은 생쥐의 머리 및 척추 손상을 최소화시켰지만, 인간에게는 통하지 않았다. 게다가 생쥐는 고작 1~2년밖에 살지 못하므로, 인간의 질환과 완전히 일치하지 않는 것은 놀라운 일이 아니다. 우리는 인간 노화 연구가 시간이 많이 걸린다는 점을 이해해야 한다.

과학에서는 더 단순한 모형을 사용하는 실험을 만들어내야 한다는 압도적인 편견이 존재한다. 더더욱 작은 유기체와 세포 및 분자에 대한 관심은 도저히 어쩔 수 없는 수준이다. 인간 대상자를 연구하는 과학자는 보조금과 논문 발간 지원 면에서 동물 모형을 연구하는 과학자와 경쟁하기 어려울 수 있다.

동물 모형의 가치도 인정되어야 하지만, 연구 초점은 인간 문제에 맞춰야 한다. 어쨌거나 미국에서 노화 관련 장애를 연구하는 대부분 연구자는 국립보건원에서 자금을 얻지, NIMB National Institute of Mouse Biology(국립생쥐생물학연구소, 실제로 존재하지는 않음)에서 자금을 얻지는 않으니 말이다. 다시 말하지만, 핵심은 다양성이다. 어려운 과학 문제 해결에는 다양한 접근법이 필요하다. 현재 인간 대상자로 연구할 수 없는 분자 메커니즘은 동물이나 세포 모형을 통해 연구될 수 있다. 최근 인공지능이 빠르게 발전하면서, 과거에는 동물 연구가 필요했던 조사를 컴퓨터 모델링으로 해결할 수 있는 능력이 발달하고 있다. 예를 들어 단백질 접힘으로 복잡한 구조가 형성되는 방식을 이해하는 연구에 컴퓨터 모델링 분야의 큰 발전이 이루어졌다. 이 연구는 노화 관련 장애를 치료하는 약물 개발에 큰 영향을 미칠 것이다.

동물 연구에서는 가정의 타당성을 검토할 필요가 있다. 생쥐는 흰 털로 덮인 작은 인간이 아니기 때문이다. 하지만 생쥐 유전자의 약 85퍼센트가 인간 유전자와 유사하며, 포도당 대사와 관련된 기본 생화학 과정과 신경전달물질도 유사하다. 초파리 Drosophila melanogaster 는 매우 단순한 생명체지만, 그 생물학적 과정이 인간과 매우 비슷하다. 이 동물 연구로 노벨상이 여섯 개나 수여되었다. 인간 질환과 관련된 유전자의 약 75퍼센트는 초파리에도 비슷한 유전자가 있다. 2021년

나는 일본 도쿄에 있는 동료들과 함께 근위축성측삭경화증ALS의 초파리 모형을 연구했다. 우리는 박테리아 제품에 대한 노출이 초파리에서 질병 징후에 미치는 영향을 연구했다. 이 연구는 이 책을 쓰고 있는 현재도 진행 중이다.

영국의 통계학자 조지 박스Gorge E. P. Box는 이렇게 말했다. "모든 모형은 틀리지만, 일부는 유용하다." 정말 맞는 말이다.

24장

방심이 부르는 사고,
예방이 답이다

인생의 모든 단계에서 부상을 피하는 것이 중요하다. 노년층은 젊은 층에 비해 부상을 당할 위험이 높고, 부상으로 인해 사망할 위험도 상대적으로 높다. 낙상은 노년층의 중요한 사망 원인 중 하나다. 골반 골절은 남녀 모두 나이가 들수록 위험성이 기하급수적으로 증가한다. 알려진 바에 따르면, 골반 골절을 경험한 사람의 약 30퍼센트가 다음 해에 사망한다.[174] 골다공증 위험을 낮출 수 있는 식단 관리가 도움이 될 수 있으며, 신체 운동은 뼈와 근육을 강화시킬 수 있다.

자동차 운전은 독립적인 일상생활, 사회적 관계의 향상과 유지에 중요하다. 하지만 치매가 있든 없든 노년층은 운전 능력이 점차 손상될 수 있다. 미국 국립보건원에 있는 우리 연구 팀과 기타 연구소의 연구에 따르면, 노년층과 인지 손상 환자 중 많은 사람이 자동차 사고를 내기 전까지 운전을 계속하는 경향이 있다. 특히 인지 기능이 손상된 사람은 차량 흐름에 맞춰 회전하는 데 어려움을 겪을 수 있다. 다가오는 차량 속도를 제대로 판단해야 하기 때문이다. 만약 함께 탄 가족 구성원이 나이 든 운전자와 동행하는 것을 걱정한다면, 그것은 그 운전자가 운전을 그만두어야 한다는 분명한 신호다. 자신의 운전 능력을 평가해줄 사람과 함께 운전하거나, 이 문제를 의사와 상의하는 것이 현명하다. 여러분이 보기에 어떤 운전자가 차량을 안전하게 운전하는 능력이 의심스럽다면, 운전자에게 공식적인 운전 능력 평가를 권유하기 바란다.

총기 소유, 집 수리 도구, 잔디 깎는 기계 이용 등도 주의할 필요가 있는 위험한 행동이다. 미국의 건강한 사람조차 노화나 인지 기능 장애가 없더라도 총기 사고를 당할 수 있다. 인지 기능 장애가 있는 경우, 무기를 안전하게 다루는 능력이 분명 약해질 수 있다. 또 잔디 깎는 기계 같은 전동 공구는 잘못 사용하면 위험을 초래할 수 있다.

무조건 머리 부상을 피하라

누적되고 반복적인 트라우마가 뇌에 미치는 위험성은 오래전부터 알려져왔다. 1980년대에 과학자들은 머리 부상이 알츠하이머병 위험을 약 두 배로 높인다는 사실을 발견했다.[175] 최근에는 머리 부상으로 인한 또 다른 위험한 결과, 즉 만성 외상성 뇌병증CTE이 확인되었다. 이미 7장에서 이야기했던 새로운 질병이다. 보스턴대학교의 앤 맥키Anne Mckee 박사와 동료 연구 팀은 프로 및 대학 미식축구 선수들이 CTE 위험이 높다는 사실을 밝혀냈다.[78]

인간의 뇌는 물리적 손상으로부터 보호받기 어렵다. 머리 부상은 크든 작든 모두 뇌에 해롭다. 큰 부상만이 의식불명 상태를 초래하는 것이 아니라는 뜻이다. CTE와 같은 머리 부상의 만성적인 영향에는 인지 장애, 우울증, 과민성, 운동 기능 상실, 그리고 때로는 자살이 포함된다. CTE는 현재 치료가 불가능하고 진단도 어렵다. 따라서 우리는 뇌 손상과 관련 있는 스포츠나 활동에 참가해서는 안 된다. 머리 부상은 인지적 예비 요소를 손상시키고, 노화로 인한 인지 기능 상실의 가능성을 높인다.

나이와 상관없이 모든 사람이 지향해야 할 합리적인 목표는 크든 작든 모든 머리 부상을 피하는 것이다. 머리 부상 위험이 낮은 스포츠 종목도 많다. 미식축구를 좋아하는 한 신경외과 의사 동료와 미국 프로미식축구연맹 팀의 고문은 "접촉 스포츠는 인성을 길러준다"라고 말한다. 틀린 말은 아니지만, 인체의 가장 중요한 부분을 손상시키지 않고도 인성을 기르는 방법은 충분히 많다. 여러분의 자녀와 손주에게 머리 부상이 거의 없는 스포츠를 권장하기 바란다.

미식축구의 인기에서 알 수 있듯이, 사람들은 뇌 건강의 중요성을 제대로 인식하지 못한다. 잘 알려져 있듯이, 미식축구에서 발생하는 크고 작은 머리 부상은 중추신경계를 손상시키며 심각한 결과로 이어진다. 뇌의 중요성이 무시당하는 이유는 뇌가 우리의 일상생활에 이바지하는 역할이 보통 겉으로 드러나지 않기 때문이다. 우리는 뇌가 어떻게 작동하는지 알 수 없다. 물론 일상생활 경험 자체가 뇌 활동의 발현이지만, 이를 제대로 이해하는 사람은 별로 없다. 영국에 갔을 때 본 한 오토바이에는 "뇌는 선택 사항이다"라는 문구가 적힌 스티커가 붙어 있었다. 나는 언젠가 그 오토바이 주인에게 직접 묻고 싶다. 뇌가 아니라면 도대체 무엇으로 오토바이를 몰 수 있는지 말이다.

어느 날 텔레비전에서 PBR_{Professional Bull Riding}(전문적 황소 타기) 채널을 보게 되었다. 라이더가 울타리 안에서 황소 등에 올라탄 후 조련

사들이 울타리를 열면, 황소는 경기장으로 달려가 날뛰기 시작한다. 라이더의 목표는 8초 동안 황소 위에서 버티는 것이다. 물론 8초가 지나도 황소는 날뛰기를 멈추어 라이더가 순순히 내려오게 두지 않는다. 오히려 계속 날뛰어 라이더를 땅에 내동댕이친다.

대부분 라이더는 헬멧이 아니라 카우보이모자를 썼다. 그런데 한 라이더가 헬멧을 쓰고 나오자, 아나운서는 이렇게 말했다. "이 라이더를 다시 보니 반갑네요. 지난해에 머리 부상을 당한 후 한참 동안 회복 과정을 거쳤는데, 다시 황소에 올라탄 모습이 정말 반갑습니다. 그런 이유로 헬멧을 쓰고 있는 거고요."

나는 라이더의 헬멧 착용에 대해 사과하는 듯한 아나운서의 말투를 도저히 믿을 수 없었다. 황소를 탈 때 정신이 온전한 사람이라면 해서는 안 될 짓을 한다는 식의 뉘앙스였다. 그런데 그 순간 황소는 새로운 동작을 펼치며 뿔로 라이더의 머리를 순식간에 강타했다. 라이더는 의식을 잃고 땅에 내동댕이쳐졌다. 라이더가 들것에 실려 나가자, 아나운서는 "정말 안됐네요. 저건 우리가 보고 싶은 종류의 부상이 아닙니다"라고 말했다. 도대체 무슨 부상을 보고 싶다는 말인가? 글쎄, 상상에 맡길 일이다.

노년층은 나이가 들면서 목과 허리 척추에 병리적인 변화를 겪는다. 여러 척추뼈 사이의 관절들이 연골 손상으로 인해 퇴행성 변화를 겪으면서 생기는 현상이다. 이 변화는 대부분 사람에게 심각한 증상이나 장애를 일으키지 않지만, 일부 활동에서는 문제를 발생시킬 수 있다. 따라서 노년층은 다리 근육이 아닌 등을 사용해 아주 무거운 물체를 나르거나 들어 올려서는 안 된다.

게다가 목 안의 경추를 따라 중요한 혈관들이 뇌로 이어진다. 머리를 길게 젖히면 이 혈관 속 혈액 흐름이 방해를 받는다. 여러분이 머리를 뒤로 젖혀 위를 바라볼 때 생기는 현상이다. 이런 혈관 변화는 현기증, 어지럼증(실제로는 그렇지 않은데 방이나 몸이 움직이는 듯한 느낌), 기절, 낙상, 심지어 뇌졸중까지 초래할 수 있다. 노년층은 이런 식으로 몇 초 이상 머리를 뒤로 젖혀서는 안 된다. 또 피해야 할 행동에는 천장에 페인트칠하기, 전구 교체하기, 베니션블라인드 청소하기, 높은 선반에 물건 올려놓기나 꺼내기, 사다리 이용하기 등이 있다. 계단식 발판을 놓아야 닿을 수 있는 찬장 높은 곳에 현미, 대추, 아몬드, 통밀가루 등을 보관해서는 안 된다. 이런 물품들은 손쉽게 닿는 찬장 아래쪽에 보관해야 한다.

목이 관여하는 일부 행동도 경추를 지나는 작지만 중요한 혈관을 막을 수도 있다. 그래서 나는 이 혈관 손상과 잠재적인 뇌졸중 위험 때문에 척추 지압 요법을 피할 것을 권한다.[176]

25장

뇌를 위협하는
보이지 않는 위험, 독소

노년층은 다중 예비 요소가 대체로 낮기 때문에 환경오염 물질의 독성 효과에 더욱 민감하다. 화학물질을 해독하는 간의 능력은 나이가 들수록 감소하며, 독소를 배출하는 신장의 능력도 마찬가지로 약화된다. 모든 사람, 특히 노년층은 공해, 용제, 중금속, 살충제, 제초제 등 위험한 환경 독소에 가급적 노출되지 않아야 한다. 생애 초기에 독소에 노출되면 신체적 예비 역량이 낮아져 노화에 따른 인지 기능 손상이 생길 수 있다. 살충제 등의 독소 노출은 파킨슨병과도 관련이 있다고 알려져 있다.

공해도 치매의 위험 인자다. 공기 중 입자는 후신경嗅神經이나 혈액 뇌장벽을 통해 중추신경계로 들어갈 수 있기에, 뉴런과 이를 지원하는 세포에 해를 끼칠 수 있다. 미국에서 1만 8,000명을 대상으로 한 연구는 공해가 알츠하이머병의 병리 과정과 관련이 있다는 사실을 보여주었다.[177] 상당한 증거에 따르면, 흡연은 심장병과 암은 물론 인지 기능 손상, 뇌졸중, 알츠하이머병의 위험을 증가시킨다.[178] 독성 분자는 플라스틱에서도 나올 수 있다. 따라서 음식을 전자레인지에 넣을 때는 플라스틱 대신 유리 용기를 사용하는 것이 바람직하다.

1980년대에 과학자들은 알루미늄 중독이 알츠하이머병을 일으키는지 궁금해했다. 하지만 이런 짐작은 널리 부정되었다. 나는 1990년대에 운동 신경 질환이 있는 환자를 만난 적이 있다. 그는 녹은 알루미늄을 쏟아붓는 공장에서 일했다. 그의 뇌 속 알루미늄 농도를 측정하기 위해 뇌 생체 조직 검사를 실시했다. 이 검사는 뇌 표본의 오염을 최소화하기 위해 플라스틱 칼을 사용했다. 그는 오랫동안 알루미늄에 노출되었지만, 뇌에서 알루미늄이 발견되지는 않았다.

독소의 진화론적 측면도 흥미롭다. 납은 소량으로도 위험하다. 그 이유는 아마도 환경 속에 매우 낮은 농도로 존재했기 때문일 것이다. 우리 조상들은 납에 거의 노출된 적이 없었기 때문에 납 중독을 예방할 방법을 발달시킬 기회가 없었다. 한편, 알루미늄은 지구에서 세 번째로 풍부한 원소이며, 금속 가운데서는 가장 풍부하다. 하지만 뇌에 매우 해롭기 때문에, 우리 조상들은 수백만 년 전부터 알루미늄으로부터 몸을 지키는 효과적인 방법을 개발해야만 했다. 그래서 오늘날 여러분이 주방에서 알루미늄 접시를 일부러 바꿀 필요가 없는 것이다.

수은도 뇌에 해로우므로 반드시 피해야 한다. 하지만 수은이 함유된 치아 충전재가 건강에 해롭다는 증거는 없다.

몸과 뇌에 미치는 알코올의 영향

과도한 알코올 섭취는 인체 여러 부위와 신체적 예비 요소를 손상시킬 수 있고, 기억과 학습 능력을 저하시켜 인지적 예비 요소에도 영향을 준다. 또 알코올 남용은 우울증과 심리적 예비 요소의 약화로 이어질 수 있고, 친구를 잃게 되어 사회적 예비 요소가 손상될 수도 있다.

알코올이 몸에 미치는 부정적 영향은 다음과 같다.

- 신경에 직접 독성으로 작용함
- 급성 및 만성으로 인지 기능을 약화시킴
- 균형 감각과 판단력 손상
- 위장관 출혈
- 뇌출혈 위험 증가
- 간 손상
- 팔과 다리 신경 손상
- 소뇌에 손상을 가해 걷기와 자세 잡기에 영향을 미침
- 경련
- 머리 부상
- 낙상과 사고로 인한 트라우마
- 면역계 손상
- 대장암
- 약물 흡수와 대사 작용 변화
- 수면 양과 질 저하

유념해야 할 점이 있다. 알코올은 주로 간에 의해 대사되는데, 간 기능은 노화와 함께 약해진다. 예를 들어 다년간 버번위스키bourbon whiskey(옥수수를 주원료로 한 미국산 위스키의 한 종류 — 옮긴이)를 하루

에 230그램 남짓 마신 사람이 80세가 되면, 같은 양의 알코올 섭취로 인해 인지 기능 손상이 생길 수 있다. 여러 해 동안 부정적인 영향 없이 술을 마셔왔더라도 말이다. 80세가 된 그의 간은 더 이상 알코올을 적절하게 대사시키지 못할 수 있으며, 신체적 예비 요소의 부족으로 혈압이 오를지도 모른다. 많은 양의 술을 마시거나 영양 섭취가 부족한 사람은 티아민(비타민 B1) 및 다른 비타민 결핍으로 인해 심각한 인지 장애, 어지럼증, 시력 변화, 허약, 의식 상실, 사망이 급성으로 시작될 수 있다.

적당한 알코올 섭취가 노화에 따른 치매 발생을 예방할 수 있다는 연구도 존재하지만, 이를 과대평가해서는 안 된다. 자신의 음주량을 정확히 아는 것이 중요하다. 60세 이상의 경우 남성은 하루 두 잔, 여성은 한 잔 이상을 마셔서는 안 된다. 여기에서 한 잔은 일반적인 맥주(알코올 함량 5퍼센트) 약 340그램, 와인(알코올 함량 12퍼센트) 약 140그램, 증류주(위스키, 진, 버번위스키, 보드카, 테킬라, 럼 등으로 알코올 함량 약 40퍼센트) 약 40그램 정도다. 많은 와인 잔은 절반 정도 채웠을 때 와인의 양이 약 140그램이다.

여러 연구에 따르면, 60세 이상 음주자의 3분의 1 이상이 술을 너무 많이 마신다. 매일 과음하거나 특정한 날에 폭음하는 것은 모두 위험하다. 맥주와 와인이 다른 술 종류보다 안전한 것은 아니다. 중요한 점은 섭취한 알코올의 양이다.

알코올 남용의 부정적인 영향이 널리 알려져 있기 때문에, 술을 전혀 안 마시는 사람이 새로 음주를 시작하는 것은 권장되지 않는다.

3부

노화의
의미를
다시 묻다

26장

사회와 노화의 미래를
생각하다

전 세계적 고령화의 흐름

인간의 노화와 관련된 중요한 국제적 변화가 급격히 진행되고 있다. 사람의 기대 수명은 지난 세기 동안 두 배로 늘었다. 공공 의료, 백신, 과학기술의 발전 덕분에 사람들은 더 오래 살게 되었다. 일본의 경우, 2019년에 전체 인구의 4분의 1이 65세를 넘어 최고 기록을 세웠다. 일본에서는 어린이보다 노년층이 더 많으며, 2021년에는 일본인들이 유아용 기저귀보다 성인용 기저귀를 더 많이 구입했다. 미국의 경우 전체 인구의 약 16퍼센트가 65세 이상이며, 이 비율은 앞으로 더 증가할 것으로 예상된다. 사람들이 더 오래 살고, 젊은 성인들은 아이를 적게 낳거나 아예 낳지 않으려 하기 때문이다.

노년 인구 증가는 나라마다 정도는 다르지만, 전 세계적으로 발생하고 있다. 이런 증가는 은퇴자 부양 문제와 노화 관련 질환 부담으로 인해 세계 경제에 엄청난 압박을 초래할 것이다. 심장병과 암 발생률은 다소 감소하고 있지만, 알츠하이머병은 노화와 강하게 연관되어 있는 데다 질병 경감 치료법이 부족해 증가하고 있다(사람들의 평균 수명이 길어지면서 알츠하이머병 환자 수도 증가하고 있다. 하지만 위험에 처한 사람 수가 증가했다는 점을 반영해 수치를 수정하면, 이 병은 감소하고 있다. 5장 참고).

공공 정책과 노화

노년 인구 증가에 어떻게 대처할지 살펴보는 것이 중요하다. 네 가지 예비 요소라는 개념이야말로 대응책을 구상할 귀중한 방법이다. 만약 나이 든 사람은 누구나 정부 지원을 통해 인지적·신체적·심리적·사회적 예비 요소를 개발하고 향상시킬 교육과 활동을 지원받는다면, 의료 비용은 크게 감소할 것이다. 신체 활동은 뇌 기능을 향상시키고, 노화와 관련된 심장과 폐 및 다른 부위의 질병 위험을 감소시키는 데 이바지한다. 노년층을 대상으로 신체·인지 활동을 활성화하는 정부 정책은 건강한 식단 프로그램과 함께 전 세계적으로 필요하다. 또 평생 동안 정신적·신체적 활동 기회를 높이는 공동체와 정치적 노력도 중요하다. 세대 간 관계 맺기를 포함해 노년층의 사회적 참여가 반드시 촉진되어야 한다.

의료에 대한 전향적인 접근법을 선택하면, 평생 사람들에게 건강 유지와 네 가지 예비 요소 향상을 위한 자원을 제공할 수 있다. 이 접근법은 아파서 질병을 막아낼 노력을 하지 못하는 사람들을 돌보는 기존 의료 체계보다 윤리적·경제적으로 더 낫다. 대표적인 사례를 하나 들자면, 많은 질병을 예방하게 만드는 교육의 가치다. 즉, 교육 수준이 비교적 높은 사람들은 알츠하이머병, 심장병 및 여러 유형의 암 발병 위험이 낮다. 평생 교육은 건강 유지와 의료 비용 절감에 긍정적 영향을 준다. 또 노년층에게 무료로 대중교통을 이용하게 해주는 정책도 소중하다. 그러면 노년층이 다양한 활동을 할 수 있게 된다. 일본, 중국, 네덜란드에서는 많은 노년 인구가 자전거 전용 도로를 따라 자전거로 이동한다. 신체 활동을 장려하는 것은 탁월한 공공 보건 조치다.

대중 정책은 식단 개선을 통해 미생물군을 향상시키는 효과를 낳을 수 있다. 세금과 비용 관리를 통해 통곡물, 현미 및 과일, 채소, 콩, 견과류 등 고식이섬유 음식 섭취를 진작시킬 수 있다. 또 설탕, 탄산음료, 붉은 고기, 스포츠 음료, 가공식품, 패스트푸드, 인공감미료, 향미료, 착색제 섭취를 감소시킬 수 있다. 미국에서는 이런 정책이 정부의 과도한 권한 행사라며 분명 비난받을 것이다. 하지만 실제로는 여러 지역에서 사람들의 식습관에 영향을 미치도록 하는 정책이 이미 시행되고 있다. 사례로는 가격 지원, 우유에 비타민 D 함유량 높이기, 수입 억제, 일본 정부의 쌀 제품 지원, 미국의 옥수수 지원 등이 있다. 나아가 건강에 좋은 과일과 채소 먹기, 탄산음료 대신 물 마시기를 적극적으로 홍보하면 좋지 않을까? 또 정부 정책은 살충제 노출뿐 아니라 공해와 수질오염에도 영향을 미친다. 이런 것은 건강과 미생물군에 부정적인 영향을 주고, 알츠하이머병 위험을 높인다. 식당이 식이섬유 내용물을 포함한 식단 정보를 손님에게 제공하는 조치도 도움이 될 것이다.

이미 논의했듯이, 생활 방식 요소는 인생 전 단계에서 건강에 영향을 미친다. 아동기는 식단과 건강한 습관을 형성하기에 최적의 시기다. 체육 교육을 통해 아이들이 달리기, 걷기, 수영, 테니스 등 평생 지속 가능한 건강한 스포츠에 참여하도록 권장해야 한다.[118] 인기 스포츠 중 다수는 중년 이후에 해서는 안 된다. 고등학교 미식축구 선수 1만 명 중 단 여덟 명만이 NFL에 진출하며, 농구를 30대까지 계속하는 사람은 거의 없다. 머리 부상의 위험성도 또 하나의 중요한 문제다(7장 참고).

개인 맞춤형 의학과 유전학

공공 보건 시스템은 개인의 질병 위험성에 관한 정보를 가지고 있는 것이 중요하다. 미국 국립보건원 소장 프랜시스 콜린스는 의료에 도움을 주기 위해 유전 정보를 활용하는 방식을 '개인 맞춤형 의학 personalized medicine'이라고 명명했다.[179] 이것은 위대한 전망을 품은 고귀한 발전이다. 하지만 나는 개인 맞춤형 의학에 유전 정보가 필요하다는 발상에 반대한다. 개인 맞춤형 의학은 모든 의사가 지난 수백 년 간 해왔던 일일 뿐이다.

의사는 환자의 문제와 치료 계획을 결정하기 위해 환자가 누구인지 반드시 알아야 한다. 히포크라테스는 "어떤 유형의 사람이 병에 걸렸는지를 아는 것이 그 사람이 어떤 유형의 병에 걸렸는지를 아는 것보다 더 중요하다"라고 말했다. 유전 정보가 유용할 때도 분명 있다. 하지만 환자의 관심사, 역량, 취향에 대한 지식은 지금 얻을 수 있으며, 환자를 제대로 돌보는 데 꼭 필요하다.

앞으로 10년 이내에는 각 환자의 전체 게놈 염기 서열 분석이 일상

적으로 확인될 가능성이 높다. 이런 노력을 유전체학genomics이라고
한다. 유전체학은 질병 위험성을 진단·관리·평가하는 데 유용하다.
유전자형 정보는 약물 민감성과 독성의 복잡한 측면을 이해하는 데도
도움이 될 수 있다. 전체 게놈 염기 서열 분석은 (11장에서 본 아폴리포
프로테인 E와 같은) 큰 효과뿐 아니라 작은 효과를 낳는 위험 유전자까
지 판단할 수 있을 것이다. 이런 다원유전자성polygenic(다수의 유전자가
같은 형질의 발현에 관계하는 속성 — 옮긴이) 위험 분석은 질병 발병 여
부뿐만 아니라 발병 나이까지 예측할 수 있을지도 모른다. 하지만 이
런 보고서에서 제공한 정보는 의사를 포함해 많은 사람이 이해하기
어려울 것이다.

사람들이 이해도 안 되는 복잡한 결과가 나올 유전자 검사를 받는
일은 우려스럽다. 현재도 많은 유전자 검사에서 이미 이런 문제가 발
생하고 있다. 또 유전자 검사는 불필요한 불안감을 일으킬 수 있는 질
병 위험성의 증거를 내놓을지도 모른다(11장에서 이야기한 내용이다).
이런 사안과 관련해 대중과 의료 종사자에 대한 교육이 중요하다.

유전자 정보가 사람들에게 더 나은 음식 섭취와 운동을 권장하도록
동기를 부여한다면, 이는 도움이 될 수 있다. 하지만 알츠하이머병이
나 파킨슨병에 대한 유전적 위험성이 낮은 사람도 여전히 해당 질환
에 걸릴 수 있다. '종일 소파에서 TV만 보는 사람couch potato'이라면 심
장병, 뇌졸중, 알츠하이머병, 파킨슨병, 그리고 기타 질환의 위험이 분
명 높을 수밖에 없다.

균유전체학과 개인 맞춤형 미생물 관리

우리의 미생물 유전자에 관한 정보인 균유전체학metagenomics도 가까운 장래에 이용될 수 있을 것이다. 과학은 모든 인간이 수많은 미생물 종을 위한 생태계의 본거지임을 밝혀냈다. 이 생태계를 설명하기 위해 만들어진 용어가 바로 홀로바이온트holobiont다. 이것은 숙주와 그 내부 및 주변에 서식하는 다른 종이 함께 모여 고유한 생물학적 단위를 형성한다는 뜻이다. 우리 존재의 본질을 혁신적으로 변화시키는 개념이 아닐 수 없다.

입을 포함한 장내 미생물 DNA 정보(균유전체) 검사는 가까운 미래에 일상적인 과정이 될 수 있다. 한 사람의 전체 게놈 염기 서열 분석과 비슷하게, 미생물 DNA 검사 결과도 의사를 포함해 많은 사람이 이해하기 어려울 것이다. 입속의 비정상적 미생물군이 호흡 검사로 발견될지도 모른다. 그리고 비정상적 유기산에 대한 소변 검사와 균체내菌體內 독소(박테리아 산물) 분석을 통해 각 개인의 건강 상태를 파악하는 데 도움을 얻을지도 모른다. 바이오테크 기업들은 장내 박테리아로 트리메틸아민 생산에 영향을 미치도록 고안된 제품을 연구 중이다. 이는 심장병 위험 그리고 어쩌면 알츠하이머병 위험을 낮추기 위한 것이다.[75] 이런 치료용 분자와 함께 살아 있는 박테리아(프로바이오틱스)는 장내에서 작용하며, 부작용 위험을 줄이기 위해 혈류 속으로 들어가도록 고안되고 있다.

질병 치료와 예방에 대한 이런 접근법은 혁신적이다. 인간 뇌 질환을 목표로 한 약물은 장내 박테리아에 미치는 영향을 통해 치료 효과를 나타낼 수 있다. 즉, 뇌 장애 치료를 위한 새로운 화학물질은 반드시 뇌로 들어가거나 혈액뇌장벽을 넘어가거나 혈류 속에 들어가지 않아도 될지 모른다. 대신 장내 박테리아와 그 대사 물질에 미치는 작용을 통해 치료 효과를 낼 수 있을지도 모른다. 대표적인 사례로, 장내 박테리아에서 아밀로이드 집적을 억제하는 폴리페놀의 기능을 들 수 있다.[180] 현재 인간 기증자를 쓸 필요 없이 특정 미생물군을 이용한 분변 미생물군 이식도 개발되고 있다.[181]

전 세계적으로 특정 박테리아 집단을 프로바이오틱스로 사용하기 위한 연구가 진행 중이다. 유용한 박테리아 성장을 촉진하는 프리바이오틱스 제품도 개발되고 있으며, 장내 미생물군은 약물의 원천으로도 연구되고 있다. 앞서 언급했듯이, 많은 항생제가 페니실린과 같은 미생물에 의해 만들어진다. 이런 미생물 제품의 항균 작용은 항생제에 내성이 있는 미생물이 전 세계적으로 급속히 늘어나는 현실에서 감염병 치료제로 연구 중이다.

앞서 논의했듯이 식단이 건강의 열쇠다. 이는 단지 식단이 우리 몸에 미치는 영향뿐만 아니라, 미생물군에 미치는 영향 때문이기도 하다. 밝혀진 바에 따르면, 식단이 미생물군에 미치는 효과는 사람마다 다르다. 식단을 권고할 때 이런 변이를 고려한 개인 맞춤형 분석 방법을 개발하는 연구가 진행 중이다. 조만간 여러분에게 특화된 '개인 맞춤형 영양' 조언을 받을 수 있을 것이다.

신경퇴행성 질환의 진단 기술 변화

최근 신경퇴행성 질환의 뇌 영상 진단 기술이 크게 발전했다. 지금은 양전자방출단층촬영술PET을 기반으로 포도당 대사, 뇌 혈류, 아밀로이드-베타, 타우 침전, 백질 신경로 분석 등을 이용해 알츠하이머병의 신호를 찾아낼 수 있다. 알츠하이머병 초기 징후는 병의 외적 증상이 나타나기 전에 10~20년 일찍 찾아낼 수 있다. 최근 여러 연구에서는 알츠하이머병 환자의 뇌에서 구체적으로 민감하게 병을 진단할 수 있게 해주는 분자를 밝혀냈다.[182] 뇌척수액 속의 비슷한 분자에 대한 검사도 유용하다. 새로 개발된 기술 중 하나인 피부 생체 검사는 파킨슨병을 진단하는 데 쓰이고 있다.

이런 연구에서 중요한 사안 한 가지는 이런 질병과 관련된 뇌 변화가 첫 번째 징후가 나타나기 여러 해 전에도 포착될 수 있다는 점이다. 예를 들어 인지 기능이 정상인 65세 이상 노인 중 3분의 1이 알츠하이머병과 관련된 뇌 속의 아밀로이드 침전물 패턴을 보인다.[183] 이런 패턴은 현재 PET 영상으로 알아낼 수 있다. 만약 이들이 더 오래 산다면, 그런 패턴이 계속 진행되어 치매가 생길 수 있다. 하지만 우리는 정확한 발병 시점을 알아낼 수 없다. 또 뇌에 알츠하이머병 신호가 있는 많은 사람은 인지 기능 장애가 생기기 전에 다른 이유로 사망할수도 있다. 효과적인 치료법이 없는 경우, 이런 검사가 불필요한 걱정을 초래할 수 있기에 임상적 가치가 있는지 의문이 생긴다. 잘 알려져 있듯이, 권장되는 생활 방식만으로도 심장병과 뇌졸중 예방이 가능하다. 유전자 검사, 혈액검사, 뇌 영상 촬영 등을 통해 알츠하이머병 위험성이 낮게 나온다고 해도, 건강한 식단과 운동은 여전히 필요하다.

한 70세 남성을 예로 들어 살펴보자. 이 사람은 경도 기억장애가 있으며, PET 영상을 통해 뇌에 아밀로이드 침전물이 존재한다는 것이 드러났다. 이는 병이 뇌에서 생겨나기 시작했다는 뜻이므로, 만약 이 사람이 87세까지 산다면 인지 기능 손상이 생길 것이다. 하지만 87세까지 사는 사람은 많지 않으므로, 만약 이 사람이 70세에 알츠하이머병이 걸렸다는 진단을 받고 여생을 걱정했으나 결국 치매에 걸리지 않는다면 안타까운 상황이 아닐 수 없다. 이렇듯 뇌 영상이나 혈액검사 정보는 불필요한 스트레스가 될 수 있다. 이 사람의 기억 문제는 전혀 다른 원인 때문일지도 모른다. 게다가 인지 장애는 없지만 뇌에 알츠하이머병 발생 징후가 있는 대다수의 사람은 실제 치매가 생기기 전에 사망할 것이다.[60, 183]

나는 진단 검사의 가치는 환자에게 실제로 도움을 주는지 여부로 결정된다고 믿는다. 치료법이나 효과적인 요법이 없는 경우, 신경퇴행성 과정이 진행 중이라는 지식은 가치가 없거나 오히려 부정적 결과를 초래할 수 있다. 특히 알츠하이머병 초기 징후가 뇌에서 발견되었지만, 실제 인지 손상이 일어날 만큼 오래 살지 못할 사람에게 해당하는 이야기다. 반면 예방이나 질병 경감 요법이 존재한다면 상황이 달라진다. 이 경우, 증상 발현 이전 단계에서 검사를 실시하는 것이 매우 중요하다. 그래야 뇌에서 병의 징후가 발견된 사람들은 제대로 치료를 받을 수 있다. 현재로서는 이런 대처법이 존재하지 않는다.

AI와 노화 관리의 새로운 장

큰 기술적 진보 덕분에, 인류의 건강을 위한 AI 애플리케이션이 이미 개발되고 있다. 오늘날 AI는 연구 영상의 해석을 돕는 보조 수단으로 사용되고 있다. 일부 경우에는 AI가 방사선 전문의의 판단보다 낫다고 한다. 컴퓨터 애플리케이션은 환자-의사의 상호작용을 돕는 데도 중요한 역할을 하게 될 것이다. 인터넷에 연결된 진료실 카메라는 환자의 말, 걸음걸이, 외모를 분석할 수 있으며, 진단과 질병 관리에 도움을 줄 수도 있다. 이상적으로, 컴퓨터 시스템이 통합되어 한 환자의 모든 기록이 모든 의료 서비스 제공자에게 이용될 수 있을 것이다. 또 AI가 발전해 의사가 환자의 활동, 복용 약물, 식단을 더 잘 이해할 수 있기를 기대한다.

2020년 기준으로, 전 세계 인구의 약 45퍼센트가 스마트폰을 소유하고 있다. 스마트폰과 다른 휴대용 기기는 목소리, 신체 활동, 수면 사이클의 변화를 감지하는 기능을 탑재할 수 있다. 예를 들어 터치스크린은 운동 기능을 평가하고 심장 기능도 측정할 수 있다. 스마트폰은 수면, 우울증, 파킨슨병 진단에도 도움을 줄 수 있다. 2020년 한 연구에서는 안면인식 기술을 활용해, 개인의 정치적 성향을 신뢰성 있게 추정하는 시도가 있었다.[184] 만약 기술로 이런 추정이 가능하다면, 소프트웨어가 안면인식 영상과 전신 움직임 평가를 바탕으로 의사의 진단을 보조하는 것이 훨씬 쉬워질 것이다.

AI는 네 가지 예비 요소를 향상시키는 데 도움을 줄 수 있다. 이미 인간과 로봇 간의 상호작용은 인간 대 인간 상호작용의 대안이 되어가고 있다. 예를 들어 로봇 반려동물이 개발되어, 작은 장난감처럼 생긴 로봇 개를 무릎 위에 올리고 쓰다듬으면 빙긋거린다. 이런 기기와 프로그램 개발자는 컴퓨터 사용이 익숙하지 않은 사람도 이용할 수 있도록 복잡성을 최소화해야 한다. 컴퓨터 애플리케이션은 노년층의 사회적 상호작용 기회를 확대해 사회적 예비 요소 향상에 기여할 수 있다. 컴퓨터를 사용해 우정을 쌓는 기회가 젊은 층에만 국한되어서는 안 된다.

복잡한 인지 자극을 통해 인지적 예비 요소를 보조하는 인간-기계 인터페이스 기회가 크게 발전했다. 이 분야는 특히 기동성이 제한된 노년층에게 중요하다. 기동성 제약과 감각 결핍, 인지 손상이 있는 사람들이 이런 자원을 이용할 수 있도록 기술 발전이 꼭 이루어져야 한다. 음성인식 소프트웨어도 마우스를 움직이지 못하거나 컴퓨터 프로그램을 선택할 수 없는 사람들이 컴퓨터를 쉽게 사용하도록 도움을 줄 것이다.

오늘날 요양소 활동 공간을 살펴보면, 많은 입소자가 텔레비전 연속극이나 퀴즈 프로그램을 보며 앉아 있을 것이다. 이런 활동은 참여나 상호작용 기회를 주지 못한다. 이상적인 상황을 가정해보자면, 시설 종사자들은 입소자 중 한 명이 예전에 화가였고 입소자들을 위해 런던의 초상화미술관Portrait Gallery이나 대영박물관 관람을 이끌 수 있다는 점을 알고 있을 것이다. 가정, 노약자 생활 지원 시설, 요양원을 위한 컴퓨터 애플리케이션은 네 가지 예비 요소 모두에 좋은 인지적·신체적 자극을 촉진할 수 있다. 하지만 기술은 노년층의 특수한 요구에 맞게 조정되어야 한다. 기술의 역사에서는 노년층의 요구가 종종 무시되어왔다. 예를 들어 교통신호판의 글자 크기는 젊은 층의 인지 능력을 기준으로 하고, 노년층 운전자의 낮은 시각 기능은 고려하지 않았다.

AI는 다중 약물 복용 관리에도 중요한 역할을 할 것이다. 자동화된 약품 배달 시스템은 환자가 올바른 용량을 제때 복용하는 것을 도울 수 있다. 이런 정보는 인터넷에 입력되어 가족과 의료 전문가가 확인할 수도 있다. 신체 활동 관찰 기기는 환자의 활동을 평가해 해당 데

이터를 환자를 돌보는 사람과 의사에게 전달할 수 있다.

공공 정책과 기술 발전으로 네 가지 예비 요소가 향상되어, 우리가 나이가 들어도 질병을 예방하고 건강을 유지할 수 있기를 기대한다.

27장

노화에 대한 태도,
그리고 기회

"가장 위대한 자유는
우리의 태도를 선택할 자유다."

빅터 프랭클
『죽음의 수용소에서』 중에서

'태도'라는 단어는 정의가 다양하다. 케임브리지 영어사전은 이 단어를 "어떤 것 혹은 사람에 대한 느낌이나 의견으로 인해 생기는 행동 방식"이라고 정의하며, 옥스퍼드 온라인 영어사전은 "사고의 대상을 바라보는 의도적 또는 습관적 방식"이라고 설명한다. 하지만 이 책에서는 태도를 "우리가 늘 함께 지니고 다니는 어떤 것"으로 정의한다. 정신과 의사인 빅터 프랭클이 말했듯이, 우리는 어떻게 삶을 대할지를 선택할 수 있다.

우리의 태도는 주의를 기울이는 것에 따라 대체로 결정된다. 만약 상실과 후회에 초점을 맞춘다면, 우리의 태도는 우울해질 것이다. 반대로 노화의 기회와 같은 다양한 가능성에 초점을 맞춘다면, 우리의 태도는 긍정적일 것이다. 이는 우리 인생에 근본적으로 중요한 일상적 선택이다. 주의는 경험뿐만 아니라 우리의 태도를 형성하는 열쇠임을 꼭 알아야 한다. 15장에서 언급했듯이, 윌리엄 제임스는 우리의 경험이 뇌에 의해 관리되는 방식을 어떻게 주의가 결정하는지 설명하면서 이렇게 단언했다. "내 경험이란 내가 주의를 기울이기로 뜻을 모은 것이다."

우리가 사는 세계는 너무나도 다면적이어서, 우리가 지각할 수 있는 모든 현상을 전부 처리하기 어렵다. 따라서 우리가 무엇에 주의를 기울이는지가 경험의 질을 좌우한다. 이런 주의 집중이 인생에 관한 우리의 전망, 즉 우리의 태도를 결정한다.

주의가 우리의 태도와 삶에 대한 시각에 미치는 중요성은 다음 질문으로 잘 설명된다. "나이가 들수록 왜 시간이 더 빨리 가는가?" 물론 시간 인식은 신경학적 현상으로서 일상생활에 대한 감각 경험과 관련이 있다. 시간은 추상적 개념이므로 우리는 시간의 흐름을 직접 지각할 수 없다. 우리는 시간을 지각하는 것이 아니라, 시간이 흐르면서 무슨 일이 생기는지를 지각한다. 나이가 들면서 도파민과 다른 중요한 신경전달물질의 감소 현상이 시간이 더 빨리 간다는 느낌을 만들 수 있다.[185] 또 젊은 층은 노년층보다 일상생활에서 새로움을 더 많이 경험할지도 모른다. 매일은 우리 인생의 작은 일부다. 그리고 1년은 10세 아이 인생의 10퍼센트이며, 50세 성인 인생의 2퍼센트다.

우리가 여행할 때 겪게 되는 상황을 살펴보자. 낯선 장소에 가면 새로운 자극을 느끼는데, 그러려면 우리에게 익숙해진 것보다 더 많은 처리가 필요하다. 반대로 변하지 않거나 오랫동안 그대로 지속되는 자극은 우리의 주의를 끌지 않는다. 그래서 익숙한 환경에서는 시간이 쏜살같이 지나가는 것처럼 느껴지지만, 여행 중에는 일주일이 한 달처럼 길게 느껴질 때가 있다.

나이가 들수록 시간이 더 빠르게 가는 현상은 참신성과 다양성, 주의 집중이 얼마나 중요한지를 알려준다. 만약 여러분의 일상이 이미 본 텔레비전 프로그램 재방송을 시청하는 것으로 채워진다면, 신경계에 거의 자극을 주지 않고 있다는 뜻이다. 반대로 새로운 장소로 여행을 떠나면 새로운 경험을 하게 된다. 물론 여행이 새로운 경험을 얻는 유일한 방법은 아니다. 모든 학습은 새로움을 탐구하는 길이며, 경험의 다양성은 신경계(인지적 예비 요소)와 다른 예비 요소들의 회복력을 향상시킨다.

주의 집중의 힘을 사용하는 것은 필수적이다. 뇌는 주의 방향과 강도에 대한 전담 시스템을 가지고 있으며, 여기에는 전두엽과 진화상 원시적 부위인 뇌간도 관여한다. 하지만 전두엽뿐 아니라 대뇌피질의 네 가지 엽 모두가 주의와 관련되어 있다. 우리의 주의 역량은 매우 크다. 과거에나 지금에나 우리의 생존에 긴요하기 때문이다.

태도는 주의 대상에 따라 결정된다. 우리는 주의를 매일 행사하고 연습할 수 있다. 마치 피아니스트가 실력 유지를 위해 규칙적으로 음계 연습을 하듯이 말이다. 뇌는 멀티태스킹에 능하지 않으므로, 주의가 여러 대상으로 나뉘면 집중력이 약해질 수밖에 없다. 뇌에 한꺼번에 많은 일을 시키면 어떤 것에도 집중할 수 없게 된다. 뇌가 두 가지 일을 동시에 잘할 수 있다는 믿음은 착각이다. 실제로는 실행 능력에 지장을 받으면서 재빨리 이것과 저것 사이를 오가며 처리하는 것뿐이다. 이는 두 가지를 동시에 처리한다는 인상을 준다. 올바른 주의는

'하나의 마음'이다. 즉, 누군가의 말을 듣고 있다면 그냥 들어야 한다. 들으면서 말하려고 준비하지 말아야 한다. 바깥에서 걷고 있다면 주의 집중을 통해 세계를 경험하기를 바란다. 마음을 후회, 두려움, 불만으로 채우지 않아야 한다(걸을 때 이어폰으로 최근 정치 스캔들에 관한 논의를 듣지 않기를 바란다). 윌리엄 제임스는 "스트레스를 물리칠 가장 강력한 무기는 어느 한 가지 생각을 선택하는 것이다"라고 말했다.

명상은 주의 집중 능력을 개발하는 훌륭한 방법이다. 물론 명상 외에도 매 순간 주의 능력을 연습할 수 있다. 주의 집중은 본질적으로 즐거운 경험이다. 등반가는 주의 집중으로 인한 즐거움 때문에 눈사태가 생길지 모르는 위험한 산비탈에서 목숨을 건다. 의도적인 주의 집중은 '몰입flow' 상태로 이어질 수 있다. 심리학자 미하이 칙센트미하이Mihaly Csikszentmihalyi에 따르면, 이 상태는 즐거움과 의미를 능동적으로 경험할 수 있게 해준다.[186] 우리는 고통을 느끼는 능력을 진화시켜왔다. 고통이 몸에 잠재적 손상이 있음을 알려주는 훌륭한 신호로 작용하기 때문이다. 마찬가지로 우리는 주의를 기울일 때 기쁨을 느끼는 능력도 진화시켜왔다. 그것이 생존에 도움을 주기 때문이다. 주의 집중이 주는 기쁨 덕분에 우리는 잘 지낼 수 있는 셈이다.

우리의 주의 집중 대상은 외부 세계뿐만 아니라 우리 자신도 해당된다. 제임스 조이스는 소설 「가슴 아픈 사건A Painful Case」(1914년에 발간된 그의 단편소설집 『더블린 사람들The Dubliners』에 수록된 작품)에서 이렇게 썼다. "더피 씨는 그의 몸에서 가까운 거리에서 살았다." 몸과의 분리는 자신의 감정, 생각, 정서, 지각 및 정체성과의 단절을 초래하며, 동시에 외부 세계와의 단절도 낳는다. 정서와 몸은 가까운 사이다(윌리엄 제임스는 이 주제에 관해 광범위한 저술을 남겼다). 따라서 몸을 포함해 우리 자신에게 기울이는 주의는 매우 중요하다.

등반가는 강렬한 주의 집중에서 오는 즐거움을 경험하기 위해 굳이 치명적인 추락 위험에 노출될 필요가 없다. 우리는 동일한 주의 집중의 즐거움을 일상생활에서도 위험 없이 연습할 수 있다. 마찬가지로 많은 사람은 주의를 적절히 관리함으로써 노화에 대한 건강한 태도를 개발할 기회를 제대로 이해하지 못한다. 우리의 다중 예비 요소와 노화의 기회를 이해하는 능력은 행동을 통해 삶을 향상시킬 가능성에 주의를 기울이면 커질 수 있다.

나는 페미니스트 작가 크리스티나 크로스비Christina Crosby가 제시한 긍정적인 태도를 좋아한다. 그는 트라우마로 인한 장애에 관해 이렇게 썼다. "나는 이전의 내가 아니다. 그런데 생각해보면 당신도 마찬가지다. 지금 살고 있는 우리 모두는 이전의 우리가 아니며, 되어가고 있는, 계속 되어가고 있는 존재다."[188] 노화가 주는 도전에도 불구하고 우리가 여전히 되어가고 있으며, 언제나 되어가고 있다는 사실을 인정하는 것은 대단히 중요한 깨달음이다.

'되어감'이라는 평생의 과정은 우리 자신에게 달려 있다. 랄프 왈도 에머슨은 "온종일 생각하는 것이 바로 그 사람이다"라고 말했다. 노화 역시 마찬가지다. 노화의 질은 여러분이 온종일 무엇을 생각하는지, 무엇에 주의를 기울이는지, 몸이 무엇을 하는지, 무엇을 먹는지, 자신을 어떤 부상에 처하도록 만들었는지에 달려 있다. 또 노년기에도 건강과 신체 적합성을 달성하고 유지하기 위해 인지적·신체적·심리적·사회적 예비 요소를 어떻게 관리하고 향상시키는지와도 관련된다.

우리는 노화를 피할 수 없는 과정으로 여기기 때문에, 노화의 발현 증상들이 각자의 노력에 따라 완화될 수 있다는 사실을 종종 간과한다. 하지만 기능 쇠퇴를 순순히 받아들여서는 안 된다. 우리의 삶은 매 순간 세계와 자신을 경험하는 과정이다. 모든 순간은 부지불식간에 흘려보내서는 안 되는 소중한 시간이다.

노화를 기회로 보는 시각은, 우리에게 생기는 일은 대체로 우리가 하는 것으로 결정된다는 삶의 진실에 초점을 맞추도록 돕는다. 우리에게 생기는 일에 주의를 기울이면, 네 가지 예비 요소를 향상시킬 수 있다. 식단, 신체적·정신적 활동, 가족 및 인간관계는 모두 중요하다. 네 가지 예비 요소를 향상시키면, 나이가 들어도 건강과 신체 적합성을 유지할 기회를 높일 수 있다.

영어 단어 '기회opportunity'는 라틴어 문구 "ob portum veniens"에서 유래했다. 온라인 어휘사전Online Etymology Dictionary에 따르면, 이는 순풍이 항구로 오고 있음을 가리키는 말이다. 우리는 모든 순풍을 충분히 활용해야 하며, 특히 잘 늙도록 돕는 순풍을 잘 활용해야 한다. 네 가지 예비 요소의 개념은 순풍을 모아 평생 사용할 수 있도록 우리의 돛을 잘 관리하게 돕는다. 인생의 의미를 찾아 실현해나가도록 말이다.

감사의 글

이 책을 집필하게 된 계기는 수십 년 동안 내가 환자, 가족, 친구, 친척과 노화에 관해 나눈 이야기에서 비롯되었다. 그리고 아내 시바니 난디에게 받은 도움과 지지가 없었다면, 이 책은 세상에 나오지 못했을 것이다. 아내는 1999년부터 매일매일 내 인생에서 행복의 중심이었다. 아내의 격려와 합리적인 생각이 이 책의 진행과 완성에 결정적인 역할을 했다.

또 부모님(글래디스 프리들랜드와 에이브러햄 프리들랜드)이 내게 베풀어주신 사랑에 늘 감사하다. 부모님은 내가 스스로 생각하도록 가르쳐주셨다. 나는 소피아 스트롱 숙모님의 불굴의 의지에도 경외감을 느낀다. 숙모님은 92세에 전후 일본 여행에 관한 책을 내셨고, 93세에 천체물리학 수업을 들으셨다.

모리스 벤더에게 받은 훌륭한 멘토링에 감사를 전한다. 그는 환자의 말을 경청하는 중요성을 내 마음속에 새겨주었다. 또 사고에서 언어가 맡는 역할을 가르쳐준 에드윈 와인스틴에게도 감사를 전한다. 다행스럽게도 내가 함께 일한 많은 간호사와 간호조무사의 모범적이고 온정 가득한 환자 돌봄에도 감사와 존경을 표한다. 특히 패멀라 레이첼트와 캐시 베이스에게 감사드린다. 내 활동을 늘 든든히 지원하고 격려해준 케리 레멜에게도 진심으로 감사드린다. 책 초고에 대해 제안해준 지그네시 샤, 디미트라 안티미시아리스, 치 다이에게도 큰 은혜를 입었다.

또 케임브리지대학교 출판부의 애나 와이팅, 조이 루인, 루스 보이스, 그리고 편집자 토드 멜비의 큰 도움에도 감사드린다. 그래픽디자이너 헤더 존스의 정성에도 깊은 고마움을 전한다.

이 책의 바탕이 된 내 연구 활동은 루이빌대학교, 에드워드 포드 3세 가족, 월터 카원, V. V. 쿠크 재단, 파킨슨병 연구를 위한 마이클 J. 폭스 재단, 메이슨과 매리 러드 가족, 켄터키 과학공학재단, 주이시 헤리티지 펀드 포 엑설런스 등 개인과 단체의 지원이 없었다면 불가능했을 것이다. 이들에게도 진심을 담아 감사 인사를 전한다.

가소성 새로운 형태로 변할 수 있을 만큼 유연한 속성. 한 생물학적 계가 변할 수 있는 능력.

건강생성(론) 건강한 상태를 만들기.

공생 서로에게 이롭게 두 유기체가 함께 사는 것. 가령, 새가 큰 짐승의 가죽에서 벌레를 잡아먹고 사는 방식.

공생생물 다른 유기체와 공생 관계로 사는 유기체로서, 이런 관계는 서로에게 이롭다.

관용 잠재적으로 파괴적인 면역 반응을 감소하기 위해 특정한 유기체나 단백질에 대한 반응이 결여된 능동적인 상태. 면역 관용이라고도 부른다.

균유전체학 환경 표본으로부터 복원한 유전 정보에 대한 연구.

노인학 동물과 인간을 대상으로 노화의 생물학적·사회적·심리학적·인지적 측면을 연구하는 과학 분야.

노화 늙어가는 과정 또는 상태.

다중 약물 투여 다섯 가지 이상 약물을 정기적으로 사용하기.

단백질 접힘 단백질이 삼차원 구조를 띠는 과정.

망상 현실과 반대되는 굳어진 거짓 믿음으로, 종종 피해망상(편집증)이나 과대망상의 형태로 나타난다.

미생물군 우리 몸 내부와 표면 및 비어 있는 부위에 사는 미소 유기체들. 박테리아, 바이러스, 기생균 및 균류로 구성된다.

미생물군 유전체 우리의 토착 미생물들의 집단 유전체.

미세아교세포 뇌의 면역계의 주요 세포로, 항상성 유지 임무 및 뇌가 외부의 도전에 맞서 방어하는 능력을 감시하는 임무를 맡는다.

병원체 (천연두와 같은) 병을 일으키는 물질.

상호 의존성 "서로 의존한다는 사실."(케임브리지 영어사전)

섬망 환각, 망상, 방향감각 상실, 인지 손상, 그리고 종종 흥분을 동반하는 의식 장애. 보통 갑작스럽게 발병한다.

신경퇴행성 질환 세포와 기능에 손실이 발생하는 신경계 질병의 유형. 이 질병은 느리게 발병한 후 점진적으로 진행한다. 유전이 될 수도 안 될 수도 있으며, 효과적인 치료법이 있을 수도 없을 수도 있다. 이런 질병에는 알츠하이머병, 파킨슨병, 근위축성측삭경화증 등이 있다.

약물 순응도 어떤 사람이 약물 사용에 관해 약물 제공자의 권고를 따르는 정도.

염증 외부 생명체의 공격에 대한 몸의 반응 및 손상을 복구하려는 노력.

염증 노화 노화와 함께 나타나는 면역계의 활성화.

예비 "어떤 것을 특정한 목적이나 시기를 위해 지니고 있는 것." (케임브리지 영어사전)

유전체학 유전자를 연구하는 학문. 유전체는 한 유기체의 모든 DNA와 유전자의 완전한 집합이다.

의존 "특히 생존이나 활동을 계속하려면 늘 어떤 것이나 누군가를 필요로 하는 상황." (케임브리지 영어사전)

인지 "앎의 행위나 능력. 지식이나 의식. 대상에 익숙해지기." (옥스퍼드 온라인 영어사전)

자기공명영상 몸의 내부 구조에 대한 영상을 얻기 위한 의료 영상 기법으로, 강한 자기장과 전파를 사용한다.

잘못 접힘 단백질이 그릇된 삼차원 구조를 띠는 현상으로, 이 경우에는 단백질이 작동하지 못하고 독성 효과를 가질 수 있다.

장내 세균 불균형 몸속 미생물의 건강하지 못한 구성으로, 다양성 부족 또는 미생물 군집 구성원의 추가 또는 소실로 인해 생길 수 있다.

질병생성(론) 질병의 시작과 지속 과정.

치매 구체적인 질병이 아닌 임상적 증후군으로서, 기억상실과 더불어 길 찾기, 언어, 지각, 추상적 사고, 계산, 행동, 공간 과제, 감정 및 추론의 어려움과 같은 기타 인지 손상을 특징으로 한다. 치매는 언제나 그렇지는 않지만 대체로 천천히 발병한다.

항상성 "살아 있는 유기체, 세포 또는 집단이 주변 상황 변화와 관계없이 내부의 조건들, 즉 내적 균형의 상태를 동일하게 유지하는 능력 또는 성향." (케임브리지 영어사전)

홀로바이온트 숙주와 그것의 내부와 표면에 사는 다른 종들로 이루어진 집단 구성으로서, 하나의 생물학적 단위를 형성한다.

환각 실재하지 않는 것이 실재하는 듯 느끼는 감각 경험. 환각은 다섯 가지 감각 전부에 해당될 수 있다.

회복력 "문제를 겪은 후 이전의 좋은 상태로 빨리 돌아갈 수 있는 능력." (케임브리지 영어사전)

후생유전(학) 뉴클레오티드 염기 서열에 변화를 주지 않는, 한 유기체 내의 DNA 변경에 대한 연구.

참고 문헌

1   Bernard C. *Lectures on the Phenomena of Life Common to Animals and Plants.* Charles C Thomas Publishing, 1974.

2   Franceschi C, Garagnani P, Parini P, Giuliani C, Santoro A. Inflammaging: a new immune-metabolic viewpoint for age-related diseases. *Nat Rev Endocrinol.* 2018;14(10):576–90.

3   Lorch M. Language and memory disorder in the case of Jonathan Swift: considerations on retrospective diagnosis. *Brain.* 2006;129(Pt 11):3127–37.

4   Antonovsky A. *Health, Stress and Coping.* Jossey-Bass Publishing, 1979.

5   Garmany A, Yamada S, Terzic A. Longevity leap: mind the healthspan gap. *NPJ Regen Med.* 2021;6(1):57.

6   North BJ, Sinclair DA. The intersection between aging and cardiovascular disease. *Circ Res.* 2012;110(8):1097–108.

7   Livingston G, Huntley J, Sommerlad A, et al. Dementia prevention, intervention, and care: 2020 report of the Lancet Commission. *Lancet.* 2020;396(10248):413–46.

8   Fratiglioni L, Marseglia A, Dekhtyar S. Ageing without dementia: can stimulating psychosocial and lifestyle experiences make a difference? *Lancet Neurol.* 2020;19(6):533–43.

9   Baker GT, Martin GR, Molecular and biologic factors in aging: the origins, causes, and prevention of senescence. In *Geriatric Medicine*, 3rd ed. Cassel CK, Cohen HJ, Larson LB, et al. (eds.), Springer Verlag, 1997, pp. 3–28.

10   Rowe JW, Kahn RL. Human aging: usual and successful. *Science.* 1987;237(4811):143–9.

11   Schott JM. The neurology of ageing: what is normal? *Pract Neurol.* 2017;17(3):172–82.

12   Soldan A, Pettigrew C, Albert M. Cognitive reserve from the perspective of preclinical Alzheimer disease: 2020 update. *Clin Geriatr Med.* 2020;36(2):247–63.

13   Klein RS. On complement, memory, and microglia. *N Engl J Med.* 2020;382(21):2056–8.

14   Baudisch A. *Inevitable Aging?: Contributions to Evolutionary- Demographic Theory.* Springer, 2008.

15   Barulli D, Stern Y. Efficiency, capacity, compensation, maintenance, plasticity: emerging concepts in cognitive reserve. *Trends Cogn Sci.* 2013;17(10):502–9.

16   Gonneaud J, Bedetti C, Pichet Binette A, et al. Association of education with Abeta burden in preclinical familial and sporadic Alzheimer disease. *Neurology.* 2020;95(11):e1554–64.

17   Friedland RP, Fritsch T, Smyth KA, et al. Patients with Alzheimer's disease have reduced activities in midlife compared with healthy control-group members. *Proc Natl Acad Sci U S A.* 2001;98(6):3440–5.

18   Mortimer JA, Borenstein AR, Gosche KM, Snowdon DA. Very early detection of Alzheimer neuropathology and the role of brain reserve in modifying its clinical expression. *J Geriatr Psychiatry Neurol.* 2005;18(4):218–23.

19   Ganz AB, Beker N, Hulsman M, et al. Neuropathology and cognitive

performance in self-reported cognitively healthy centenarians. *Acta Neuropathol Commun.* 2018;6(1):64.

20 Snowdon D. *Aging with Grace: What the Nun Study Teaches Us about Leading Longer, Healthier, and More Meaningful Lives.* Bantam, 2002.

21 Snowdon DA, Greiner LH, Mortimer JA, et al. Brain infarction and the clinical expression of Alzheimer disease. The Nun Study. *JAMA.* 1997;277(10):813–7.

22 Oveisgharan S, Wilson RS, Yu L, Schneider JA, Bennett DA. Association of early-life cognitive enrichment with Alzheimer disease pathological changes and cognitive decline. *JAMA Neurol.* 2020;77(10):1217–24.

23 Pulido RS, Munji RN, Chan TC, et al. Neuronal activity regulates blood–brain barrier efflux transport through endothelial circadian genes. *Neuron.* 2020;108(5):937–52.e7.

24 Hobson P, Lewis A, Nair H, Wong S, Kumwenda M. How common are neurocognitive disorders in patients with chronic kidney disease and diabetes? Results from a crosssectional study in a community cohort of patients in North Wales, UK. *BMJ Open.* 2018;8(12):e023520.

25 Evans IEM, Llewellyn DJ, Matthews FE, et al. Social isolation, cognitive reserve, and cognition in healthy older people. *PLoS One.* 2018;13(8):e0201008.

26 Dafsari FS, Jessen F. Depression: an underrecognized target for prevention of dementia in Alzheimer's disease. *Transl Psychiatry.* 2020;10(1):160.

27 Aizenstein HJ, Nebes RD, Saxton JA, et al. Frequent amyloid deposition without significant cognitive impairment among the elderly. *Arch Neurol.* 2008;65(11):1509–17.

28 Krystal H. *Integration and Self Healing: Affect, Trauma, Alexithymia.* The Analytic Press, 1988.

29 Erikson EH. *Identity and the Life Cycle.* W. W. Norton & Company, 1994.

30 Wilson RS, Krueger KR, Arnold SE, et al. Loneliness and risk of

Alzheimer disease. *Arch Gen Psychiatry.* 2007;64(2):234–40.

31 Berry W. *Another Turn of the Crank: Essays.* Counterpoint, 1995.

32 Bennett DA, Schneider JA, Tang Y, Arnold SE, Wilson RS. The effect of social networks on the relation between Alzheimer's disease pathology and level of cognitive function in old people: a longitudinal cohort study. *Lancet Neurol.* 2006;5(5):406–12.

33 Wang HS. Dementia in old age. *Contemp Neurol Ser.* 1977;15:15–27.

34 Friedland RP, Nandi S. A modest proposal for a longitudinal study of dementia prevention (with apologies to Jonathan Swift, 1729). *J Alzheimers Dis.* 2013;33(2):313–5.

35 Cobb M. *The Idea of the Brain: The Past and Future of Neuroscience.* Basic Books, 2020.

36 Fine I, Park JM. Blindness and human brain plasticity. *Annu Rev Vis Sci.* 2018;4:337–56.

37 Maguire EA, Nannery R, Spiers HJ. Navigation around London by a taxi driver with bilateral hippocampal lesions. *Brain.* 2006;129(Pt 11):2894–907.

38 Yong E. *How Brain Scientists Forgot That Brains Have Owners.* The Atlantic, 2017.

39 Bennett J. *On Human Origins, Spirituality and the Meaning of Life.* Friesen Press, 2021, p. 235.

40 Schulte BPM. John Hughlings Jackson. In Eling P (ed.), *Reader in the History of Aphasia.* Benjamins, 1994, pp. 133–67.

41 Jackson JH. *BMJ.* 1884;I:662.

42 Badimon A, Strasburger HJ, Ayata P, et al. Negative feedback control of neuronal activity by microglia. *Nature.* 2020;586(7829):417–23.

43 Buffington SA, Di Prisco GV, Auchtung TA, et al. Microbial reconstitution reverses maternal diet-induced social and synaptic deficits

in offspring. *Cell.* 2016;165(7):1762–75.

44   Li Q, Barres BA. Microglia and macrophages in brain homeostasis and disease. *Nat Rev Immunol.* 2018;18(4):225–42.

45   Vuong HE, Pronovost GN, Williams DW, et al. The maternal microbiome modulates fetal neurodevelopment in mice. *Nature.* 2020;586(7828):281–6.

46   Strittmatter A, Sunde U, Zegners D. Life cycle patterns of cognitive performance over the long run. *Proc Natl Acad Sci USA.* 2020;117(44):27255–61.

47   Davidow Hirshbein L. William Osler and The Fixed Period: conflicting medical and popular ideas about old age. *Arch Intern Med.* 2001;161(17):2074–8.

48   Gravitz L. The forgotten part of memory. *Nature.* 2019;571(7766):S12–S14.

49   Fishman E. Risk of developing dementia at older ages in the United States. *Demography.* 2017;54(5):1897–919.

50   Association Association. Alzheimer's disease facts and figures. Alzheimer's Association Report. Alzheimer's Association, March 10, 2020. doi: https://doi.org/10.1002/alz.12068.

51   Kalaria RN, Maestre GE, Arizaga R, et al. Alzheimer's disease and vascular dementia in developing countries: prevalence, management, and risk factors. *Lancet Neurol.* 2008;7(9):812–26.

52   Barnes LL. Alzheimer disease in African American individuals: increased incidence or not enough data? *Nat Rev Neurol.* 2022;18(1):56–62.

53   Engstrom EJ, Burgmair W, Weber MM. Emil Kraepelin's "selfassessment": clinical autography in historical context. *Hist Psychiatry.* 2002;13(49 Pt 1): 89–119.

54   Freyhan FA, Woodford RB, Kety SS. Cerebral blood flow and metabolism in psychoses of senility. *J Nerv Ment Dis.* 1951;113(5):449–56.

55   Katzman R. Editorial: The prevalence and malignancy of Alzheimer

disease. A major killer. *Arch Neurol.* 1976;33(4): 217–8.

56 Friedland RP, Chapman MR. The role of microbial amyloid in neurodegeneration. *PLoS Pathog.* 2017;13(12):e1006654.

57 Friedland RP. Mechanisms of molecular mimicry involving the microbiota in neurodegeneration. *J Alzheimers Dis.* 2015;45(2):349–62.

58 Ayres JS. The biology of physiological health. *Cell.* 2020;181(2):250–69.

59 Ayres JS, Schneider DS. Tolerance of infections. *Annu Rev Immunol.* 2012;30:271–94.

60 Espay A, Stecher B. *Brain Fables: The Hidden History of Neurodegenerative Diseases and a Blueprint to Conquer Them.* Cambridge University Press, 2020, pp. 111–23.

61 Levine DA, Gross AL, Briceno EM, et al. Association between blood pressure and later-life cognition among black and white individuals. *JAMA Neurol.* 2020;77(7):810–9.

62 Frisoni GB, Molinuevo JL, Altomare D, et al. Precision prevention of Alzheimer's and other dementias: anticipating future needs in the control of risk factors and implementation of disease-modifying therapies. *Alzheimers Dement.* 2020;16(10):1457–68.

63 Xu W, Tan L, Wang HF, et al. Education and risk of dementia: dose-response meta-analysis of prospective cohort studies. *Mol Neurobiol.* 2016;53(5):3113–23.

64 Fink HA, Linskens EJ, MacDonald R, et al. Benefits and harms of prescription drugs and supplements for treatment of clinical Alzheimer-type dementia. *Ann Intern Med.* 2020;172(10):656–68.

65 Kurlawala Z, Roberts JA, McMillan JD, Friedland RP. Diazepam toxicity presenting as a dementia disorder. *J Alzheimers Dis.* 2018;66(3):935–8.

66 Friedland RP. "Normal"-pressure hydrocephalus and the saga of the treatable dementias. *JAMA.* 1989;262(18):2577–81.

67 Ohnmacht J, May P, Sinkkonen L, Kruger R. Missing heritability in

Parkinson's disease: the emerging role of non-coding genetic variation. *J Neural Transm (Vienna).* 2020;127(5):729–48.

68 Kummer BR, Diaz I, Wu X, et al. Associations between cerebrovascular risk factors and Parkinson disease. *Ann Neurol.* 2019;86(4):572–81.

69 Ingre C, Roos PM, Piehl F, Kamel F, Fang F. Risk factors for amyotrophic lateral sclerosis. *Clin Epidemiol.* 2015;7:181–93.

70 Einstein A. On the Method of Theoretical Physics. Lecture delivered at Oxford, June 10, 1933.

71 Gorelick PB, Scuteri A, Black SE, et al. Vascular contributions to cognitive impairment and dementia: a statement for healthcare professionals from the American Heart Association/American Stroke Association. *Stroke.* 2011;42(9):2672–713.

72 Gu Y, Gutierrez J, Meier IB, et al. Circulating inflammatory biomarkers are related to cerebrovascular disease in older adults. *Neurol Neuroimmunol Neuroinflamm.* 2019;6(1):e521.

73 Tonomura S, Ihara M, Kawano T, et al. Intracerebral hemorrhage and deep microbleeds associated with cnmpositive *Streptococcus mutans*: a hospital cohort study. *Sci Rep.* 2016;6:20074.

74 Tonomura S, Ihara M, Friedland RP. Microbiota in cerebrovascular disease: a key player and future therapeutic target. *J Cereb Blood Flow Metab.* 2020;40(7):1368–80.

75 Tang WH, Wang Z, Levison BS, et al. Intestinal microbial metabolism of phosphatidylcholine and cardiovascular risk. *N Engl J Med.* 2013;368(17):1575–84.

76 Gajdusek DC, Gibbs CJ, Alpers M. Experimental transmission of a kuru-like syndrome to chimpanzees. *Nature.* 1966;209(5025):794–6.

77 Friedland RP, Petersen RB, Rubenstein R. Bovine spongiform encephalopathy and aquaculture. *J Alzheimers Dis.* 2009;17(2):277–9.

78 Stern RA, Riley DO, Daneshvar DH, et al. Long-term consequences of

repetitive brain trauma: chronic traumatic encephalopathy. 2011;3(10 Suppl 2):S460–7.

79   Darwin C, *Origin of Species,* second British edition, 1860, p. 3.

80   Leshem A, Liwinski T, Elinav E. Immune-microbiota interplay and colonization resistance in infection. *Mol Cell.* 2020;78(4):597–613.

81   Differding MK, Mueller NT. Human milk bacteria: seeding the infant gut? *Cell Host Microbe.* 2020;28(2):151–3.

82   Liu Q, Liu Q, Meng H, et al. *Staphylococcus epidermidis* contributes to healthy maturation of the nasal microbiome by stimulating antimicrobial peptide production. *Cell Host Microbe.* 2020;27(1):68–78 e5.

83   Faraco G, Hochrainer K, Segarra SG, et al. Dietary salt promotes cognitive impairment through tau phosphorylation. *Nature.* 2019;574(7780):686–90.

84   Kimura I, Miyamoto J, Ohue-Kitano R, et al. Maternal gut microbiota in pregnancy influences offspring metabolic phenotype in mice. *Science.* 2020;367(6481):eaaw8429.

85   D'Aquila P, Carelli LL, De Rango F, Passarino G, Bellizzi D. Gut microbiota as important mediator between diet and DNA methylation and histone modifications in the host. *Nutrients.* 2020;12(3):597.

86   Finlay BB, CFIR Humans & the Microbiome: Are noncommunicable diseases communicable? *Science.* 2020;367(6475):250–1.

87   Glowacki RWP, Martens EC. In sickness and health: effects of gut microbial metabolites on human physiology. *PLoS Pathog.* 2020;16(4):e1008370.

88   Itzhaki RF. A turning point in Alzheimer's disease: microbes matter. *J Alzheimers Dis.* 2019;72(4):977–80.

89   Dominy SS, Lynch C, Ermini F, et al. Porphyromonas gingivalis in Alzheimer's disease brains: evidence for disease causation and treatment with small-molecule inhibitors. *Sci Adv.* 2019;5(1):eaau3333.

90 O'Keefe SJ, Li JV, Lahti L, et al. Fat, fibre and cancer risk in African Americans and rural Africans. *Nat Commun.* 2015;6:6342.

91 Kohler W. *Dynamics in Psychology, Retention and Recall.* Liveright Publishing Corp., 1940, pp. 115–6.

92 Friedland RP, McMillan JD, Kurlawala Z. What are the molecular mechanisms by which functional bacterial amyloids influence amyloid beta deposition and neuroinflammation in neurodegenerative disorders? *Int J Mol Sci.* 2020;21(5):1652.

93 Kowalski K, Mulak A. Brain–gut–microbiota axis in Alzheimer's disease. *J Neurogastroenterol Motil.* 2019;25(1):48–60.

94 Kim S, Kwon SH, Kam TI, et al. Transneuronal propagation of pathologic α-synuclein from the gut to the brain models Parkinson's disease. *Neuron.* 2019;103(4):627–641.e7.

95 Xue QL. The frailty syndrome: definition and natural history. *Clin Geriatr Med.* 2011;27(1):1–15.

96 Claesson MJ, Jeffery IB, Conde S, et al. Gut microbiota composition correlates with diet and health in the elderly. *Nature.* 2012;488(7410):178–84.

97 Friedland RP, Haribabu B. The role for the metagenome in the pathogenesis of COVID-19. *EBioMedicine.* 2020;61:103019.

98 Alexander M, Turnbaugh PJ. Deconstructing mechanisms of diet–microbiome–immune interactions. *Immunity.* 2020;53(2):264–76.

99 Wene-Batu P, Bisimwa G, Baguma M, et al. Long-term effects of severe acute malnutrition during childhood on adult cognitive, academic and behavioural development in African fragile countries: the Lwiro cohort study in Democratic Republic of the Congo. *PLoS One.* 2020;15(12):e0244486.

100 Slade K, Plack CJ, Nuttall HE. The effects of age-related hearing loss on the brain and cognitive function. *Trends Neurosci.* 2020;43(10):810–21.

101 Knopman DS, Roberts RO. Healthy young hearts sharper older minds make. *Ann Neurol.* 2013;73(2):151–2.

102 Llewellyn DJ, Langa KM, Friedland RP, Lang IA. Serum albumin concentration and cognitive impairment. *Curr Alzheimer Res.* 2010;7(1):91–6.

103 Chrischilles E, Schneider K, Wilwert J, et al. Beyond comorbidity: expanding the definition and measurement of complexity among older adults using administrative claims data. *Med Care.* 2014;52(Suppl 3):S75–84.

104 Nesse RM. *Why We Get Sick: The New Science of Darwinian Medicine.* Vintage, 1996.

105 Lasselin J. Back to the future of psychoneuroimmunology: studying inflammation-induced sickness behavior. *Brain Behav Immun Health.* 2021;18:100379.

106 Song H, Sieurin J, Wirdefeldt K, et al. Association of stress-related disorders with subsequent neurodegenerative diseases. *JAMA Neurol.* 2020;77(6):700–9.

107 Krystal H. The aging survivor of the holocaust. Integration and self-healing in posttraumatic states. *J Geriatr Psychiatry.* 1981;14(2):165–89.

108 Zhou XL, Wang LN, Wang J, Shen XH, Zhao X. Effects of exercise interventions for specific cognitive domains in old adults with mild cognitive impairment: a protocol of subgroup meta-analysis of randomized controlled trials. *Medicine (Baltimore).* 2018;97(48):e13244.

109 Bissell MJ. Asking the question of why. *Cell.* 2020;181(3): 503–6.

110 Farrer LA, Cupples LA, Haines JL, et al. Effects of age, sex, and ethnicity on the association between apolipoprotein E genotype and Alzheimer disease. A meta-analysis. APOE and Alzheimer Disease Meta Analysis Consortium. *JAMA.* 1997;278(16):1349–56.

111 Scheltens P, Blennow K, Breteler MM, et al. Alzheimer's disease. *Lancet.*

2016;388(10043):505–17.

112 Tran TTT, Corsini S, Kellingray L, et al. APOE genotype influences the gut microbiome structure and function in humans and mice: relevance for Alzheimer's disease pathophysiology. *FASEB J.* 2019;33(7):8221–31.

113 Konijnenberg E, Tomassen J, den Braber A, et al. Onset of preclinical Alzheimer disease in monozygotic twins. *Ann Neurol.* 2021;89(5):987–1000.

114 Daviglus ML, Bell CC, Berrettini W, et al. NIH State-of-the-Science Conference statement: preventing Alzheimer's disease and cognitive decline. *NIH Consens State Sci Statements.* 2010;27(4):1–30.

115 Daviglus ML, Plassman BL, Pirzada A, et al. Risk factors and preventive interventions for Alzheimer disease: state of the science. *Arch Neurol.* 2011;68(9):1185–90.

116 National Academies of Sciences, Engineering, and Medicine; Health and Medicine Division; Board on Health Sciences Policy; Committee on Preventing Dementia and Cognitive Impairment. *Preventing Cognitive Decline and Dementia: A Way Forward.* Downey A, Stroud C, Landis S, Leshner AI (eds.), National Academies Press, 2017.

117 Yu JT, Xu W, Tan CC, et al. Evidence-based prevention of Alzheimer's disease: systematic review and meta-analysis of 243 observational prospective studies and 153 randomised controlled trials. *J Neurol Neurosurg Psychiatry.* 2020;91(11):1201–9.

118 Friedland RP, Brayne C. What does the pediatrician need to know about Alzheimer disease? *J Dev Behav Pediatr.* 2009;30(3):239–41.

119 Hurley D. Grandma's experiences leave a mark on your genes. *Discover.* 2015; June 25.

120 Gilbert J, Knight R. *Dirt Is Good: The Advantage of Germs for Your Child's Developing Immune System.* St. Martin's Press, 2017.

121 Norton S, Matthews FE, Barnes DE, Yaffe K, Brayne C. Potential for

primary prevention of Alzheimer's disease: an analysis of population-based data. *Lancet Neurol.* 2014;13(8):788–94.

122 Kovari E, Herrmann FR, Bouras C, Gold G. Amyloid deposition is decreasing in aging brains: an autopsy study of 1,599 older people. *Neurology.* 2014;82(4):326–31.

123 Wu YT, Beiser AS, Breteler MMB, et al. The changing prevalence and incidence of dementia over time: current evidence. *Nat Rev Neurol.* 2017;13(6):327–39.

124 United States Census Bureau. Current Population Survey(CPS). 2021; December 14.

125 Krell-Roesch J, Syrjanen JA, Bezold J, et al. Physical activity and trajectory of cognitive change in older persons: Mayo Clinic Study of Aging. *J Alzheimers Dis.* 2021;79(1):377–88.

126 Wilson EO. *Biophilia.* Harvard University Press, 1984.

127 Borenstein A, Mortimer. *J Alzheimer's Disease: Life Course Perspectives on Risk Reduction.* Academic Press, 2016.

128 Jung MS, Chung E. Television viewing and cognitive dysfunction of Korean older adults. *Healthcare (Basel).* 2020;8(4):547.

129 Kehler DS, Hay JL, Stammers AN, et al. A systematic review of the association between sedentary behaviors with frailty. *Exp Gerontol.* 2018;114:1–12.

130 Takagi H, Hari Y, Nakashima K, Kuno T, Ando T, Group A. Meta-analysis of the relation of television-viewing time and cardiovascular disease. *Am J Cardiol.* 2019;124(11):1674–83.

131 Gallucci M, Mazzarolo AP, Focella L, et al. 'Camminando e leggendo … "Ricordo" (walking and reading … I remember): prevention of frailty through the promotion of physical activity and reading in people with mild cognitive impairment. Results from the TREDEM Registry. *J Alzheimers Dis.* 2020;77(2):689–99.

132 Smyth KA, Fritsch T, Cook TB, et al. Worker functions and traits associated with occupations and the development of AD. *Neurology.* 2004;63(3):498–503.

133 Budson AE, O'Connor MK. *Seven Steps to Managing Your Memory: What's Normal, What's Not, and What to Do About It.* Oxford University Press, 2017.

134 Kornfield J. *A Path with Heart: A Guide through the Perils and Promises of Spiritual Life.* Bantam, 1993.

135 James W. *The Selected Letters of William James.* Anchor Books, 1993.

136 Schanche E, Vollestad J, Visted E, et al. The effects of mindfulness-based cognitive therapy on risk and protective factors of depressive relapse: a randomized wait-list controlled trial. *BMC Psychol.* 2020;8(1):57.

137 Barusch AS. *Love Stories of Later Life: A Narrative Approach to Understanding Romance.* Oxford University Press, 2008.

138 Gunak MM, Billings J, Carratu E, et al. Post-traumatic stress disorder as a risk factor for dementia: systematic review and meta-analysis. *Br J Psychiatry.* 2020;217(5):600–8.

139 Barthelemy NR, Liu H, Lu W, et al. Sleep deprivation affects tau phosphorylation in human cerebrospinal fluid. *Ann Neurol.* 2020;87(5):700–9.

140 Cascella M, Bimonte S, Barbieri A, et al. Dissecting the mechanisms and molecules underlying the potential carcinogenicity of red and processed meat in colorectal cancer (CRC): an overview on the current state of knowledge. *Infect Agent Cancer.* 2018;13:3.

141 Aune D, Keum N, Giovannucci E, et al. Whole grain consumption and risk of cardiovascular disease, cancer, and all cause and cause specific mortality: systematic review and dose–response meta-analysis of prospective studies. *BMJ.* 2016;353:i2716.

142 School of Public Health UoW. The Anti-Inflammatory Lifestyle. School

of Medicine and Public Health, University of Wisconsin-Madison, 2018, p. 12.

143 Enders G. *Gut: The Inside Story of Our Body's Most Underrated Organ.* Greystone Books, 2018.

144 Shaikh FY, Sears CL. Messengers from the microbiota. *Science.* 2020;369(6510):1427–8.

145 Swaminathan S, Dehghan M, Raj JM, et al. Associations of cereal grains intake with cardiovascular disease and mortality across 21 countries in Prospective Urban and Rural Epidemiology study: prospective cohort study. *BMJ.* 2021;372:m4948.

146 Glenn AJ, Lo K, Jenkins DJA, et al. Relationship between a plant-based dietary portfolio and risk of cardiovascular disease: findings from the Women's Health Initiative Prospective Cohort Study. *J Am Heart Assoc.* 2021;10(16):e021515.

147 Kaplan A, Zelicha H, Meir AY, et al. The effect of a highpolyphenol Mediterranean diet (GREEN-MED) combined with physical activity on age-related brain atrophy: the DIRECT PLUS randomized controlled trial. *Am J Clin Nutr.* 2022. doi: 10.1093/ajcn/nqac001.

148 Keenan TD, Agron E, Mares JA, et al. Adherence to a Mediterranean diet and cognitive function in the Age-Related Eye Disease Studies 1 & 2. *Alzheimers Dement.* 2020;16(6):831–42.

149 Harari Y. *Homo Deus: A Brief History of Tomorrow.* Harper, 2017.

150 Yin J, Zhu Y, Malik V, et al. Intake of sugar-sweetened and low-calorie sweetened beverages and risk of cardiovascular disease: a meta-analysis and systematic review. *Adv Nutr.* 2021;12(1):89–101.

151 Chong CP, Shahar S, Haron H, Din NC. Habitual sugar intake and cognitive impairment among multi-ethnic Malaysian older adults. *Clin Interv Aging.* 2019;14:1331–42.

152 United Brain Association. How sugar affects the brain. Available from:

https://unitedbrainassociation.org/2020/06/28/how-sugar-affects-the-brain/.

153 Charisis S, Ntanasi E, Yannakoulia M, et al. Diet inflammatory index and dementia incidence: a population-based study. *Neurology.* 2021;97(24):e2381–91.

154 Shishtar E, Rogers GT, Blumberg JB, Au R, Jacques PF. Longterm dietary flavonoid intake and risk of Alzheimer disease and related dementias in the Framingham Offspring Cohort. *Am J Clin Nutr.* 2020;112(2):343–53.

155 Neelakantan N, Seah JYH, van Dam RM. The effect of coconut oil consumption on cardiovascular risk factors: a systematic review and meta-analysis of clinical trials. *Circulation.* 2020;141(10):803–14.

156 Seshadri S, Beiser A, Selhub J, et al. Plasma homocysteine as a risk factor for dementia and Alzheimer's disease. *N Engl J Med.* 2002;346(7):476–83.

157 Blacher E, Bashiardes S, Shapiro H, et al. Potential roles of gut microbiome and metabolites in modulating ALS in mice. *Nature.* 2019;572(7770):474–80.

158 Green KN, Steffan JS, Martinez-Coria H, et al. Nicotinamide restores cognition in Alzheimer's disease transgenic mice via a mechanism involving sirtuin inhibition and selective reduction of Thr231-phosphotau. *J Neurosci.* 2008;28(45):11500–10.

159 Liebler DC. The role of metabolism in the antioxidant function of vitamin E. *Crit Rev Toxicol.* 1993;23(2):147–69.

160 Chen F, Du M, Blumberg JB, et al. Association among dietary supplement use, nutrient intake, and mortality among US adults: a cohort study. *Ann Intern Med.* 2019;170(9):604–13.

161 Kirichenko TV, Sukhorukov VN, Markin AM, et al. Medicinal plants as a potential and successful treatment option in the context of atherosclerosis. *Front Pharmacol.* 2020;11:403.

162 Fiala M, Liu PT, Espinosa-Jeffrey A, et al. Innate immunity and

transcription of MGAT-III and Toll-like receptors in Alzheimer's disease patients are improved by bisdemethoxycurcumin. *Proc Natl Acad Sci U S A.* 2007;104(31):12849–54.

163 Yamasaki TR, Ono K, Ho L, Pasinetti GM. Gut microbiomemodified polyphenolic compounds inhibit alpha-synuclein seeding and spreading in alpha-synucleinopathies. *Front Neurosci.* 2020;14:398.

164 Noguchi-Shinohara M, Yuki S, Dohmoto C, et al. Consumption of green tea, but not black tea or coffee, is associated with reduced risk of cognitive decline. *PLoS One.* 2014;9(5):e96013.

165 Holland TM, Agarwal P, Wang Y, et al. Dietary flavonols and risk of Alzheimer dementia. *Neurology.* 2020;94(16):e1749–56.

166 de Cabo R, Mattson MP. Effects of intermittent fasting on health, aging, and disease. *N Engl J Med.* 2019;381(26):2541–51.

167 Metchnikoff E. On the present state of the question of immunity and infectious diseases, Nobel Lecture, December 11, 1908.

168 Shah J. *Heart Health: A Guide to the Tests and Treatments You Really Need.* Rowman & Littlefield Publishers, 2019.

169 Friedland RP, Lerner AJ, Hedera P, Brass EP. Encephalopathy associated with bismuth subgallate therapy. *Clin Neuropharmacol.* 1993;16(2):173–6.

170 Maher RL, Hanlon J, Hajjar ER. Clinical consequences of polypharmacy in elderly. *Expert Opin Drug Saf.* 2014;13(1):57–65.

171 Wastesson JW, Morin L, Tan ECK, Johnell K. An update on the clinical consequences of polypharmacy in older adults: a narrative review. *Expert Opin Drug Saf.* 2018;17(12):1185–96.

172 Chew ML, Mulsant BH, Pollock BG, et al. Anticholinergic activity of 107 medications commonly used by older adults. *J Am Geriatr Soc.* 2008;56(7):1333–41.

173 de Ropp RS. *The New Prometheans.* Delacorte, 1972, p. 80.

174 Brauer CA, Coca-Perraillon M, Cutler DM, Rosen AB. Incidence

and mortality of hip fractures in the United States. *JAMA*. 2009;302(14):1573–9.

175 Fleminger S, Oliver DL, Lovestone S, Rabe-Hesketh S, Giora A. Head injury as a risk factor for Alzheimer's disease: the evidence 10 years on; a partial replication. *J Neurol Neurosurg Psychiatry*. 2003;74(7):857–62.

176 Harvard Health Publishing. Chiropractic neck adjustments linked to stroke. Available from: www.health.harvard.edu/heart-health/chiropractic-neck-adjustments-linked-to-stroke.

177 Iaccarino L, La Joie R, Lesman-Segev OH, et al. Association between ambient air pollution and amyloid positron emission tomography positivity in older adults with cognitive impairment. *JAMA Neurol*. 2021;78(2):197–207.

178 Niu H, Qu Y, Li Z, et al. Smoking and risk for Alzheimer disease: a meta-analysis based on both case–control and cohort study. *J Nerv Ment Dis*. 2018;206(9):680–5.

179 Hamburg MA, Collins FS. The path to personalized medicine. *N Engl J Med*. 2010; 363(4):301–4. Erratum in *N Engl J Med*. 2010; 363(11):1092.

180 Sampson TR, Challis C, Jain N, et al. A gut bacterial amyloid promotes alpha-synuclein aggregation and motor impairment in mice. *Elife*. 2020;9:e53111.

181 Wargo JA. Modulating gut microbes. *Science*. 2020;369(6509):1302–3.

182 Palmqvist S, Tideman P, Cullen N, et al. Prediction of future Alzheimer's disease dementia using plasma phospho-tau combined with other accessible measures. *Nat Med*. 2021;27(6):1034–42.

183 Brookmeyer R, Abdalla N. Estimation of lifetime risks of Alzheimer's disease dementia using biomarkers for preclinical disease. *Alzheimers Dement*. 2018;14(8):981–8.

184 Kosinski M. Facial recognition technology can expose political orientation from naturalistic facial images. *Sci Rep*. 2021;11(1):100. Erratum in *Sci*

Rep. 2021;11(1):23228.

185 Efron R. The duration of the present. *Ann NY Acad Sci.* 1967;138(2):713–29.

186 Csikszentmihalyi M. *Flow: The Psychology of Optimal Experience.* Harper Perennial Modern Classics, 2008.

187 James W. What is an emotion? *Mind.* 1884:188–205.

188 Seelye KQ. Christina Crosby, 67, dies; feminist scholar wrote of becoming disabled. *NY Times.* 2021; January 26.

옮긴이 노태복

한양대학교 전자공학과를 졸업했다. 환경과 생명운동 관련 시민단체에서 해외 교류 업무를 하
던 중 번역의 길로 들어섰다. 과학과 인문의 경계에서 즐겁게 노니는 책들 그리고 생태적 감수
성을 일깨우는 책들에 관심이 많다. 옮긴 책으로 『인지심리학』, 『꿀벌 없는 세상, 결실 없는 가
을』, 『생태학 개념어 사전』, 『생각하는 기계』, 『진화의 무지개』, 『우주, 진화하는 미술관』, 『우
리는 미래에 조금 먼저 도착했습니다』, 『수학의 쓸모』, 『아인슈타인이 괴델과 함께 걸을 때』
등이 있다.

쓸모 많은 뇌과학

뇌는 어떻게 노화를 늦추는가

1판 1쇄 발행 2026년 3월 24일

지은이 로버트 P. 프리들랜드
옮긴이 노태복
발행인 박명곤 **CEO** 박지성 **CFO** 김영은
기획편집1팀 채대광, 백환희, 이상지, 김진호
기획편집2팀 박일귀, 이은빈, 강민형, 박고은
기획편집3팀 이승미, 김윤아
디자인팀 구경표, 유채민, 윤신혜, 권지혜
마케팅팀 임우열, 김은지, 전상미, 이호, 최고은

펴낸곳 (주)현대지성
출판등록 제406-2014-000124호
전화 070-7791-2136 **팩스** 0303-3444-2136
주소 서울시 강서구 마곡중앙6로 40, 장흥빌딩 10층
홈페이지 www.hdjisung.com **이메일(문의/제휴)** support@hdjisung.com
제작처 영신사

ⓒ 현대지성 2026

"Create Curious Contents"
현대지성은 호기심 어린 마음으로 작가님의 원고를 기다리고 있습니다.
원고 투고는 togo@hdjisung.com으로 보내주시면, 정성껏 검토 후 연락드리겠습니다.

현대지성 홈페이지

이 책을 만든 사람들
기획·편집 박일귀 **교정교열** 안주영 **디자인** 유채민